普通高等教育“十二五”重点规划教材

国家工科数学教学基地　国家级精品课程使用教材

Nucleus 新核心

理工基础教材

复变函数与积分变换

上海交通大学数学系　组编

内 容 提 要

本书作为“工程数学”系列课程教材，包含“复变函数”和“积分变换”2 篇. 全书分 8 章，内容包括：复数和复变函数；解析函数；复变函数的积分；解析函数的级数展开；留数及其应用；保角映射；傅里叶变换；拉普拉斯变换.

本书在编写上力求由浅入深，对重点知识注重理论导出和方法应用，特别加强了所学知识在实际中应用的实例.

本书可供各高等院校理工科专业作教材. 另配有 PPT 教案供教师使用.

图书在版编目(CIP)数据

复变函数与积分变换 / 上海交通大学数学系编. —上海：上海交通大学出版社，2012(2022 重印)
工科数学公共课教材
ISBN 978-7-313-08889-5

Ⅰ. ①复… Ⅱ. ①上… Ⅲ. ①复变函数—高等学校—教材②积分变换—高等学校—教材 Ⅳ. ①O174.5②O177.6

中国版本图书馆 CIP 数据核字(2012)第 188763 号

复变函数与积分变换

上海交通大学数学系 编

上海交通大学出版社出版发行

(上海市番禺路 951 号 邮政编码 200030)

电话：64071208

上海万卷印刷股份有限公司 印刷 全国新华书店经销

开本：787 mm×960 mm 1/16 印张：16 字数：301 千字

2012 年 8 月第 1 版 2022 年 12 月第 7 次印刷

ISBN 978-7-313-08889-5 定价：34.00 元

前　言

本书作为“工程数学”系列课程教材，包含“复变函数”和“积分变换”2篇，是大学本科数学教学中继《高等数学》、《线性代数》和《概率论与数理统计》等课程后，为各理工科专业开展后续教育而开设的课程用书.“工程数学”强调理论与实际结合，它是数学与其他学科之间的一座桥梁.

全书分8章，内容包括：复数和复变函数；解析函数；复变函数的积分；解析函数的级数展开；留数及其应用；保角映射；傅里叶变换；拉普拉斯变换.

本书力图在教学内容的组合及教学重点的选择方面有新的突破.课程内容按照由浅入深、由具体到抽象、由特殊到一般的原则来组织，对重点知识注重理论导出、方法的应用，强调其应用条件.

在保证数学知识严密性的基础上，减少部分繁琐的理论推导.

本书中加*的章节，可供教师在教学上选用。

本书由上海交通大学数学系组织编写，第1篇由贺才兴和王健编写；第2篇由王健编写.本书配有PPT教案，可供教师参考.

编　者

2012年6月

前言

目　录

第1篇　复变函数

第2篇 积分变换

第 1 篇　复变函数

第 1 章　复数和复变函数

16 世纪中叶，G. Cardano(1501—1576)在研究一元二次方程时引进了复数的概念. 复变函数是以研究复变量之间的相互依赖关系为主要任务的一门数学课程. 它与高等数学中的许多概念、理论和方法有相似之处，但又有其固有的特性. 本章主要介绍复数的概念、性质及运算，然后引入平面点集、复变函数以及复球面等概念.

1.1　复数及其表示

1.1.1　复数的定义

定义 1.1　形如

$$z = x + \mathrm{i}y,\quad x,\ y \in \mathbf{R} \tag{1-1}$$

的数称为复数，其中 $\mathbf{R}$ 表示实数集合 $\mathrm{i} = \sqrt{-1}$ 称为虚数单位. 称实数 x、y 分别为复数 z 的实部和虚部，常记为

$$x = \mathrm{Re}\, z,\ y = \mathrm{Im}\, z. \tag{1-2}$$

当实部 $x = 0$ 时，称 $z = \mathrm{i}y\ (y \neq 0)$ 为纯虚数；当虚部 $y = 0$ 时，$z = x$ 就是实数. 因此，全体实数是复数的一部分，复数是实数的推广. 特别，$0 + \mathrm{i}0 = 0$.

两个复数之间不能比较大小，但可以定义相等. 两个复数 $z_1 = x_1 + \mathrm{i}y_1$ 及 $z_2 = x_2 + \mathrm{i}y_2$ 相等，是指它们的实部与实部相等，虚部与虚部相等，即 $x_1 + \mathrm{i}y_1 = x_2 + \mathrm{i}y_2$ 当且仅当 $x_1 = x_2$，$y_1 = y_2$.

1.1.2　复数的表示

1.1.2.1　代数表示

由式(1-1)所给出的即为复数的代数表示.

1.1.2.2　几何表示

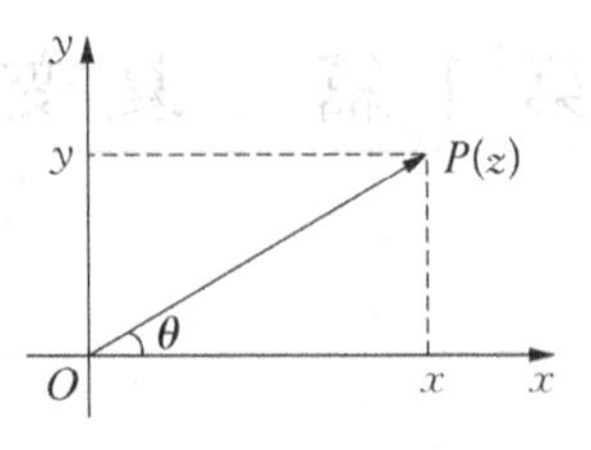

图 1-1　复数的几何表示

由复数的定义可知，复数 $z = x + \mathrm{i}y$ 与有序数对 (x, y) 建立了一一对应关系. 在平面上建立直角坐标系 xOy，用 xOy 平面上的点 $P(x, y)$ 表示复数 z，这样复数与平面上的点一一对应，称这样的平面为复平面. 若用向量 $\overrightarrow{OP}$ 表示复数 z，如图 1-1 所示. 该向量在 x 轴上的投影为 $x = \mathrm{Re}\,z$，在 y 轴上的投影为 $y = \mathrm{Im}\,z$，这样复数与平面上的向量也一一对应.

向量 $\overrightarrow{OP}$ 的长度称为复数的模，记为 $|z|$，从而有

$$|z| = \sqrt{x^2 + y^2}. \tag{1-3}$$

显然

$$|x| \leqslant |z|,\ |y| \leqslant |z|,\ |z| \leqslant |x| + |y|. \tag{1-4}$$

向量 $\overrightarrow{OP}$ 与 x 轴正向的夹角 θ 称为复数 z 的辐角，记为 $\theta = \mathrm{Arg}\,z$. 由图 1-1 知：

$$\begin{cases} x = |z|\cos\theta,\ y = |z|\sin\theta, \\ \tan\theta = \dfrac{y}{x}. \end{cases} \tag{1-5}$$

若 θ 为 z 的辐角，则 $\theta + 2n\pi$ 也是其辐角，其中 $n \in \mathbf{Z}$, $\mathbf{Z}$ 为整数集. 因此，任何一个复数均有无穷多个辐角. 若限制 $-\pi < \theta \leqslant \pi$，所得的单值分支称为 $\mathrm{Arg}\,z$ 的主值，记为 $\arg z$.

当 $z = 0$ 时，辐角没有定义；当 $z \neq 0$ 时，其辐角主值 $\arg z$ 可由下式求得：

$$\arg z = \begin{cases} \arctan\dfrac{y}{x}, & x > 0,\ y \geqslant 0 \text{ 或 } y \leqslant 0, \\ \pi + \arctan\dfrac{y}{x}, & x < 0,\ y \geqslant 0, \\ -\pi + \arctan\dfrac{y}{x}, & x < 0,\ y < 0. \end{cases} \tag{1-6}$$

1.1.2.3　复数的三角表示与指数表示

利用直角坐标与极坐标之间的关系：$x = r\cos\theta$, $y = r\sin\theta$, 可将式(1-1)改写为

$$z = r\cos\theta + \mathrm{i}r\sin\theta = r(\cos\theta + \mathrm{i}\sin\theta), \tag{1-7}$$

其中，$r=|z|$，$\theta=\mathrm{Arg}\,z$. 称式(1-7)为复数 z 的三角表示.

利用欧拉公式

$$e^{i\theta}=\cos\theta+i\sin\theta, \tag{1-8}$$

式(1-7)又可写为

$$z=re^{i\theta}. \tag{1-9}$$

上式称为复数 z 的指数表示.

例 1.1 已知平面上流体在某点 P 处的速度为 $\boldsymbol{v}=2-2i$，求其大小和方向.

解 $|\boldsymbol{v}|=\sqrt{2^2+(-2)^2}=2\sqrt{2}$；$\arg\boldsymbol{v}=\arctan\dfrac{-2}{2}=-\dfrac{\pi}{4}$.

例 1.2 试分别将复数 $z_1=-1+\sqrt{3}i$ 和复数 $z_2=1+\cos\theta+i\sin\theta$ $(-\pi<\theta\leqslant\pi)$ 化为三角表示式和指数表示式.

解 由于

$$r=|z_1|=2,\ \arg z_1=\arctan(-\sqrt{3})=\frac{2}{3}\pi,$$

从而

$$z_1=2\left(\cos\frac{2}{3}\pi+i\sin\frac{2}{3}\pi\right),\ z_1=2e^{\frac{2}{3}\pi i}.$$

类似地

$$r=|z_2|=\sqrt{(1+\cos\theta)^2+\sin^2\theta}=2\cos\frac{\theta}{2},$$

$$\arg z_2=\arctan\frac{\sin\theta}{1+\cos\theta}=\arctan\left(\tan\frac{\theta}{2}\right)=\frac{\theta}{2},$$

$$z_2=2\cos\frac{\theta}{2}\left(\cos\frac{\theta}{2}+i\sin\frac{\theta}{2}\right),\ z_2=2\cos\frac{\theta}{2}e^{i\frac{\theta}{2}}.$$

1.2 复数的运算及其几何意义

由于实数是复数的特例，因此复数运算的一个基本要求是：复数运算的法则施行于实数时，能够和实数运算的结果相符合，同时也要求复数运算能够满足实数运算的一般定律.

1.2.1 复数的四则运算

定义 1.2 设 $z_1 = x_1 + \mathrm{i}y_1$，$z_2 = x_2 + \mathrm{i}y_2$，复数的加、减、乘、除四则运算定义如下：

$$z_1 \pm z_2 = (x_1 \pm x_2) + \mathrm{i}(y_1 \pm y_2), \tag{1-10}$$

$$z_1 z_2 = (x_1 x_2 - y_1 y_2) + \mathrm{i}(x_1 y_2 + x_2 y_1), \tag{1-11}$$

$$\frac{z_1}{z_2} = \frac{x_1 x_2 + y_1 y_2}{x_2^2 + y_2^2} + \mathrm{i}\,\frac{x_2 y_1 - x_1 y_2}{x_2^2 + y_2^2},\ z_2 \neq 0. \tag{1-12}$$

由定义 1.2 知，复数的四则运算可理解为利用 $\mathrm{i}^2 = -1$ 和实数的四则运算所得.

利用定义 1.2 容易验证，复数的加法满足交换律与结合律，且减法是加法的逆运算；复数的乘法满足交换律与结合律，且满足乘法对于加法的分配律.

全体复数并引进上述运算后就称为复数域. 在复数域内，我们熟知的一切代数恒等式，例如：

$$a^2 - b^2 = (a+b)(a-b),$$

$$a^3 - b^3 = (a-b)(a^2 + ab + b^2),$$

等等仍然成立. 实数域和复数域都是代数学中所研究的"域"的实例.

注 由于一个复数与平面上的一个向量所对应，因此，复数的加法运算与平面上向量加法运算一致. 从而以下两个不等式成立.

$$|z_1 + z_2| \leqslant |z_1| + |z_2|,\ |z_1 - z_2| \geqslant ||z_1| - |z_2||.$$

下面我们利用复数的三角表示式来讨论复数的乘法与除法，并导出复数积与商的模和辐角公式.

设 $z_1 = r_1(\cos\theta_1 + \mathrm{i}\sin\theta_1)$，$z_2 = r_2(\cos\theta_2 + \mathrm{i}\sin\theta_2)$，利用等式 $\mathrm{e}^{\mathrm{i}\theta_1}\mathrm{e}^{\mathrm{i}\theta_2} = (\cos\theta_1 + \mathrm{i}\sin\theta_1)(\cos\theta_2 + \mathrm{i}\sin\theta_2) = \cos(\theta_1 + \theta_2) + \mathrm{i}\sin(\theta_1 + \theta_2) = \mathrm{e}^{\mathrm{i}(\theta_1 + \theta_2)}$. 可得

$$z_1 z_2 = r_1 r_2 \mathrm{e}^{\mathrm{i}(\theta_1 + \theta_2)}. \tag{1-13}$$

于是有如下等式：

$$\begin{cases} |z_1 z_2| = |z_1||z_2|, \\ \mathrm{Arg}(z_1 z_2) = \mathrm{Arg}(z_1) + \mathrm{Arg}(z_2). \end{cases} \tag{1-14}$$

式(1-14)表明：两个复数乘积的模等于它们模的乘积，两个复数乘积的辐角等于

它们辐角的和. 值得注意的是,由于辐角的多值性,式(1-14)的第二式应理解为对于左端 $\operatorname{Arg}(z_1 z_2)$ 的任一值,必有由右端 $\operatorname{Arg} z_1$ 与 $\operatorname{Arg} z_2$ 的各一值相加得出的和与之对应;反之亦然. 今后,凡遇到多值等式时,都按此约定理解.

由式(1-14)可得复数乘法的几何意义,即:$z_1 z_2$ 所对应的向量是把 z_1 所对应的向量伸缩 $r_2 = |z_2|$ 倍,然后再旋转一个角度 $\theta_2 = \arg z_2$ 所得(见图1-2).

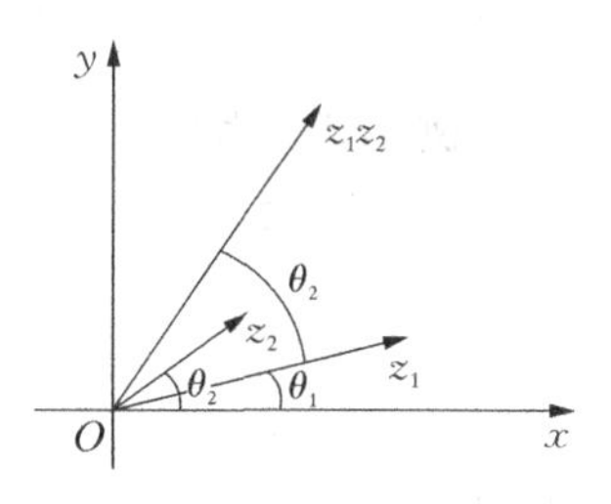

图1-2 复数乘法几何意义

类似地,可导出两复数的商的模与辐角公式. 设 $z_2 \neq 0$,则有

$$\frac{z_1}{z_2} = \frac{r_1}{r_2} e^{i(\theta_1 - \theta_2)},$$

于是

$$\begin{cases} \left|\dfrac{z_1}{z_2}\right| = \dfrac{|z_1|}{|z_2|}, \\ \operatorname{Arg}\left(\dfrac{z_1}{z_2}\right) = \operatorname{Arg}(z_1) - \operatorname{Arg}(z_2),\ z_2 \neq 0. \end{cases} \tag{1-15}$$

式(1-15)表明:两个复数商的模等于它们模的商;两个复数商的辐角等于分子与分母的辐角的差. 而 $\dfrac{z_1}{z_2}$ 的几何意义是:将 z_1 的辐角按顺时针方向旋转一个角度 $\arg z_2$,再将 z_1 的模伸缩 $\dfrac{1}{|z_2|}$ 倍.

注 当将辐角换成其主值时,则以下公式不一定成立.

$$\arg(z_1 z_2) = \arg z_1 + \arg z_2,$$

$$\arg \frac{z_1}{z_2} = \arg z_1 - \arg z_2.$$

1.2.2 复数的乘方和方根

设 $z_k = r_k e^{i\theta_k}$, $k = 1, 2, \cdots, n$, 利用数学归纳法可得 n 个复数相乘的公式:

$$z_1 z_2 \cdots z_n = r_1 r_2 \cdots r_n e^{i(\theta_1 + \theta_2 + \cdots + \theta_n)}. \tag{1-16}$$

当 $z_1 = z_2 = \cdots = z_n = re^{i\theta}$ 时,得到复数的乘方公式

$$z^n = r^n(\cos n\theta + \mathrm{i}\sin n\theta). \tag{1-17}$$

特别的，当 $r=1$ 时，则得到著名的棣莫佛(De Moivre)公式：

$$(\cos\theta + \mathrm{i}\sin\theta)^n = \cos n\theta + \mathrm{i}\sin n\theta. \tag{1-18}$$

例 1.3 计算 $(-1+\sqrt{3}\mathrm{i})^6$.

解 因为

$$-1+\sqrt{3}\mathrm{i} = 2\left(\cos\frac{2}{3}\pi + \mathrm{i}\sin\frac{2}{3}\pi\right),$$

所以

$$(-1+\sqrt{3}\mathrm{i})^6 = \left[2\left(\cos\frac{2}{3}\pi + \mathrm{i}\sin\frac{2}{3}\pi\right)\right]^6$$

$$= 2^6(\cos 4\pi + \mathrm{i}\sin 4\pi) = 64.$$

设 n 为正整数，若复数 z 和 w 满足 $w^n = z$，则称复数 w 为复数 z 的 n 次方根，记为

$$w = \sqrt[n]{z}.$$

为了得到 $\sqrt[n]{z}$ 的具体表达式，令 $z = r\mathrm{e}^{\mathrm{i}\theta}$，$w = \rho\mathrm{e}^{\mathrm{i}\varphi}$，则由复数的乘方公式可得

$$\rho^n \mathrm{e}^{\mathrm{i}n\varphi} = r\mathrm{e}^{\mathrm{i}\theta},$$

从而得两个方程

$$\rho^n = r,\ n\varphi = \theta + 2k\pi,$$

解得

$$\rho = \sqrt[n]{r},\ \varphi = \frac{\theta + 2k\pi}{n}.$$

从形式上看，k 可以取 $0,\ \pm 1,\ \pm 2,\ \cdots$，但由于 $\cos\varphi$ 和 $\sin\varphi$ 均以 2π 为周期，所以当 $k = 0,\ 1,\ 2,\ \cdots,\ n-1$ 时，可以得到 w 的 n 个不同的值，而当 k 取其他整数时，这些值又重复出现. 因此，z 的 n 次方根为

$$w = \sqrt[n]{z} = \sqrt[n]{r}\mathrm{e}^{\mathrm{i}\frac{\theta+2k\pi}{n}},\ k = 0,\ 1,\ \cdots,\ n-1. \tag{1-19}$$

由于复数 $\sqrt[n]{z}$ 的 n 个不同值都具有相同的模 $\sqrt[n]{|z|}$，且对应相邻两个 k 值的方根

的辐角均相差$\frac{2\pi}{n}$，所以就几何意义而言，对应$\sqrt[n]{z}$的n个点即为以原点为心，$\sqrt[n]{|z|}$为半径的内接正n边形的n个顶点.

特别的，当$z=1$时，若记$\omega=\cos\frac{2\pi}{n}+\mathrm{i}\sin\frac{2\pi}{n}$，则1的$n$次方根为1，$\omega$，$\omega^2$，…，$\omega^{n-1}$.

例 1.4 计算$\sqrt[4]{1-\mathrm{i}}$.

解 因为

$$1-\mathrm{i}=\sqrt{2}\mathrm{e}^{-\mathrm{i}\frac{\pi}{4}},$$

所以

$$\sqrt[4]{1-\mathrm{i}}=\sqrt[8]{2}\mathrm{e}^{\mathrm{i}\frac{-\frac{\pi}{4}+2k\pi}{4}},\ k=0,1,2,3,$$

即

$$z_0=\sqrt[8]{2}\mathrm{e}^{-\mathrm{i}\frac{\pi}{16}},\ z_1=\sqrt[8]{2}\mathrm{e}^{\mathrm{i}\frac{7\pi}{16}},$$

$$z_2=\sqrt[8]{2}\mathrm{e}^{\mathrm{i}\frac{15\pi}{16}},\ z_3=\sqrt[8]{2}\mathrm{e}^{\mathrm{i}\frac{23\pi}{16}}.$$

1.2.3 共轭复数及其性质

称复数$x-\mathrm{i}y$为复数$x+\mathrm{i}y$的共轭复数. 复数z的共轭复数常记为$\bar{z}$. 显然

$$|z|=|\bar{z}|,\ \mathrm{Arg}\,\bar{z}=-\mathrm{Arg}\,z.$$

上式表明在复平面上，z和$\bar{z}$关于实轴对称，如图1-3所示.

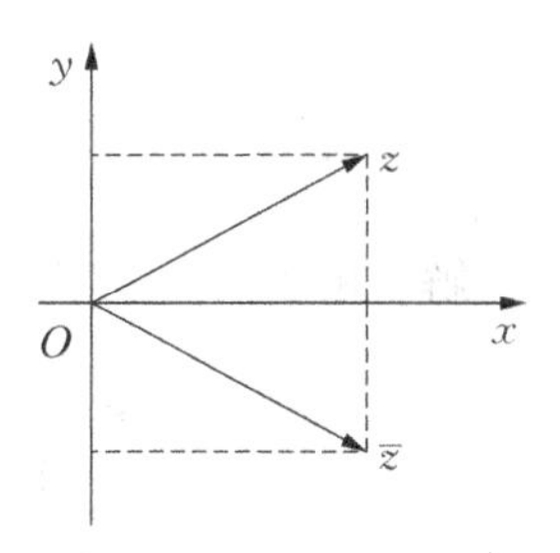

图1-3 复数及其共轭

复数及其共轭有如下性质:

(1) $\overline{(\bar{z})}=z$, $\overline{z_1\pm z_2}=\overline{z_1}\pm\overline{z_2}$.

(2) $\overline{z_1z_2}=\overline{z_1}\,\overline{z_2}$, $\overline{\left(\frac{z_1}{z_2}\right)}=\frac{\overline{z_1}}{\overline{z_2}}$, $z_2\neq 0$.

(3) $|z|^2=z\bar{z}$, $\mathrm{Re}\,z=\frac{z+\bar{z}}{2}$, $\mathrm{Im}\,z=\frac{z-\bar{z}}{2\mathrm{i}}$.

例 1.5 设z_1和z_2为两个复数，证明:

$$\left.\begin{aligned}|z_1+z_2|^2&=|z_1|^2+|z_2|^2+2\mathrm{Re}(z_1\overline{z_2}),\\|z_1-z_2|^2&=|z_1|^2+|z_2|^2-2\mathrm{Re}(z_1\overline{z_2}).\end{aligned}\right\}\quad(1-20)$$

证明

$$
\begin{aligned}
|z_1+z_2|^2 &= (z_1+z_2)\overline{(z_1+z_2)} \\
&=(z_1+z_2)(\overline{z_1}+\overline{z_2}) \\
&=z_1\overline{z_1}+z_2\overline{z_1}+z_1\overline{z_2}+z_2\overline{z_2} \\
&=|z_1|^2+|z_2|^2+z_1\overline{z_2}+\overline{z_1\overline{z_2}} \\
&=|z_1|^2+|z_2|^2+2\mathrm{Re}(z_1\overline{z_2}).
\end{aligned}
$$

在上述等式中以 $-z_2$ 代替 z_2 即可得式(1-20)中第二式.

例 1.6 证明：若 z 为实系数 n 次代数方程

$$
a_n z^n + a_{n-1}z^{n-1} + \cdots + a_1 z + a_0 = 0
$$

的根，则 $\overline{z}$ 也为上述方程的根.

证明 设 z 为上述方程某一复根，则

$$
\begin{aligned}
&a_n \overline{z}^n + a_{n-1}\overline{z}^{n-1} + \cdots + a_1\overline{z} + a_0 \\
&= \overline{a_n z^n + a_{n-1}z^{n-1} + \cdots + a_1 z + a_0} \\
&=0.
\end{aligned}
$$

这说明 $\overline{z}$ 为同一方程的根.

例 1.7 设 $|z|<1$，证明：

$$
\left|\frac{z-a}{1-\bar{a}z}\right| = \begin{cases} <1, & |a|<1, \\ =1, & |a|=1, \\ >1, & |a|>1. \end{cases} \tag{1-21}
$$

解 由于

$$
\begin{aligned}
|z-a|^2 &= |z|^2+|a|^2-2\mathrm{Re}(z,\bar{a}), \\
|1-\bar{a}z|^2 &= 1+|a|^2|z|^2-2\mathrm{Re}(z,\bar{a}),
\end{aligned}
$$

于是

$$
\begin{aligned}
|z-a|^2-|1-\bar{a}z|^2 &= |z|^2+|a|^2-|z|^2|a|^2-1 \\
&=|z|^2-1-|a|^2(|z|^2-1) \\
&=(|z|^2-1)(1-|a|^2),
\end{aligned}
$$

由此即得结论式(1-21).

1.2.4 曲线的复数方程

我们通过举例来说明以下两个问题：

(1) 如何用复数方程表示平面曲线 $F(x, y)=0$.

(2) 如何从复数方程确定其所表示的平面曲线.

例 1.8 试用复数表示圆的方程

$$a(x^2+y^2)+bx+cy+d=0,$$

其中 a, b, c, d 均为实常数.

解 令 $z=x+\mathrm{i}y$, 将

$$x=\frac{z+\bar{z}}{2},\ y=\frac{z-\bar{z}}{2\mathrm{i}},\ x^2+y^2=z\bar{z},$$

代入方程中,得到用复数表示的圆的方程

$$az\bar{z}+\bar{\beta}z+\beta\bar{z}+d=0,$$

其中 $\beta=\frac{1}{2}(b+\mathrm{i}c)$.

注 (1) 如果 $a=0$, b 及 c 不全为 0,方程表示的是直线.

(2) 直线方程除上述表示外,还有不同的表示.如,过两点 a, b 的直线方程可表示为

$$z=a+(b-a)t,\ t\text{ 为实参数};$$

$$\operatorname{Im}\frac{z-a}{b-a}=0,\text{ 或 }\arg\frac{z-a}{b-a}=0,\text{或 }\pi.$$

例 1.9 试确定方程 $\operatorname{Re}(z+2)=-1$ 所表示的曲线.

解 令 $z=x+\mathrm{i}y$, 则

$$z+2=x+\mathrm{i}y+2=(x+2)+\mathrm{i}y.$$

所以由 $\operatorname{Re}(z+2)=-1$,即得 $x=-3$. 这是一条平行于 y 轴的直线.

1.3 平面点集和区域

1.3.1 复平面上的点集

按照某一法则,在全体复数内选取有限个或无限个复数组成一个复数集合,这个集合中的复数在复平面上对应的点就组成一个点集,即点集是由复平面上有限

个或无限个点组成的集合.

由于复变函数总是定义在点集上,所以下面介绍关于点集的几个基本概念.

定义 1.3 由不等式 $|z-z_0|<\varepsilon$ 所确定的点集,称为 z_0 的 ε 邻域,记为 $N(z_0,\varepsilon)$.

注 (1) 邻域 $N(z_0,\varepsilon)$是以 z_0 为中心,ε 为半径的开圆(不包含圆周).

(2) 复平面上邻域的定义是一维空间(实轴)的邻域概念(开区间)的推广.

(3) 可以等价地将邻域定义为以 z_0 为中心的某一正方形的内部.

(4) 在以上定义中并未对 ε 的大小作任何规定,因此,邻域的半径可大可小.

定义 1.4 设 E 为一点集,z_0 为一点,若点 $z_0\in E$,且存在 $\varepsilon>0$,使得 $N(z_0,\varepsilon)\subset E$,则称点 z_0 为 E 的内点. 若存在 $\varepsilon>0$,使得 $N(z_0,\varepsilon)$ 中的点都不属于 E,则称点 z_0 为 E 的外点. 若点 z_0 的任一邻域内既有属于 E 的点,又有不属于 E 的点,则称 z_0 为 E 的边界点. E 的全部边界点所组成的点集称为 E 的边界,记作 ∂E.

注 (1) E 的边界点 z_0 可以不属于 E.

(2) 若点集 E 只有有限个点组成,或由一弧段组成,则 E 中所有的点均为边界点.

(3) 开圆或闭圆的边界都是圆周.

定义 1.5 若点集 E 能完全包含在以原点为圆心、以某一正数 R 为半径的圆域内,则称 E 为一个有界点集.

1.3.2 区域与简单曲线

定义 1.6 非空点集 D 满足以下两个条件,则称为区域: ① D 是开集,即 D 完全由内点组成;② D 是连通的,即 D 中任何两点都可用全属于 D 的折线连接.

定义 1.7 区域 D 加上其边界 ∂D 称为闭域,记作 $\overline{D}$: 即 $\overline{D}=D+\partial D$.

如果一个区域可以被包含在一个以原点为中心的圆里面,即存在正数 M,使区域 D 的每个点 z 都满足 $|z|<M$,则称 D 为有界的,否则称为无界.

注 (1) 区域都是开的,不包括边界. 因此,以后我们提及的圆域或环域总是不包括边界,若包括边界,则称为闭圆或闭环.

(2) 两个不相交的开圆的并集仍是开集,但不连通,因而不是区域;两个相切的圆加上切点所组成的点集虽然连通,但不是开集,从而也不是区域.

定义 1.8 若 $x(t)$和 $y(t)$是两个定义在区间 $\alpha\leqslant t\leqslant\beta$ 上的连续实变函数,则由方程

$$\begin{cases} x=x(t), \\ y=y(t), \end{cases} \quad (\alpha\leqslant t\leqslant\beta)$$

或由复数方程

$$z=z(t)=x(t)+\mathrm{i}y(t), \quad (\alpha\leqslant t\leqslant\beta) \tag{1-22}$$

所决定的点集 C 称为平面上的一条连续曲线. $z(\alpha)$ 和 $z(\beta)$ 分别称为曲线的起点和终点;若对 $\alpha \leqslant t_1 \leqslant \beta$, $\alpha < t_2 < \beta$, $t_1 \neq t_2$ 的 t_1 和 t_2,有 $z(t_1) = z(t_2)$, 则点 $z(t_1)$ 称为这条曲线的重点;凡无重点的连续曲线,称为简单曲线或约当(Jordon)曲线;满足 $z(\alpha) = z(\beta)$ 的简单曲线称为简单闭曲线或约当闭曲线.

简单曲线是平面上的一个有界闭集. 例如,线段、圆弧和抛物线等都是简单曲线;圆周和椭圆周等都是简单闭曲线.

以一条简单闭曲线 C 为公共边界可把平面分为两个区域:一个是有界的,称为 C 的内部;另一个是无界的,称为 C 的外部.

若沿一条简单闭曲线 C 绕行一周时,C 的内部始终在 C 的左侧,则绕行的方向称为曲线的正方向;若沿一曲线 C 绕行一周时,C 的内部始终在 C 的右侧,则绕行的方向称为曲线的负方向.

定义 1.9 设 $z = z(t) = x(t) + \mathrm{i}y(t)$, $(\alpha \leqslant t \leqslant \beta)$ 是一条简单曲线,若 $z(t)$ 在 $\alpha \leqslant t \leqslant \beta$ 上有连续的导数

$$z' = z'(t) = x'(t) + \mathrm{i}y'(t),\ z'(t) \neq 0,$$

即此曲线有连续变动的切线,则称此曲线为光滑曲线. 由若干段光滑曲线所组成的曲线称为分段光滑曲线.

定义 1.10 设 D 为一区域,在 D 内任作一条简单闭曲线,而曲线的内部总属于 D,则称 D 为单连通域. 一个区域如果不是单连通域,就称为多连通域.

注 圆域 $|z| < \mathbf{R}$ 是单连通区域;而圆环域 $0 < r < |z| < \mathbf{R}$ 为多连通域.

例 1.10 求满足 $\cos\theta < r < 2\cos\theta \left(-\dfrac{\pi}{2} < \theta < \dfrac{\pi}{2}\right)$ 的点 $z = r(\cos\theta + \mathrm{i}\sin\theta)$ 的集合. 若该集合为一区域,那么它是单连通区域还是多连通区域?

解 由于

$$r = \sqrt{x^2 + y^2},\ \cos\theta = \frac{x}{\sqrt{x^2 + y^2}},$$

利用条件 $\cos\theta < r < 2\cos\theta$ 得

$$\frac{x}{\sqrt{x^2 + y^2}} < \sqrt{x^2 + y^2} < \frac{2x}{\sqrt{x^2 + y^2}},$$

从而得到所求点集由下列不等式确定

$$\begin{cases} (x-1)^2 + y^2 < 1, \\ \left(x - \dfrac{1}{2}\right)^2 + y^2 > \dfrac{1}{4}, \end{cases}$$

即图 1-4 中的阴影部分，它是一个单连通区域.

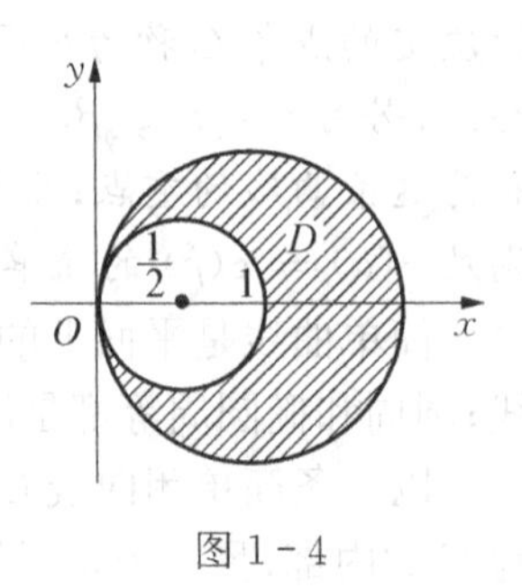

图 1-4

例 1.11 试判别满足条件 $0<\arg\dfrac{z-\mathrm{i}}{z+\mathrm{i}}<\dfrac{\pi}{4}$ 的点 z 组成的点集是否为一区域?

解 由

$$\arg\frac{z-\mathrm{i}}{z+\mathrm{i}}=\frac{\pi}{4},$$

得

$$\arg(z-\mathrm{i})-\arg(z+\mathrm{i})=\frac{\pi}{4}.$$

$\arg(z-\mathrm{i})$ 是始点在 i 而终点在 z 的向量与实轴正向的夹角；$\arg(z+\mathrm{i})$ 是始点在 $-\mathrm{i}$ 而终点在 z 的向量与实轴正向的夹角，因此，$\arg\dfrac{z-\mathrm{i}}{z+\mathrm{i}}=\dfrac{\pi}{4}$ 表示到定点 i 与 $-\mathrm{i}$ 的张角为 $\dfrac{\pi}{4}$ 的点 z 的集合，这是不包含点 i 和 $-\mathrm{i}$ 的一个圆弧，如图 1-5 所示.

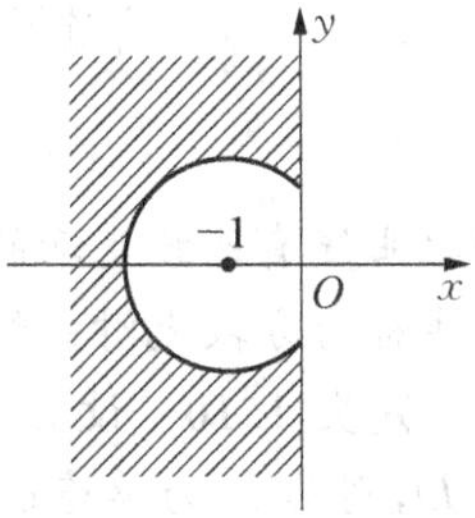

图 1-5

同理，$\arg\dfrac{z-\mathrm{i}}{z+\mathrm{i}}=0$ 所确定的点集是虚轴上点 i 以上与点 $-\mathrm{i}$ 以下的部分. 因此，不等式 $0<\arg\dfrac{z-\mathrm{i}}{z+\mathrm{i}}<\dfrac{\pi}{4}$ 所确定的点集为图 1-5 中的阴影部分，它是一个无界的单连通区域.

1.4 复变函数

1.4.1 复变函数的概念

复变函数就是以复数为自变量的函数，其函数值通常也是复数. 复变函数的严格定义如下：

定义 1.11 设在复平面上有点集 D，若对 D 内每一点 z，按照某一法则，有确定的复数 w 与之对应，则称 w 为 z 的复变函数，记为 $w=f(z)$. D 称为函数 $w=f(z)$ 的定义域，$G=\{f(z)\mid z\in D\}$ 称为函数的值域.

注 若D内每一复数z,有唯一确定的复数w与之对应,则称$f(z)$为单值函数;若z的一个值对应着w几个或无穷多个值,则称为$f(z)$多值函数. 例如: $w=|z|$, $w=z^2$为单值函数;而$w=\mathrm{Arg}\,z$, $w=\sqrt[4]{z}$为多值函数.

定义 1.12 设G是W平面上与Z平面的点集D通过函数$w=f(z)$相对应的点集,若对于G中任一点w,按照$w=f(z)$的对应规则,在D中有一个或多个(有限个或无限个)点z与之对应,则得到的z是w的函数,记为$z=g(w)$. 称$z=g(w)$为函数$w=f(z)$的反函数.

记$z=x+\mathrm{i}y$, $w=u+\mathrm{i}v$, 则

$$w=f(z)=u(x,\ y)+\mathrm{i}v(x,\ y) \tag{1-23}$$

因此,一个复变函数$w=f(z)$, 相当于给出了两个二元实变量函数$u=u(x,\ y)$, $v=v(x,\ y)$. 它给出了Z平面到W平面的一个映射或变换. 显然,映射$w=f(z)$具有如下性质:

(1) 对于点集D中的每一点z,相应的点$w=f(z)$是点集G中的一个点.

(2) 对于点集G中的每一点w,在点集D中至少有一点z,满足$w=f(z)$. 因此,常称点集G为点集D被函数$w=f(z)$映射的像,而点集D称为点集G的原像.

例 1.12 试确定函数$w=z^2$所构成的映射.

解 令

$$z=x+\mathrm{i}y=r(\cos\theta+\mathrm{i}\sin\theta),$$

则

$$w=u+\mathrm{i}v=r^2(\cos 2\theta+\mathrm{i}\sin 2\theta).$$

由此可见,函数$w=z^2$把点z映射成点w时,w的模是z的模的平方,w的辐角是z的辐角的2倍.

显然, $w=z^2$可以把z平面上中心在原点,半径为r的圆域D映射成w平面上中心在原点,半径为r^2的圆域D,即

$$D:\ |z|<r \xrightarrow{w=z^2} G:\ |w|<r^2.$$

例 1.13 求在映射$w=\mathrm{i}z$下,集合$D=\{z\mid 1\leqslant|z|\leqslant 2,\ 0\leqslant\arg z\leqslant\pi\}$的像集.

解 显然

$$1 \leqslant |w| \leqslant 2,\ \arg w = \arg(\mathrm{i}) + \arg z,$$

从而D在$w = \mathrm{i}z$下的像集为

$$G = \left\{ w \,\middle|\, 1 \leqslant |w| \leqslant 2,\ \frac{\pi}{2} \leqslant \arg w \leqslant \frac{3\pi}{2} \right\}.$$

1.4.2 曲线在映射下的像

在函数$w = f(z)$的映射下,Z平面上的曲线C映射成W平面上的曲线Γ,如何由曲线C的方程确定曲线Γ的方程?

(1) 若曲线C由方程$F(x, y) = 0$确定,则曲线Γ的方程可由方程组

$$\begin{cases} u = u(x, y), \\ v = v(x, y), \\ F(x, y) = 0, \end{cases}$$

消去x, y得到.

(2) 若曲线C由参数方程

$$\begin{cases} x = x(t), \\ y = y(t), \end{cases} \quad (\alpha \leqslant t \leqslant \beta)$$

给出,则$u = u(x, y)$, $v = v(x, y)$可得到曲线Γ的参数方程

$$\begin{cases} u = u[x(t), y(t)] = \phi(t), \\ v = v[x(t), y(t)] = \psi(t), \end{cases} \quad (\alpha \leqslant t \leqslant \beta)$$

或由$w = \phi(t) + \mathrm{i}\psi(t)$确定.

(3) 若曲线C由复方程

$$F(z, \bar{z}) = 0$$

确定,则可直接将逆映射$z = f^{-1}(w)$代入方程,得到曲线Γ的方程

$$G(w, \bar{w}) = 0.$$

例 1.14 求在$w = z^3$映射下,Z平面上的直线$z = (1 + \mathrm{i})t$映射成W平面上的曲线方程.

解 直线$z = (1 + \mathrm{i})t$的参数方程为

$$\begin{cases} x = t, \\ y = t, \end{cases}$$

在 Z 平面上表示第Ⅰ像限的分角线 $y=x$. 在 $w=z^3$ 的映射下,此分角线映成曲线方程的参数形式为

$$\begin{cases} u=-2t^3, \\ v=2t^3. \end{cases}$$

消去参数 t 得

$$v=-u,$$

此为 W 平面上第Ⅱ像限的分角线方程.

例 1.15 函数 $w=\frac{1}{z}$ 把 Z 平面上的曲线

$$(x-1)^2+y^2=1 \tag{1-24}$$

和

$$z\bar{z}-z-\bar{z}=0, \tag{1-25}$$

分别映射成 W 平面上的什么曲线?

解 由

$$w=u+\mathrm{i}v=\frac{1}{z}=\frac{x}{x^2+y^2}-\mathrm{i}\frac{y}{x^2+y^2},$$

可得

$$x=\frac{u}{u^2+v^2},\ y=-\frac{v}{u^2+v^2},$$

代入方程(1-24)得:

$$\frac{1}{u^2+v^2}=\frac{2u}{u^2+v^2},$$

从而得到 W 平面上的曲线方程为

$$u=\frac{1}{2}.$$

将 $z=\frac{1}{w}$ 和 $\bar{z}=\frac{1}{\bar{w}}$ 代入方程(1-25)得

$$\frac{1}{w}\cdot\frac{1}{\bar{w}}-\frac{1}{w}-\frac{1}{\bar{w}}=0,$$

整理得：

$$w+\overline{w}=1,$$

即：

$$u=\frac{1}{2}.$$

1.5* 复球面与无穷远点

1.5.1 复球面

除前面介绍的复数的各种表示外，复数的另一种表示可用球面上的点作对应. 为此，先建立复平面与球面上的点的对应关系.

取一个与复平面切于坐标原点的球面，并通过原点 O 作垂直于复平面的直线与球面交于 N 点，点 O 和 N 分别称为南极和北极，如图 1-6 所示. 设 z 为复平面上任意一点，则连接 zN 的直线必交球面上唯一点 P，易见，z 与 P 一一对应，故复数也可用球面上的点表示.

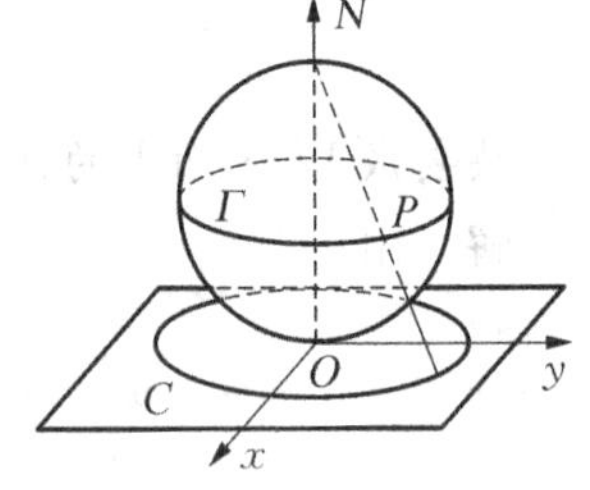

图 1-6 复球面

考虑复平面上一个以原点为中心的圆周 C，在球面上对应地有一个圆周 Γ，圆周 C 的半径越大，圆周 Γ 就越靠近北极 N，因而北极 N 可以看作复平面上一个模为无穷大的点在球面上的对应点. 这个模为无穷大的点称为无穷远点，记为∞. 复平面加上点∞后称为扩充复平面，与它对应的就是整个球面，称为复球面. 扩充复平面的一个几何模型就是复球面.

对于∞来说，实部、虚部和辐角的概念均无意义，但它的模规定为正无穷大，即 $|\infty|=+\infty$.

关于∞的运算，规定如下：

设 a 为有限复数，则

(1) $a\pm\infty=\infty\pm=\infty$.

(2) $a\cdot\infty=\infty\cdot a=\infty \quad (a\neq 0)$.

(3) $\dfrac{a}{\infty}=0,\ \dfrac{a}{0}=\infty \quad (a\neq 0)$.

(4) $\infty\pm\infty=\infty,\ 0\cdot\infty$ 及$\dfrac{\infty}{\infty}$没有意义.

复平面上每一条直线都通过点∞，同时没有一个半平面包含点∞. 需要指出的是，扩充复平面上只有一个无穷远点，它与高等数学中的$+\infty$和$-\infty$的概念不同. 但本书中若无特别说明，所谓“点”仍指一般复平面上的点.

1.5.2 扩充复平面上的几个概念

1.5.2.1 点集概念

扩充复平面上，无穷远点的邻域应理解为以原点为心的某圆周的外部，即指满足条件 $|z|>\dfrac{1}{\varepsilon}$ $(\varepsilon>0)$ 的点集称为∞的 ε 邻域. 在扩充复平面上，内点和边界点等概念均可以推广到点∞. 复平面以∞为其唯一的边界点；扩充复平面以∞为内点，且它是唯一的无边界的区域.

1.5.2.2 单连通的概念

单连通区域的概念也可以推广到扩充复平面上的区域. 要注意的是，根据单连通区域的概念，区域 D 内的简单曲线 C 在 D 内连续收缩于一点，该点既可能是有限点，也可能是无穷远点，而所谓曲线 C 能连续收缩到无穷远点，实质上就是曲线 C 扩大而落入点∞的任意小的邻域中，即属于以原点为中心、任意大的半径的圆周的外部.

注 (1) 在扩充复平面上，一个圆周的外部(这里把∞算作这个区域的内点)就是一个单连通区域. 所以，一个无界区域是否单连通，取决于是在通常的复平面上还是在扩充复平面上，即∞是否包含在区域内.

(2) 若区域的边界曲线延伸到∞，则区域的单连通性无论在有限复平面还是扩充复平面上都是一致的.

习　题　1

1. 求下列复数的实部、虚部、模、辐角主值及共轭复数：

(1) $\dfrac{1-\mathrm{i}}{1+\mathrm{i}}$.　　(2) $\dfrac{\mathrm{i}}{(\mathrm{i}-1)(\mathrm{i}-2)}$.

(3) $\dfrac{1-2\mathrm{i}}{3-4\mathrm{i}}-\dfrac{2-\mathrm{i}}{5\mathrm{i}}$.　　(4) $(1+\mathrm{i})^{100}+(1-\mathrm{i})^{100}$.

(5) $\mathrm{i}^8-4\mathrm{i}^{21}+\mathrm{i}$.　　(6) $\left(\dfrac{1+\sqrt{3}\mathrm{i}}{2}\right)^5$.

2. 求下列复数的值，并写出其三角表示式及指数表示式：

(1) $(2-3\mathrm{i})(-2+\mathrm{i})$.　　(2) $\dfrac{(\cos 5\theta+\mathrm{i}\sin 5\theta)^2}{(\cos 3\theta-\mathrm{i}\sin 3\theta)^3}$.

(3) $\dfrac{1-\mathrm{i}\tan\theta}{1+\mathrm{i}\tan\theta}$ $\left(0<\theta<\dfrac{\pi}{2}\right)$.

3. 求下列复数的值：

(1) $(1-\mathrm{i})^4$.

(2) $(\sqrt{3}-\mathrm{i})^{12}$.

(3) $\sqrt{1+\mathrm{i}}$.

(4) $\sqrt[5]{1}$.

(5) $\sqrt[6]{64}$.

4. 证明：$|z_1+z_2|^2+|z_1-z_2|^2=2(|z_1|^2+|z_2|^2)$，并说明其几何意义.

5. 设 w 是 1 的 n 次根，$w\neq 1$，试证：w 满足方程

$$1+z+z^2+\cdots+z^{n-1}=0.$$

6. 设 $x^2+x+1=0$，试计算 $x^{11}+x^7+x^3$ 的值.

7. 解下列方程：

(1) $z^2-3(1+\mathrm{i})z+5\mathrm{i}=0$.

(2) $z^4+a^4=0$ $(a>0)$.

8. 解方程组

$$\begin{cases} z_1+2z_2=1+\mathrm{i}, \\ 3z_1+\mathrm{i}z_2=2-3\mathrm{i}. \end{cases}$$

9. 试用 $\sin\varphi$ 与 $\cos\varphi$ 表示 $\sin 6\varphi$ 与 $\cos 6\varphi$.

10. 试证：$a+b\mathrm{i}$，0，$\dfrac{1}{-a+b\mathrm{i}}$ 这 3 点共直线；$a+b\mathrm{i}$，$\dfrac{1}{-a+b\mathrm{i}}$，$-1$，1 这 4 点共圆周$(b\neq 0)$.

11. 设复数 z_1，z_2，z_3 满足等式

$$\frac{z_2-z_1}{z_3-z_1}=\frac{z_1-z_3}{z_2-z_3},$$

试证：

$$|z_2-z_1|=|z_3-z_1|=|z_2-z_3|.$$

12. 求下列方程所表示的曲线(其中 t 为实参数)：

(1) $z=(1+\mathrm{i})t$.

(2) $z=a\cos t+\mathrm{i}b\sin t$ $(a>0,\ b>0$ 为实常数).

(3) $z=t+\dfrac{\mathrm{i}}{t}$ $(t\neq 0)$.

(4) $z=r\mathrm{e}^{\mathrm{i}t}+a$ ($r>0$ 为实常数，a 为复常数).

13. 求下列方程所表示的曲线：

(1) $\left|\frac{z-1}{z+2}\right|=2$.　　(2) $\operatorname{Re} z^2=a^2$　（a 为实常数）.

(3) $\left|\frac{z-a}{1-\bar{a}z}\right|=1$　（$|a|<1$）.

(4) $z\bar{z}-\bar{a}z-a\bar{z}+a\bar{a}=b\bar{b}$　（a，b 为复常数）.

14. 求下列不等式所表示的区域，并作图：

(1) $|z+\mathrm{i}|<3$.　　(2) $|z-3-4\mathrm{i}|\geqslant 2$.

(3) $\frac{1}{2}<|2z-2\mathrm{i}|\leqslant 4$.　　(4) $\frac{\pi}{6}<\arg(z+2\mathrm{i})<\frac{\pi}{2}$　（$|z|>2$）.

(5) $-\frac{\pi}{4}<\arg\frac{z-\mathrm{i}}{\mathrm{i}}<\frac{\pi}{4}$.　　(6) $\operatorname{Im} z\geqslant\frac{1}{2}$.

(7) $\left|\frac{z-3}{z-2}\right|\geqslant 1$.　　(8) $|z-2|+|z+2|<5$.

(9) $|z-2|-|z+2|>1$.　　(10) $|z|+\operatorname{Re} z\leqslant 1$.

(11) $\left|\frac{z-a}{1-\bar{a}z}\right|<1$　（$|a|<1$）.

15. 函数 $w=z^2$ 把 Z 平面上的直线段 $\operatorname{Re} z=1$，$-1\leqslant\operatorname{Im} z\leqslant 1$ 变成 W 平面上的什么曲线？

16. 函数 $w=\frac{1}{z}$ 把 Z 平面上的下列曲线变成 W 平面上的什么曲线？

(1) $x^2+y^2=4$.　　(2) $x=1$.

(3) $y=x$.　　(4) $x^2+y^2=2x$.

17. 已知函数 $w=z^3$，求：

(1) 点 $z_1=\mathrm{i}$，$z_2=1+\mathrm{i}$，$z_3=\sqrt{3}+\mathrm{i}$ 在 W 平面上的像.

(2) 区域 $0<\arg z<\frac{\pi}{3}$ 在 W 平面上的像.

第2章 解析函数

在客观世界中，我们会遇到很多以复数为变量去刻画的物理量，如速度、加速度、电场强度、磁场强度等，而且经常涉及量之间的相互关系，即复变函数. 而解析函数是复变函数中最重要的一类，它的特点是任意阶可导或可微.

为了研究解析函数，本章首先介绍复变函数的极限、连续、可导、可微等概念，其次引入解析函数的概念，并介绍解析函数的物理意义，最后介绍一些常用的初等函数的解析性.

2.1 复变函数的极限和连续

可以将高等数学中极限与连续的概念，推广到复变函数中.

2.1.1 复变函数的极限

定义 2.1 设函数 $w=f(z)$ 在点 z_0 的某个邻域内有定义，A 为复常数，若对任意给定的 $\varepsilon>0$，存在 $\delta>0$，使得当 $0<|z-z_0|<\delta$ 时，有

$$|f(z)-A|<\varepsilon,$$

则称 A 为 $f(z)$ 当 z 趋于 z_0 时的极限，记为

$$\lim_{z\to z_0}f(z)=A.$$

注 在复平面上，$z\to z_0$ 的方式有无穷多种，这意味着：当 z 从平面上任一方向、沿任何路径、以任意方式趋近于 z_0 时，$f(z)$ 均以 A 为极限.

判断 $\lim\limits_{z\to z_0}f(z)$ 不存在的两种方法：

(1) z 沿某特殊路径趋于 z_0 时，$f(z)$的极限不存在.

(2) z 沿两条特殊路径趋于 z_0 时，$f(z)$的极限不相同.

例如：

$$\lim_{z\to 0}\frac{z}{|z|},\ \lim_{z\to 0}\frac{\operatorname{Re}z}{z}.$$

对于给定的复变函数 $w = f(z)$，相当于给出了两个元函数 $u = u(x, y)$ 和 $v = v(x, y)$，那么，关于复变函数 $w = f(z) = u(x, y) + \mathrm{i}v(x, y)$ 的极限计算问题是否可以转化为两个二元实函数 $u = u(x, y)$ 和 $v = v(x, y)$ 的极限计算问题？

定理 2.1 设 $w = f(z) = u(x, y) + \mathrm{i}v(x, y)$，$A = u_0 + \mathrm{i}v_0$，$z_0 = x_0 + \mathrm{i}y_0$，则 $\lim\limits_{z \to z_0} f(z) = A$ 的充要条件为

$$\lim_{(x, y) \to (x_0, y_0)} u(x, y) = u_0, \quad \lim_{(x, y) \to (x_0, y_0)} v(x, y) = v_0.$$

证明 因为

$$f(z) - A = u(x, y) - u_0 + \mathrm{i}[v(x, y) - v_0],$$

利用不等式

$$|u(x, y) - u_0| \leqslant |f(z) - A|, \quad |v(x, y) - v_0| \leqslant |f(z) - A|, \tag{2-1}$$

及

$$|f(z) - A| \leqslant |u(x, y) - u_0| + |v(x, y) - v_0|. \tag{2-2}$$

根据极限的定义，由式(2-1)可得必要性部分的证明，由式(2-2)可得充分性部分的证明.

由定理 2.1 知，高等数学中关于极限的运算性质，对于复变函数仍然成立.

定理 2.2 设复变函数 $f(z)$，$g(z)$ 当 z 趋于 z_0 时极限存在，且

$$\lim_{z \to z_0} f(z) = A, \quad \lim_{z \to z_0} g(z) = B,$$

则

(1) $\lim\limits_{z \to z_0} [f(z) \pm g(z)] = A \pm B$.

(2) $\lim\limits_{z \to z_0} f(z)g(z) = AB$.

(3) $\lim\limits_{z \to z_0} \dfrac{f(z)}{g(z)} = \dfrac{A}{B}$，$(B \neq 0)$.

例 2.1 试证明：函数 $f(z) = \dfrac{\operatorname{Im} z}{|z|}$ 当 $z \to 0$ 时极限不存在.

证明 令 $z = x + \mathrm{i}y$，则

$$f(z) = \frac{\operatorname{Im} z}{|z|} = \frac{y}{\sqrt{x^2 + y^2}},$$

当 z 沿直线 $y = kx$ 趋于零时，有

$$\lim_{z\to 0} f(z)=\lim_{x\to 0}\frac{kx}{\sqrt{(1+k^2)x^2}}=\pm\frac{k}{\sqrt{1+k^2}},$$

因为它随 k 而变化,所以 $\lim\limits_{z\to 0} f(z)$ 不存在.

2.1.2 复变函数的连续性

定义 2.2 设函数 $w=f(z)$ 在点 z_0 的某个邻域内有定义,若有 $\lim\limits_{z\to z_0} f(z)=f(z_0)$,则称函数 $w=f(z)$ 在点 z_0 处连续;若 $w=f(z)$ 在区域 D 内处处连续,则称 $w=f(z)$ 在区域 D 内连续.

例 2.2 证明:函数 $f(z)=\begin{cases}\dfrac{\operatorname{Re} z}{1+|z|}, & z\neq 0,\\ 0, & z=0,\end{cases}$ 在 $z=0$ 点连续.

证明 因为

$$\frac{\operatorname{Re} z}{1+|z|}=\frac{x}{1+\sqrt{x^2+y^2}}\to 0=f(0)\quad (x\to 0,\ y\to 0),$$

所以,$f(z)$在 $z=0$ 点连续.

注 类似于高等数学中的情形,如果 $f(z)$在 z_0 没有定义,但 $\lim\limits_{z\to z_0} f(z)$ 存在,则可补充 $f(z_0)=\lim\limits_{z\to z_0} f(z)$,使得 $f(z)$在 z_0 点连续.例如:函数 $f(z)=\dfrac{z\operatorname{Im} z^2}{|z|^2}$ 在 $z=0$ 点无定义,若补充 $f(0)=0$,则 $f(z)$ 在 $z=0$ 点连续.

例 2.3 讨论函数 $f(z)=\arg z$ 的连续性.

解 由于当 $z=0$ 时,$\arg z$ 没有定义,当 $z\neq 0$ 时,

$$\arg z=\begin{cases}\arctan\dfrac{y}{x}, & x>0,\ y\geqslant 0 \text{ 或 } y\leqslant 0,\\ \pi+\arctan\dfrac{y}{x}, & x<0,\ y\geqslant 0,\\ -\pi+\arctan\dfrac{y}{x}, & x<0,\ y<0.\end{cases}\tag{2-3}$$

所以,$\arg z$ 在 $-\pi<\arg z<\pi$ 连续,在负实轴 $\arg z=\pi$ 及原点处不连续.

由定义 2.2 及定理 2.1 可得如下结论.

定理 2.3 设函数 $f(z)=u(x,y)+\mathrm{i}v(x,y)$ 于点 z_0 的某个邻域内有定义,则 $f(z)$在点 $z_0=x_0+\mathrm{i}y_0$ 连续的充要条件是:二元实变函数 $u(x,y)$和 $v(x,y)$在

点(x_0, y_0)连续.

定理 2.4 连续函数的和、差、积、商(分母不为零)仍为连续函数,连续函数的复合函数仍为连续函数.

由以上定理 2.4 知,有理整函数(多项式) $w = P(z) = a_0 + a_1 z + a_2 z^2 + \cdots + a_n z^n$ 对复平面内所有的 z 都是连续的;而有理分式$\dfrac{P(z)}{Q(z)}$,其中 $P(z)$和 $Q(z)$都是多项式,在复平面分母不为零的点也是连续.

复连续函数也有与实连续函数类似的性质.

定理 2.5 设 $w = f(z)$ 在有界闭区域 D 上的连续函数,则其模$|f(z)|$在 D 上必有界,且取到最大值与最小值.

注 应指出,所谓函数 $f(z)$在曲线 C 上 z_0 点处连续的意义是指

$$\lim_{z \to z_0} f(z) = f(z_0), \ \forall z \in C.$$

所以,在闭曲线或包括曲线端点在内的曲线段 C 上连续的函数 $f(z)$在曲线上有界,即存在一正数 M,在曲线上恒有 $|f(z)| \leqslant M, \ \forall z \in C$.

2.2 解析函数的概念

2.2.1 复变函数的导数

定义 2.3 设函数 $w = f(z)$ 定义于区域 D, z_0 为 D 中一点,且点 $z_0 + \Delta z$ 也位于 D 内. 如果极限

$$\lim_{\Delta z \to 0} \frac{f(z_0 + \Delta z) - f(z_0)}{\Delta z} \tag{2-4}$$

存在,就说 $f(z)$在 z_0 点可导,此极限值就称为 $f(z)$在 z_0 点的导数,记作

$$f'(z_0) = \left.\frac{\mathrm{d}w}{\mathrm{d}z}\right|_{z=z_0} = \lim_{\Delta z \to 0} \frac{\Delta w}{\Delta z} = \lim_{\Delta z \to 0} \frac{f(z_0 + \Delta z) - f(z_0)}{\Delta z} \tag{2-5}$$

可导的分析定义为: 对于任给的 $\varepsilon > 0$,存在 $\delta > 0$,使得当 $0 < |\Delta z| < \delta$ 时,有

$$\left| \frac{f(z + \Delta z) - f(z)}{\Delta z} - f'(z) \right| < \varepsilon.$$

定义 2.4 如果 $w = f(z)$ 在区域 D 内处处可导,就说 $w = f(z)$ 在 D 内可导.

例 2.4 求 $w = f(z) = z^n$ 的导数,其中 n 为正整数.

解 由于

$$\frac{f(z+\Delta z)-f(z)}{\Delta z}=\frac{(z+\Delta z)^n-z^n}{\Delta z}=\frac{\sum_{k=0}^{n}C_n^k(\Delta z)^k z^{n-k}-z^n}{\Delta z}$$

$$=\frac{nz^{n-1}+\sum_{k=2}^{n}C_n^k(\Delta z)^k z^{n-k}}{\Delta z},$$

所以

$$f'(z)=\lim_{\Delta z\to 0}\frac{f(z+\Delta z)-f(z)}{\Delta z}=nz^{n-1}.$$

例 2.5 讨论函数 $w=f(z)=|z|^2$ 的可导性.

解 $$\frac{\Delta w}{\Delta z}=\frac{|z+\Delta z|^2-|z|^2}{\Delta z}=\frac{(z+\Delta z)\overline{(z+\Delta z)}-z\bar{z}}{\Delta z}$$

$$=\bar{z}+\overline{\Delta z}+z\frac{\overline{\Delta z}}{\Delta z}.$$

当 $z=0$ 时,

$$\lim_{\Delta z\to 0}\frac{\Delta w}{\Delta z}=\lim_{\Delta z\to 0}\bar{z}=0.$$

当 $z\neq 0$ 时,取 $\Delta z=\Delta x\to 0$, 则

$$\lim_{\substack{\Delta x\to 0\\ \Delta z=\Delta x}}\frac{\Delta w}{\Delta z}=\bar{z}+z.$$

取 $\Delta z=\mathrm{i}\Delta y\to 0$, 则

$$\lim_{\substack{\Delta y\to 0\\ \Delta z=\mathrm{i}\Delta y}}\frac{\Delta w}{\Delta z}=\bar{z}-z.$$

综合得:当 $z=0$ 时,$f'(0)=0$;当 $z\neq 0$ 时,$w=f(z)$ 导数不存在.

从上例可知,$w=f(z)=|z|^2$ 的实部 $u(x, y)=x^2+y^2$ 和虚部 $v(x, y)=0$ 在整个平面上任意阶偏导数均存在,但 $w=f(z)$ 仅在 $z=0$ 点可导. 因此,研究复变函数的导数,不能转化为研究实部和虚部这两个实变函数的可导性.

对于可导的复变函数而言,它具有类似于实函数的求导法则:

(1) $(C)'=0$, 其中 C 为复常数.

(2) $(z^n)' = nz^{n-1}$，其中 n 为正整数.

(3) $[f(z) \pm g(z)]' = f'(z) \pm g'(z)$.

(4) $[f(z)g(z)]' = f'(z)g(z) + f(z)g'(z)$.

(5) $\left[\dfrac{f(z)}{g(z)}\right]' = \dfrac{1}{g^2(z)}[f'(z)g(z) - f(z)g'(z)]$.

(6) $[f(g(z))]' = f'(w)g'(z)$，其中 $w = g(z)$.

(7) $f'(z) = \dfrac{1}{\phi'(w)}$，其中 $w = f(z)$ 与 $z = \phi(w)$ 为两个互为反函数的单值函数，且 $\phi'(w) \neq 0$.

与导数的情形类似，复变函数的微分定义，形式上与一元实函数的微分定义一致.

定义 2.5 如果复变函数 $w = f(z)$ 在 z 处的增量 $\Delta w = f(z + \Delta z) - f(z)$ 满足

$$\Delta w = f(z + \Delta z) - f(z) = A\Delta z + \rho(\Delta z), \tag{2-6}$$

其中：

$$\lim_{\Delta z \to 0} \frac{\rho(\Delta z)}{\Delta z} = 0,$$

则称 $w = f(z)$ 在 z 处可微，并称 $A\Delta z$ 为 $f(z)$ 在 z 处的微分，记为

$$\mathrm{d}w = \mathrm{d}f = A\Delta z.$$

不难证明，函数 $w = f(z)$ 在点 z 处可导的充要条件为 $w = f(z)$ 在点 z 处可微，且 $\mathrm{d}w = f'(z)\Delta z = f'(z)\mathrm{d}z$.

注 可导必连续. 事实上，如果 $w = f(z)$ 在 z 处可导，则

$$f(z + \Delta z) - f(z) = f'(z)\Delta z + \rho(\Delta z)\Delta z,$$

从而

$$\lim_{\Delta z \to 0} f(z + \Delta z) = f(z).$$

但连续不一定可导. 例如：函数 $w = f(z) = |z|^2 = x^2 + y^2$ 在整个平面上为连续函数，但导数仅在 $z = 0$ 存在. 类似的例子还有：

$$f(z) = \mathrm{Re}\, z,\ f(z) = \bar{z}.$$

2.2.2 解析函数的概念

定义 2.6 如果函数 $f(z)$ 在 z_0 及 z_0 的邻域内处处可导，则称 $f(z)$ 在 z_0 处解

析；如果 $f(z)$ 在区域 D 内每一点解析，则称 $f(z)$ 在 D 内解析，或称 $f(z)$ 是 D 内的一个解析函数(全纯函数或正则函数).

定义 2.7 如果 $f(z)$ 在 z_0 不解析，则称 z_0 为 $f(z)$ 的奇点.

注 (1) 由定义可知，函数在区域内解析与在区域内可导是等价的. 但是，函数在一点处解析和在一点处可导不等价，即函数在一点处可导不一定在该点处解析.

(2) 如果函数 $w=f(z)$ 仅在区域 D 中的某曲线或曲线段 C 上可导，则 $w=f(z)$ 在区域 D 内不解析.

例 2.6 讨论函数 $f(z)=\overline{z}$ 的可导性和解析性.

解 由于

$$\frac{f(z+\Delta z)-f(z)}{\Delta z}=\frac{\overline{z+\Delta z}-\overline{z}}{\Delta z}=\frac{\overline{\Delta z}}{\Delta z},$$

当 $\Delta z\to 0$ 时，上式的极限不存在. 所以，$f(z)=\overline{z}$ 在 z 平面上处处不可导，从而不解析.

例 2.7 讨论函数 $f(z)=\dfrac{1}{z}$ 的可导性和解析性.

解 由复变函数的求导法则知，$f'(z)=-\dfrac{1}{z^2}\ (z\neq 0)$，所以函数 $f(z)=\dfrac{1}{z}$ 在除去 $z=0$ 外的复平面内处处可导，从而解析. $z=0$ 为 $f(z)=\dfrac{1}{z}$ 的奇点.

根据复变函数的求导法则可知：

定理 2.6 在区域 D 内解析的两个函数 $f(z)$ 与 $g(z)$ 的和、差、积、商(除去分母为零的点)在 D 内解析；设函数 $\xi=g(z)$ 在 z 平面上的区域 D 内解析，函数 $w=f(\xi)$ 在 ξ 平面上的区域 G 内解析. 如果对 D 内的每一个点 z，函数 $g(z)$ 的对应值 ξ 都属于 G，则复合函数 $w=f[g(z)]$ 在 D 内解析.

由定理 2.6 知：所有多项式在复平面内是处处解析的，任何一个有理分式函数 $\dfrac{P(z)}{Q(z)}$ 在不含分母为零的点的区域内是解析函数，使分母为零的点是它的奇点.

2.3 函数解析的充要条件

判别复变函数 $w=f(z)$ 在区域 D 内是否解析，首先确定其是否在区域内可导. 而判别一个函数究竟有无导数，并求出导数，仅通过导数定义往往甚为困难. 因此，寻找判别函数是否可导的简便而实用的方法非常重要.

我们已知，一个复变函数 $w=f(z)=u(x, y)+\mathrm{i}v(x, y)$ 极限和连续性均可

通过其实部 $u(x, y)$和虚部 $v(x, y)$两个二元实函数来加以研究，但研究复变函数的导数，不能转化为研究实部和虚部这两个实变函数的可导性. 那么，$f(z)$的可导性与 $u(x, y)$，$v(x, y)$的各阶偏导数究竟存在什么关系？在什么条件下才能由实部和虚部的可微性来得出 $f(z)$的可导性？

以下定理给出了 $f(z)$可导的必要条件.

定理 2.7 设函数 $w=f(z)=u(x, y)+\mathrm{i}v(x, y)$ 在区域 D 内有定义，$z=x+\mathrm{i}y$ 是 D 的任意一点，若 $f(z)$在 z 点可导，则 $u(x, y)$和 $v(x, y)$的一阶偏导数存在，且满足如下的柯西-黎曼(Cauchy - Riemann)条件：

$$\frac{\partial u}{\partial x}=\frac{\partial v}{\partial y}, \frac{\partial u}{\partial y}=-\frac{\partial v}{\partial x}, \tag{2-7}$$

且 $f(z)$的导数为

$$f'(z)=\frac{\partial u}{\partial x}+\mathrm{i}\frac{\partial v}{\partial x} \tag{2-8}$$

证明 因为 $f(z)$在点 z 处可导，所以由导数定义，有

$$\begin{aligned} f'(z)&=\lim_{\Delta z\to 0}\frac{f(z+\Delta z)-f(z)}{\Delta z}\\ &=\lim_{\substack{\Delta x\to 0\\ \Delta y\to 0}}\frac{[u(x+\Delta x, y+\Delta y)+\mathrm{i}v(x+\Delta x, y+\Delta y)]-[u(x, y)+\mathrm{i}v(x, y)]}{(\Delta x+\mathrm{i}\Delta y)}\\ &=\lim_{\substack{\Delta x\to 0\\ \Delta y\to 0}}\frac{\Delta u+\mathrm{i}\Delta v}{\Delta x+\mathrm{i}\Delta y}. \end{aligned}$$

取 $\Delta z=\Delta x$, $\Delta y=0$, 有

$$\begin{aligned} f'(z)&=\lim_{\substack{\Delta x\to 0\\ \Delta z=\Delta x}}\frac{\Delta u+\mathrm{i}\Delta v}{\Delta x}=\lim_{\substack{\Delta x\to 0\\ \Delta z=\Delta x}}\left(\frac{\Delta u}{\Delta x}+\mathrm{i}\frac{\Delta v}{\Delta x}\right)\\ &=\frac{\partial u}{\partial x}+\mathrm{i}\frac{\partial v}{\partial x}. \end{aligned} \tag{2-9}$$

取 $\Delta z=\mathrm{i}\Delta y$, $\Delta x=0$, 有

$$\begin{aligned} f'(z)&=\lim_{\substack{\Delta y\to 0\\ \Delta z=\mathrm{i}\Delta y}}\frac{\Delta u+\mathrm{i}\Delta v}{\mathrm{i}\Delta y}=\lim_{\substack{\Delta y\to 0\\ \Delta z=\mathrm{i}\Delta y}}\left(\frac{\Delta v}{\Delta y}-\mathrm{i}\frac{\Delta u}{\Delta y}\right)\\ &=\frac{\partial v}{\partial y}-\mathrm{i}\frac{\partial u}{\partial y}. \end{aligned} \tag{2-10}$$

由式(2-9)和式(2-10)得

$$\frac{\partial u}{\partial x}+\mathrm{i}\frac{\partial v}{\partial x}=\frac{\partial v}{\partial y}-\mathrm{i}\frac{\partial u}{\partial y}$$

比较上式两端即得柯西-黎曼条件式(2-7).

定理2.7仅为可导的必要条件,即满足柯西-黎曼条件的函数未必可导.

例2.8 试判别函数 $f(z)=\sqrt{|xy|}$ 在点 $z=0$ 处的可导性.

解 由题设得

$$u(x, y)=\sqrt{|xy|}, v(x, y)=0,$$

所以在点 $z=0$ 处有

$$\left.\frac{\partial u}{\partial x}\right|_{(0,0)}=\lim_{\Delta x\to 0}\frac{u(\Delta x, 0)-u(0, 0)}{\Delta x}=0=\left.\frac{\partial v}{\partial y}\right|_{(0,0)},$$

$$\left.\frac{\partial u}{\partial y}\right|_{(0,0)}=\lim_{\Delta y\to 0}\frac{u(0, \Delta y)-u(0, 0)}{\Delta y}=0=-\left.\frac{\partial v}{\partial x}\right|_{(0,0)},$$

即函数 $f(z)=\sqrt{|xy|}$ 在点 $z=0$ 处满足柯西-黎曼条件. 由于

$$\lim_{\Delta z\to 0}\frac{f(\Delta z)-f(0)}{\Delta z}=\lim_{\substack{\Delta x\to 0\\ \Delta y\to 0}}\frac{\sqrt{|\Delta x\Delta y|}}{\Delta x+\mathrm{i}\Delta y}=\pm\frac{\sqrt{|k|}}{1+\mathrm{i}k},$$

即当 $\Delta z\to 0$ 时上式无极限,所以函数 $f(z)=\sqrt{|xy|}$ 在点 $z=0$ 处不可导.

定理2.8 设函数 $f(z)=u(x, y)+\mathrm{i}v(x, y)$ 在区域 D 内有定义,则 $f(z)$ 在 D 内一点 $z=x+\mathrm{i}y$ 可导的充分必要条件是:$u(x, y)$ 与 $v(x, y)$ 在点 (x, y) 处可微,并且在该点满足柯西-黎曼条件.

证明 必要性. 设 $f(z)$ 的 D 内一点 z 可导,则

$$\Delta f(z)=f'(z)\Delta z+\varepsilon\Delta z,$$

其中 $\lim\limits_{\Delta z\to 0}\varepsilon=0$. 记 $f'(z)=\alpha+\mathrm{i}\beta$, $\Delta f(z)=\Delta u+\mathrm{i}\Delta v$, 则

$$\Delta u+\mathrm{i}\Delta v=\alpha\Delta x-\beta\Delta y+\mathrm{i}(\beta\Delta x+\alpha\Delta y)+\varepsilon_1+\mathrm{i}\varepsilon_2,$$

其中 $\varepsilon_1=\mathrm{Re}(\varepsilon\Delta z)$, $\varepsilon_2=\mathrm{Im}(\varepsilon\Delta z)$ 均为 $|\Delta z|$ 的高阶无穷小. 于是

$$\Delta u=\alpha\Delta x-\beta\Delta y+\varepsilon_1, \Delta v=\beta\Delta x+\alpha\Delta y+\varepsilon_2.$$

上式表明,二元函数 $u(x, y)$, $v(x, y)$ 在点 (x, y) 可微,且

$$\frac{\partial u}{\partial x} = \alpha = \frac{\partial v}{\partial y}, \frac{\partial u}{\partial y} = -\beta = -\frac{\partial v}{\partial x},$$

即满足柯西-黎曼条件.

充分性. 设 $u(x, y)$ 与 $v(x, y)$ 在点 (x, y) 可微,由可微定义知:

$$\Delta u = \frac{\partial u}{\partial x}\Delta x + \frac{\partial u}{\partial y}\Delta y + \varepsilon_1,$$

$$\Delta v = \frac{\partial v}{\partial x}\Delta x + \frac{\partial v}{\partial y}\Delta y + \varepsilon_2,$$

其中 ε_1, ε_2 是 $\sqrt{\Delta x^2 + \Delta y^2}$ 的高阶无穷小.

由柯西-黎曼条件,令

$$\alpha = \frac{\partial u}{\partial x} = \frac{\partial v}{\partial y}, -\beta = \frac{\partial u}{\partial y} = -\frac{\partial v}{\partial x},$$

则

$$\begin{aligned}\Delta f(z) &= \Delta u + \mathrm{i}\Delta v \\ &= \alpha\Delta x - \beta\Delta y + \varepsilon_1 + \mathrm{i}(\beta\Delta x + \alpha\Delta y + \varepsilon_2) \\ &= (\alpha + \mathrm{i}\beta)(\Delta x + \mathrm{i}\Delta y) + \varepsilon_1 + \mathrm{i}\varepsilon_2,\end{aligned}$$

即

$$\frac{\Delta f(z)}{\Delta z} = \alpha + \mathrm{i}\beta + \varepsilon,$$

其中

$$\lim_{\Delta z \to 0} \varepsilon = \lim_{\Delta z \to 0} \frac{\varepsilon_1 + \mathrm{i}\varepsilon_2}{\Delta x + \mathrm{i}\Delta y} = 0.$$

于是

$$f'(z) = \alpha + \mathrm{i}\beta = \frac{\partial u}{\partial x} + \mathrm{i}\frac{\partial v}{\partial x}.$$

在实际应用上,用下面定理判别函数的解析性更为方便.

定理 2.9 函数 $f(z) = u(x, y) + \mathrm{i}v(x, y)$ 在其定义域 D 内解析的充要条件是 $u(x, y)$ 与 $v(x, y)$ 在 D 内具有连续的一阶偏导数,并满足柯西-黎曼条件.

注 (1) 上述定理的充要性很明显.因为根据微积分定理:$u(x, y)$与$v(x, y)$在D内具有连续的一阶偏导数,则在D内可微.又已知$u(x, y)$与$v(x, y)$在D内并满足柯西-黎曼条件,由定理2.8知$f(z)$在D内解析.反之,若$f(z)$在D内解析,则$u(x, y)$与$v(x, y)$在D内具有一阶偏导数,且满足柯西-黎曼条件.至于$u(x, y)$与$v(x, y)$在D内一阶导数的连续性,目前暂无法论证,在下一章中,我们将得到,若$f(z)$在D内解析,则$f(z)$在D内具有任意阶的导数,从而$u(x, y)$与$v(x, y)$在D内具有连续的一阶偏导数.

(2) 导数$f'(z)$具有如下的几种表达式:

$$\frac{\partial u}{\partial x}+\mathrm{i}\frac{\partial v}{\partial x},\ \frac{\partial v}{\partial y}+\mathrm{i}\frac{\partial v}{\partial x},\ \frac{\partial u}{\partial x}-\mathrm{i}\frac{\partial u}{\partial y},\ \frac{\partial v}{\partial y}-\mathrm{i}\frac{\partial u}{\partial y}.$$

例 2.9 判断下列函数在何处可导,在何处解析?

(1) $w=\bar{z}$.

(2) $w=\mathrm{e}^x(\cos y+\mathrm{i}\sin y)$.

(3) $w=z\mathrm{Re}\, z$.

解 (1) 因为$u(x, y)=x$, $v(x, y)=-y$,

$$\frac{\partial u}{\partial x}=1,\ \frac{\partial v}{\partial x}=0,\ \frac{\partial u}{\partial y}=0,\ \frac{\partial v}{\partial y}=-1,$$

可知不满足柯西-黎曼条件,所以$w=\bar{z}$在复平面内处处不可导,处处不解析.

(2) 因为$u(x, y)=\mathrm{e}^x\cos y$, $v(x, y)=\mathrm{e}^x\sin y$,

$$\frac{\partial u}{\partial x}=\mathrm{e}^x\cos y,\ \frac{\partial v}{\partial x}=\mathrm{e}^x\sin y,\ \frac{\partial u}{\partial y}=-\mathrm{e}^x\sin y,\ \frac{\partial v}{\partial y}=\mathrm{e}^x\cos y,$$

可知柯西-黎曼条件成立,由于以上四个偏导数均连续,所以$f(z)$在复平面内处处可导,处处解析,且

$$f'(z)=\mathrm{e}^x(\cos y+\mathrm{i}\sin y)=f(z),$$

此函数即为初等解析函数中的指数函数e^z.

(3) 因为$u(x, y)=x^2$, $v(x, y)=xy$,

$$\frac{\partial u}{\partial x}=2x,\ \frac{\partial v}{\partial x}=y,\ \frac{\partial u}{\partial y}=0,\ \frac{\partial v}{\partial y}=x,$$

由上式易知,四个偏导数处处连续,但仅当$x=y=0$时,它们才满足柯西-黎曼条件,因而函数仅在$z=0$可导,在复平面内处处不解析.

例 2.10 设a, b是实数,函数$f(z)=axy+\mathrm{i}(bx^2+y^2)$在复平面上解析,求出$a$, b的值,并求$f'(z)$.

解 因为 $f(z)$ 是复平面上的解析函数，则 $u(x, y) = axy$，$v(x, y) = bx^2 + y^2$ 在平面上满足柯西-黎曼条件，即：

$$\frac{\partial u}{\partial x} = \frac{\partial v}{\partial y}, \frac{\partial u}{\partial y} = -\frac{\partial v}{\partial x},$$

故 $ay = 2y$，$ax = -2bx$ 对 $\forall x, y$ 均成立. 得

$$a = 2, b = -1, f(z) = 2xy + \mathrm{i}(y^2 - x^2), f'(z) = -2\mathrm{i}z.$$

例 2.11 证明：如果函数 $f(z)$ 在区域 D 内解析，且 $f'(z)$ 处处为零，则 $f(z)$ 在 D 内为一常数.

证明 因为

$$f'(z) = \frac{\partial u}{\partial x} + \mathrm{i}\frac{\partial v}{\partial x} = \frac{\partial v}{\partial y} - \mathrm{i}\frac{\partial u}{\partial y} \equiv 0,$$

从而

$$\frac{\partial u}{\partial x} = \frac{\partial u}{\partial y} = \frac{\partial v}{\partial x} = \frac{\partial v}{\partial y} = 0,$$

所以 $u =$ 常数，$v =$ 常数，因而 $f(z)$ 在 D 内是常数.

注 解析函数为常数有如下几个充分条件：

(1) 函数在区域内解析且导数恒为零.

(2) 解析函数的实部、虚部、模或辐角中有一个恒为常数.

(3) 解析函数的共轭在区域内解析.

2.4 解析函数的物理意义

在流体力学、电学和磁学等邻域的许多实际问题中，常常会遇到一种函数，称为调和函数. 我们将证明解析函数的实部和虚部都是调和函数. 解析函数有一些重要的性质，特别是它与调和函数之间的密切关系，在理论上和实际问题中都有着十分广泛的应用.

2.4.1 调和函数

定义 2.8 如果二元实函数 $u(x, y)$ 在区域 D 内具有连续的二阶偏导数，且满足二维拉普拉斯方程

$$\nabla^2 u = \frac{\partial^2 u}{\partial x^2} + \frac{\partial^2 u}{\partial y^2} = 0, \tag{2-11}$$

则称 $u(x, y)$ 为区域 D 内的调和函数.

注 式(2-11)又称为调和方程或拉普拉斯方程,它可以描述无电荷区域的静电场,也可表示平面上稳态温度场等其他物理量. 此类方程的求解,我们将在第 2 篇——数学物理方程中作详细介绍.

例 2.12 证明:$u(x, y)=\frac{1}{2}\ln(x^2+y^2)$ 在不包含原点的区域 D 内为调和函数.

证明 由于

$$\frac{\partial u}{\partial x}=\frac{x}{x^2+y^2}, \frac{\partial u}{\partial y}=\frac{y}{x^2+y^2},$$

$$\frac{\partial^2 u}{\partial x^2}=\frac{y^2-x^2}{(x^2+y^2)^2}, \frac{\partial^2 u}{\partial y^2}=\frac{x^2-y^2}{(x^2+y^2)^2},$$

从而 $u(x, y)$ 在 D 内具有二阶连续偏导数,且

$$\frac{\partial^2 u}{\partial x^2}+\frac{\partial^2 u}{\partial y^2}=0,$$

所以,$u(x, y)$ 是区域 D 内的调和函数.

2.4.2 解析函数与调和函数的关系

定理 2.10 若 $f(z)=u(x, y)+\mathrm{i}v(x, y)$ 是区域 D 内的解析函数,则 $u(x, y)$ 和 $v(x, y)$ 均为 D 内的调和函数.

证明 因为 $f(z)=u(x, y)+\mathrm{i}v(x, y)$ 是区域 D 内的解析函数,所以 $u(x, y)$ 和 $v(x, y)$ 满足柯西-黎曼条件

$$\frac{\partial u}{\partial x}=\frac{\partial v}{\partial y}, \frac{\partial u}{\partial y}=-\frac{\partial v}{\partial x}.$$

由于解析函数具有任意阶的导数(见下章),因而解析函数的实部和虚部具有任意阶的连续的偏导数. 将上述柯西-黎曼条件中的两个等式分别对 x 和 y 求偏导数,得

$$\frac{\partial^2 u}{\partial x^2}=\frac{\partial^2 v}{\partial y\partial x}, \frac{\partial^2 u}{\partial y^2}=-\frac{\partial^2 v}{\partial x\partial y}.$$

两式相加并利用

$$\frac{\partial^2 v}{\partial x \partial y} = \frac{\partial^2 v}{\partial y \partial x},$$

即得式(2-11),所以 $u(x, y)$为区域 D 内的调和函数. 同理可得 $v(x, y)$为区域 D 内的调和函数.

由定理 2.10 知,解析函数 $f(z) = u(x, y) + \mathrm{i}v(x, y)$ 的实部 $u(x, y)$ 和 $v(x, y)$并不是相互独立,而是由柯西-黎曼条件紧密联系着. 为此,我们引入如下的共轭调和函数的概念.

定义 2.9 设 $u(x, y)$和 $v(x, y)$均为区域 D 内的调和函数,若 $u(x, y)$和 $v(x, y)$在区域 D 内满足柯西-黎曼条件,则称 $v(x, y)$为 $u(x, y)$的共轭调和函数.

由定理 2.10 知,解析函数的虚部是实部的共轭调和函数. 但对于区域 D 内的任意两个调和函数 $u(x, y)$和 $v(x, y)$所构成的复变函数 $f(z) = u(x, y) + \mathrm{i}v(x, y)$ 不一定是区域 D 内的解析函数,因为 $v(x, y)$不一定是 $u(x, y)$的共轭调和函数. 现在问题是对于给定的调和函数 $u(x, y)$是否存在 $v(x, y)$,使得 $f(z) = u(x, y) + \mathrm{i}v(x, y)$ 为解析函数,即:调和函数的共轭调和函数是否存在? 如何求共轭调和函数?

定理 2.11 若 $u(x, y)$为单连通区域 D 内的调和函数,则必可找到它的共轭调和函数 $v(x, y)$,使得 $f(z) = u(x, y) + \mathrm{i}v(x, y)$ 成为 D 内的解析函数,且这样的 $v(x, y)$有无穷多个.

证明 由于 $u(x, y)$为单连通区域 D 内的调和函数,则由拉普拉斯方程

$$\frac{\partial^2 u}{\partial x^2} + \frac{\partial^2 u}{\partial y^2} = 0$$

可知

$$-\frac{\partial u}{\partial y}\mathrm{d}x + \frac{\partial u}{\partial x}\mathrm{d}y$$

为某一函数的全微分. 若令

$$\mathrm{d}v = -\frac{\partial u}{\partial y}\mathrm{d}x + \frac{\partial u}{\partial x}\mathrm{d}y,$$

则

$$v(x, y) = \int_{(x_0, y_0)}^{(x, y)} -\frac{\partial u}{\partial y}\mathrm{d}x + \frac{\partial u}{\partial x}\mathrm{d}y + C,$$

上式分别关于 x 和 y 求偏导数得

$$\frac{\partial v}{\partial x}=-\frac{\partial u}{\partial y},\ \frac{\partial v}{\partial y}=\frac{\partial u}{\partial x},$$

所以 $v(x, y)$为 $u(x, y)$的共轭调和函数,且 $f(z)=u(x, y)+\mathrm{i}v(x, y)$ 为解析函数.

例 2.13 设 $v(x, y)=\mathrm{e}^{px}\sin y$,求 p 的值使 $v(x, y)$为调和函数,并求出解析函数 $f(z)=u(x, y)+\mathrm{i}v(x, y)$.

解 因为 $\frac{\partial v}{\partial x}=p\mathrm{e}^{px}\sin y,\ \frac{\partial v}{\partial y}=\mathrm{e}^{px}\cos y\ \frac{\partial^2 v}{\partial x^2}=p^2\mathrm{e}^{px}\sin y,\ \frac{\partial^2 v}{\partial y^2}=-\mathrm{e}^{px}\sin y$,

要使 $v(x, y)$为调和函数,则有 $\frac{\partial^2 v}{\partial x^2}+\frac{\partial^2 v}{\partial y^2}=0$,即

$$p^2\mathrm{e}^{px}\sin y-\mathrm{e}^{px}\sin y=0,$$

所以当 $p=\pm 1$ 时,$v(x, y)$ 为调和函数. 要使 $f(z)$解析,则有

$$\frac{\partial u}{\partial x}=\frac{\partial v}{\partial y},\ \frac{\partial u}{\partial y}=-\frac{\partial v}{\partial x},$$

从而

$$u(x, y)=\int\frac{\partial u}{\partial x}\mathrm{d}x=\int\mathrm{e}^{px}\cos y\mathrm{d}x=\frac{1}{p}\mathrm{e}^{px}\cos y+\phi(y),$$

由

$$\frac{\partial u}{\partial y}=-\frac{1}{p}\mathrm{e}^{px}\sin y+\phi'(y)=-p\mathrm{e}^{px}\sin y,$$

得

$$\phi'(y)=\left(\frac{1}{p}-p\right)\mathrm{e}^{px}\sin y,\text{或 }\phi(y)=-\left(\frac{1}{p}-p\right)\mathrm{e}^{px}\cos y+C.$$

从而 $u(x, y)=p\mathrm{e}^{px}\cos y+C$. 故

$$f(z)=\begin{cases}\mathrm{e}^{x}(\cos y+\mathrm{i}\sin y)+C=\mathrm{e}^{z}+C,\ p=1,\\ -\mathrm{e}^{x}(\cos y-\mathrm{i}\sin y)+C=-\mathrm{e}^{-z}+C,\ p=-1.\end{cases}$$

2.4.3 正交曲线族

定理 2.12 若 $f(z)=u(x, y)+\mathrm{i}v(x, y)$ 为区域 D 内的解析函数,且

$f'(z) \neq 0$，则

$$u(x, y) = C_1, v(x, y) = C_2 \quad (C_1, C_2 \text{为任意常数}),$$

是区域 D 内的两组正交曲线族.

证明 因为 $f'(z) \neq 0 \quad (\forall z \in D)$，所以在 D 内一点 (x, y) 处，u'_x 和 v'_x 必不全为零.

若在点 (x, y) 处，$u'_x \neq 0$，$v'_x \neq 0$，则由柯西-黎曼条件，有 $v'_y \neq 0$，$u_y \neq 0$. 于是，曲线 $u(x, y) = C_1$ 的斜率为

$$k_u = -\frac{u'_x}{u'_y},$$

曲线 $v(x, y) = C_2$ 的斜率为

$$k_v = -\frac{v'_x}{v'_y},$$

从而由 $k_u k_v = -1$ 得，曲线 $u(x, y) = C_1$ 和 $v(x, y) = C_2$ 在点 (x, y) 处正交.

若在点 (x, y) 处 u'_x，v'_x 中有一个为零，则由 $f'(z) \neq 0$ 知，另一个必不为零. 此时，过点 (x, y) 的两条切线必有一条是水平的，另一条是铅直的，它们仍然在交点处正交.

上述两曲线族在平面电场或流场中具有明确的物理意义. 在平面电场中，电通 φ 和电位 ψ 都是调和函数，即它们都满足拉普拉斯方程，而且等势线 $\varphi(x, y) = C_1$ 和电力线（或流线）$\psi(x, y) = C_2$ 相互正交. 这种性质正好和一个解析函数的实部和虚部所具有的性质相符合. 因此，在研究平面电场时，常将电场的电通 φ 和电位 ψ 分别看作一个解析函数的实部和虚部，而将它们合为一个解析函数进行研究，称

$$f(z) = \varphi(x, y) + \mathrm{i}\psi(x, y)$$

为电场的复势.

例 2.14 已知某平面静电场的电力线方程为 $x^2 - y^2 = C_1$，求等势线方程.

解 令 $v(x, y) = x^2 - y^2$，它是调和函数，可以作为某解析函数的虚部，求出其实部 $u(x, y)$，则得等势线方程 $u(x, y) = C_2$. 由

$$\frac{\partial u}{\partial x} = \frac{\partial v}{\partial y} = -2y, \quad \frac{\partial u}{\partial y} = -\frac{\partial v}{\partial x} = -2x,$$

得

$$du=\frac{\partial u}{\partial x}dx+\frac{\partial u}{\partial y}dy=-2ydx-2xdy=d(-2xy+C_2),$$

故 $u(x, y)=-2xy+C_2$，等势线方程为

$$xy=C_2.$$

注 若给定电力线方程为 $g(x, y)=C_1$，而 $g(x, y)$不是调和函数，则不能直接将 $g(x, y)$作为解析函数虚部，而应该寻求 $v(x, y)=F(g)$，使得该函数为调和函数，则 $v(x, y)$ 可以作为解析函数的虚部，求出相应的实部 $u(x, y)$，则可得等势线方程 $u(x, y)=C_2$. 若给定的是等势线方程，可类似地求解电力线方程.

2.5 初等解析函数

本节将介绍复变数的初等函数，研究这些初等函数的性质，并说明它们的解析性.

复变数的初等函数是实变函数中相应的初等函数的推广. 作为一种推广，所定义的复变函数，既不能违反原有的实变函数的特点，又不完全与相应的实变函数一样. 比较和掌握两者的异同之处，无疑是大有裨益的.

2.5.1 指数函数

设复数 $z=x+iy$，则定义指数函数

$$e^z=e^{x+iy}=e^x(\cos y+i\sin y).$$

显然，当 z 取实数，即 $y=0$，$z=x$ 时，得 $e^z=e^x$，它与实变数指数函数 e^x 一致.

当 z 取纯虚数，即 $x=0$，$z=iy$ 时，得

$$e^z=e^{iy}=\cos y+i\sin y.$$

由上述定义，可以得到指数函数 e^z 的下列 4 个性质：

(1) 指数函数 e^z 在整个 Z 平面上都有定义，且 $e^z\neq 0$.

事实上，对 Z 平面上的任意一点z，e^x，$\cos y$，$\sin y$都有定义，且 $|e^z|=e^x>0$.

(2) 对于任意的 z_1，z_2，有

$$e^{z_1+z_2}=e^{z_1}\cdot e^{z_2}.$$

因为若令 $z_1=x_1+iy_1$，$z_2=x_2+iy_2$，则

$$
\begin{aligned}
e^{z_1+z_2} &= e^{(x_1+x_2)+i(y_1+y_2)} \\
&= e^{x_1+x_2}[\cos(y_1+y_2)+i\sin(y_1+y_2)] \\
&= e^{x_1}(\cos y_1 + i\sin y_1)\cdot e^{x_2}(\cos y_2 + i\sin y_2) \\
&= e^{x_1+iy_1}\cdot e^{x_2+iy_2} \\
&= e^{z_1}\cdot e^{z_2}.
\end{aligned}
$$

(3) e^z 是以 $2\pi i$ 为周期的周期函数，即

$$e^{z+2\pi i} = e^z.$$

因为 $e^{z+2\pi i} = e^z \cdot e^{2\pi i} = e^z$.

一般地，$e^{z+2k\pi i} = e^z$，其中 k 为任意整数.

(4) e^z 在整个 Z 平面上解析，且有

$$(e^z)' = e^z.$$

事实上，设 $e^z = u + iv$，则由定义可知

$$u = e^x \cos y,\ v = e^x \sin y.$$

由 u, v 的可微性及柯西-黎曼条件即得 e^x 的解析性，且有

$$(e^z)' = \frac{\partial u}{\partial x} + i\frac{\partial v}{\partial x} = e^x\cos y + ie^x \sin y = e^z.$$

2.5.2 对数函数

指数函数 $z = e^w (z \neq 0)$ 的反函数，称为对数函数，记为

$$w = \mathrm{Ln}\, z.$$

设 $z = re^{i\theta}$，$w = u + iv$，则由 $z = e^w$，得

$$e^{u+iv} = re^{i\theta},$$

于是

$$e^u = r,\ v = \theta + 2k\pi \quad (k \text{ 为任意整数})$$

从而

$$w = u + iv = \ln r + i(\theta + 2k\pi),$$

即

$$w = \mathrm{Ln}\, z = \ln |z| + \mathrm{i}\,\mathrm{Arg}\, z,$$

或

$$w = \mathrm{Ln}\, z = \ln |z| + \mathrm{i}\arg z + 2k\pi\mathrm{i} \quad (k\ 为任意整数).$$

可见，对数函数 $w = \mathrm{Ln}\, z$ 是一个多值函数，并且每两个值之间相差 $2\pi\mathrm{i}$ 的整数倍.

对应于每一个固定的 k，可得一个单值函数，称为 $w = \mathrm{Ln}\, z$ 的一个分支. 当 $k=0$ 时，$w = \ln|z| + \mathrm{i}\arg z$ 称为 $\mathrm{Ln}\, z$ 的主值. 也就是说，对应于 z 的辐角主值的对数值，称为 z 的对数的主值.

当 $z = x > 0$ 时，$\ln|z| = \ln x$，$\arg z = 0$，说明正实数 x 的对数的主值是实数，它就是实变数对数函数 $\ln x$. 因此我们以 $\ln z$ 表示 $\mathrm{Ln}\, z$ 的主值，即

$$\ln z = \ln |z| + \mathrm{i}\arg z,\ -\pi < \arg z \leqslant \pi,$$

它是实变数对数函数 $\ln x$ 在复平面上的推广.

例 2.15 求 $\mathrm{Ln}(-1)$，$\mathrm{Ln}\,\mathrm{i}$，$\mathrm{Ln}(3-4\mathrm{i})$ 及其主值.

解 $\mathrm{Ln}(-1) = (2k+1)\pi\mathrm{i}$ （k 为整数），$\ln(-1) = \pi\mathrm{i}$.

$\mathrm{Ln}\,\mathrm{i} = \left(2k + \dfrac{1}{2}\right)\pi\mathrm{i}$ （k 为整数），$\ln\mathrm{i} = \dfrac{\pi}{2}\mathrm{i}$.

$\mathrm{Ln}(3-4\mathrm{i}) = \ln 5 - \mathrm{i}\arctan\dfrac{3}{4} + 2k\pi\mathrm{i}$ （k 为整数），

$\ln(3-4\mathrm{i}) = \ln 5 - \mathrm{i}\arctan\dfrac{4}{3}$.

在实变函数中，负数无对数，而在复变函数中却不然，本例又一次说明复变数对数函数是实变数对数函数的推广.

复变数对数函数保持了实变数对数函数的基本性质.

设 $z_1 \neq 0$，$z_2 \neq 0$，则

(1) $\mathrm{Ln}(z_1 z_2) = \mathrm{Ln}\, z_1 + \mathrm{Ln}\, z_2$.

(2) $\mathrm{Ln}\left(\dfrac{z_1}{z_2}\right) = \mathrm{Ln}\, z_1 - \mathrm{Ln}\, z_2$.

利用辐角的相应的性质，不难证明上述两个性质，请读者自行证明. 需要指出的是，上述两个等式应理解为右端必须取适当的分支才能等于左端的某一分支.

下面讨论对数函数的解析性. 就主值 $\ln z$ 而言，$\ln|z|$ 除原点外处处连续，而对

于 $\arg z$，若设 $z=x+\mathrm{i}y$，则当 $x<0$ 时，有

$$\lim_{y\to 0^-}\arg z=-\pi,\quad \lim_{y\to 0^+}\arg z=\pi.$$

因此，在原点与负实轴上 $\arg z$ 都不连续，于是可知 $\ln z$ 在除去原点与负实轴的复平面上连续. 因为 $z=\mathrm{e}^w$ 在区域 $-\pi<\arg z<\pi$ 内的反函数 $w=\ln z$ 是单值的，由反函数的求导法则可知

$$(\ln z)'=\frac{1}{(\mathrm{e}^w)'}=\frac{1}{\mathrm{e}^w}=\frac{1}{z},$$

所以 $\ln z$ 在除去原点与负实轴的复平面上解析.

由于复变数对数函数 $\mathrm{Ln}\,z$ 的各分支之间仅差 $2\pi\mathrm{i}$ 的整数倍，因此其他各分支也在除去原点与负实轴的复平面上解析，且有相同的导数$\frac{1}{z}$.

对于实数 $a>0$ 和 x，有 $a^x=\mathrm{e}^{x\ln a}$. 推广到复数情形，对任何复数 z 与 $\zeta(\zeta\neq 0)$，定义乘幂 ζ^z 为

$$\zeta^z=\mathrm{e}^{z\mathrm{Ln}\,\zeta}$$

显然，乘幂 ζ^z 是多值的，只有当 z 取整数值时，ζ^z 才取唯一的一个值. $\mathrm{e}^{z\ln\zeta}$ 称为 ζ^z 的主值.

例 2.16 求 i^i 的值.

解 $\mathrm{i}^\mathrm{i}=\mathrm{e}^{\mathrm{i}\mathrm{Ln}\,\mathrm{i}}=\mathrm{e}^{\mathrm{i}\left(2k+\frac{1}{2}\right)\pi\mathrm{i}}=\mathrm{e}^{-\left(2k+\frac{1}{2}\right)\pi}$ （k 为整数），其主值为 $\mathrm{e}^{-\frac{\pi}{2}}$.

2.5.3 幂函数

为了与整数幂函数符号相一致，定义函数

$$w=z^\alpha=\mathrm{e}^{\alpha\mathrm{Ln}\,z}\quad (z\neq 0).$$

为幂函数，其中 α 是一个复常数，它是指数函数与对数函数的复合函数，是一个无穷多值函数.

特别需要掌握幂函数的以下几种情况：

(1) 当 $\alpha=n$ (n 是正整数) 时，$w=z^\alpha=z^n$ 为单值函数，它就是 z 的 n 次乘方.

(2) 当 $\alpha=-n$ (n 是正整数) 时，$w=z^\alpha=z^{-n}=\frac{1}{z^n}$.

(3) 当 $\alpha=\frac{1}{n}$ (n 是正整数) 时，$w=z^\alpha=\sqrt[n]{z}$，它只在 $k=0, 1, 2, \cdots, n-1$ 时才取不同的值.

下面讨论幂函数的解析性.

令 $\zeta = \operatorname{Ln} z$,则因为 ζ 在除去原点与负实轴的 Z 平面上解析,且 e^{ζ} 是 ζ 的解析函数,所以 $w = z^{\alpha} = e^{\alpha \operatorname{Ln} z}$ 也是这一区域内的解析函数,并且其导数

$$\begin{aligned}\frac{d}{dz}(z^{\alpha}) &= \frac{d}{dz}(e^{\alpha \operatorname{Ln} z}) = \frac{d}{dz}(e^{\alpha\zeta}) \\ &= \frac{d}{d\zeta}(e^{\alpha\zeta})\frac{d\zeta}{dz} = \alpha e^{\alpha\zeta}\cdot\frac{1}{z} \\ &= \alpha z^{\alpha}\cdot\frac{1}{z} = \alpha z^{\alpha-1}.\end{aligned}$$

最后要强调指出的是,一般幂函数 z^{α} 与整数次幂函数 z^{n} 有以下两点较大的区别:

(1) z^{α} 在除去原点与负实轴的 Z 平面上解析,而 z^{n} 在整个 Z 平面上解析(当 n 为负整数时除去原点).

(2) z^{α} 是无穷多值函数,而 z^{n} 是单值函数.

z^{α} 与 $z^{\frac{1}{n}}$ 的区别是: z^{α} 是无穷多值函数,而 $z^{\frac{1}{n}}$ 是 n 值函数.

2.5.4 三角函数

当 x 为实数时,由欧拉公式

$$e^{ix} = \cos x + i\sin x,\ e^{-ix} = \cos x - i\sin x,$$

可得

$$\sin x = \frac{e^{ix} - e^{-ix}}{2i},\ \cos x = \frac{e^{ix} + e^{-ix}}{2},$$

因此,当实变数 x 推广到复变数 z 时,我们就定义复变数 z 的正弦函数与余弦函数分别为

$$\sin z = \frac{e^{iz} - e^{-iz}}{2i},\ \cos z = \frac{e^{iz} + e^{-iz}}{2}.$$

据此定义,它们具有下列重要性质:

(1) 对任何复数 z, $\cos z + i\sin z = e^{iz}$ 成立.

(2) $\sin z$ 与 $\cos z$ 都是以 2π 为周期的周期函数,即

$$\sin(z + 2\pi) = \sin z,\ \cos(z + 2\pi) = \cos z.$$

(3) $\sin z$ 是奇函数，$\cos z$ 是偶函数，即

$$\sin(-z)=-\sin z,\ \cos(-z)=\cos z.$$

(4) 类似于实变数的各种三角恒等式仍然成立. 如

$\sin^2 z+\cos^2 z=1$;

$\sin\left(z+\frac{\pi}{2}\right)=\cos z,\ \cos\left(z+\frac{\pi}{2}\right)=-\sin z$;

$\sin(z_1+z_2)=\sin z_1\cos z_2+\cos z_1\sin z_2$;

$\cos(z_1+z_2)=\cos z_1\cos z_2-\sin z_1\sin z_2$;

等.

(5) $|\sin z|$ 和 $|\cos z|$ 都是无界的.

事实上，$|\cos z|=\left|\frac{e^{i(x+iy)}+e^{-i(x+iy)}}{2}\right|$

$$=\frac{1}{2}\left|e^{-y}\cdot e^{ix}+e^{y}\cdot e^{-ix}\right|\geqslant\frac{1}{2}\left|e^{y}-e^{-y}\right|.$$

可见，当$|y|$无限增大时，$|\cos z|$趋于无穷大，同理可知$|\sin z|$也是无界的.

(6) $\sin z$ 仅在 $z=k\pi$ 处为零，$\cos z$ 仅在 $z=k\pi+\frac{\pi}{2}$ 处为零，其中 k 为任意整数，即 $\sin z$ 与 $\cos z$ 仅在它们作为实变函数的零点处才为零.

(7) $\sin z$ 与 $\cos z$ 都在 Z 平面上解析，且有

$$(\sin z)'=\cos z,\ (\cos z)'=-\sin z.$$

类似地，其他三角函数定义如下：

$$\tan z=\frac{\sin z}{\cos z},\ \cot z=\frac{\cos z}{\sin z},$$

$$\sec z=\frac{1}{\cos z},\ \csc z=\frac{1}{\sin z}.$$

它们都在分母不为零处解析，且有

$$(\tan z)'=\sec^2 z,\ (\cot z)'=-\csc^2 z,$$

$$(\sec z)'=\sec z\tan z,\ (\csc z)'=-\csc z\cot z.$$

与三角函数密切相关的是双曲函数. 双曲正弦函数和双曲余弦函数分别定义如下：

$$\sinh z=\frac{e^z-e^{-z}}{2},\ \cosh z=\frac{e^z+e^{-z}}{2}.$$

显然,它们都是相应的实双曲函数的推广.

由定义可知,$\sinh z$ 为奇函数,$\cosh z$ 为偶函数,它们都是以 $2\pi i$ 为周期的周期函数,且有

$$\cosh^2 z-\sinh^2 z=1.$$

$\sinh z$ 与 $\cosh z$ 都是全平面上的解析函数,且有

$$(\sinh z)'=\cosh z,\ (\cosh z)'=\sinh z.$$

最后,根据定义,不难得出双曲函数与三角函数之间的关系:

$$\sin iz=i\sinh z,\ \cos iz=\cosh z,$$
$$\sinh iz=i\sin z,\ \cosh iz=\cos z.$$

利用上述关系式可以求出 $\sin z$ 与 $\cos z$ 的实部、虚部和模的表达式.

$$\begin{aligned}\sin z&=\sin(x+iy)=\sin x\cos iy+\cos x\sin iy\\&=\sin x\cosh y+i\cos x\sinh y,\end{aligned}$$

$$\mathrm{Re}(\sin z)=\sin x\cosh y,\ \mathrm{Im}(\sin z)=\cos x\sinh y,$$

$$\begin{aligned}|\sin z|&=\sqrt{\sin^2 x\cosh^2 y+\cos^2 x\sinh^2 y}\\&=\sqrt{\sin^2 x(1+\sinh^2 y)+(1-\sin^2 x)\sinh^2 y}\\&=\sqrt{\sin^2 x+\sinh^2 y};\end{aligned}$$

$$\begin{aligned}\cos z&=\cos(x+iy)=\cos x\cos iy-\sin x\sin iy\\&=\cos x\cosh y-i\sin x\sinh y,\end{aligned}$$

$$\mathrm{Re}(\cos z)=\cos x\cosh y,\ \mathrm{Im}(\cos z)=-\sin x\sinh y,$$

$$\begin{aligned}|\cos z|&=\sqrt{\cos^2 x\cosh^2 y+\sin^2 x\sinh^2 y}\\&=\sqrt{\cos^2 x(1+\sinh^2 y)+(1-\cos^2 x)\sinh^2 y}\\&=\sqrt{\cos^2 x+\sinh^2 y}.\end{aligned}$$

例 2.17 试计算下列三角函数的值:

(1) $\cos i$.　　(2) $\sin(1+2i)$.

解 (1) $\cos i=\cosh 1=\frac{1}{2}(e+e^{-1})$.

(2) $\sin(1+2\mathrm{i}) = \sin 1\cos 2\mathrm{i} + \cos 1\sin 2\mathrm{i}$

$$= \sin 1 \cdot \cosh 2 + \mathrm{i}\cos 1 \cdot \sinh 2$$

$$= \frac{1}{2}[(\mathrm{e}^2 + \mathrm{e}^{-2})\sin 1 + \mathrm{i}(\mathrm{e}^2 - \mathrm{e}^{-2})\cos 1].$$

例 2.18 试求出方程 $\sin z + \cos z = 0$ 的全部解.

解 由 $\sin z + \cos z = 0$ 得

$$\sqrt{2}\sin\left(z + \frac{\pi}{4}\right) = 0,$$

于是由 $\sin z$ 的性质(6)即得

$$z = k\pi - \frac{\pi}{4} \quad (k = 0, \pm 1, \pm 2, \cdots).$$

2.5.5 反三角函数与反双曲函数

三角函数的反函数称为反三角函数.

若 $z = \sin w$,则称 w 为 z 的反正弦函数,记为

$$w = \arcsin z.$$

若 $z = \cos w$,则称 w 为 z 的反余弦函数,记为

$$w = \arccos z.$$

由 $\sin w$ 的定义

$$z = \sin w = \frac{\mathrm{e}^{\mathrm{i}w} - \mathrm{e}^{-\mathrm{i}w}}{2\mathrm{i}},$$

有

$$\mathrm{e}^{\mathrm{i}w} - 2\mathrm{i}z - \mathrm{e}^{-\mathrm{i}w} = 0,$$

即

$$(\mathrm{e}^{\mathrm{i}w})^2 - 2\mathrm{i}z\mathrm{e}^{\mathrm{i}w} - 1 = 0,$$

它的根为

$$\mathrm{e}^{\mathrm{i}w} = \mathrm{i}z \pm \sqrt{1 - z^2},$$

两端取对数,得反正弦函数的解析表达式

$$w = \arcsin z = -\mathrm{i}\,\mathrm{Ln}(\mathrm{i}z \pm \sqrt{1-z^2}).$$

用类似的方法还可得反余弦函数、反正切函数和反余切函数的解析表达式：

$$w = \arccos z = -\mathrm{i}\,\mathrm{Ln}(z \pm \sqrt{z^2-1}),$$

$$w = \arctan z = -\frac{\mathrm{i}}{2}\mathrm{Ln}\frac{1+\mathrm{i}z}{1-\mathrm{i}z} \quad (z \neq \pm \mathrm{i}),$$

$$w = \operatorname{arccot} z = \frac{\mathrm{i}}{2}\mathrm{Ln}\frac{z-\mathrm{i}}{z+\mathrm{i}} \quad (z \neq \pm \mathrm{i}).$$

它们都是无穷多值函数. 在相应地取了单值连续的分支以后，由反函数的求导法则，不难得到：

$$(\arcsin z)' = \frac{1}{\sqrt{1-z^2}},$$

$$(\arccos z)' = -\frac{1}{\sqrt{1-z^2}}.$$

由对数函数的求导法则，可得

$$(\arctan z)' = \frac{1}{1+z^2},\ (\operatorname{arccot} z)' = -\frac{1}{1+z^2}.$$

类似地，我们定义反双曲函数为双曲函数的反函数.

反双曲正弦函数与反双曲余弦函数的表达式分别为：

$$w = \operatorname{ar\,sinh} z = \mathrm{Ln}(z \pm \sqrt{z^2+1}),$$

$$w = \operatorname{ar\,cosh} z = \mathrm{Ln}(z \pm \sqrt{z^2-1}),$$

它们也都是无穷多值函数.

例 2.19 试证 $w = \cos z$ 把直线 $x = c_1$ 与直线 $y = c_2$（c_1，c_2 为常数）分别变成双曲线与椭圆.

证明 设 $w = u + \mathrm{i}v$，则由

$$\cos z = \cos x \cosh y - \mathrm{i}\sin x \sinh y$$

得

$$u = \cos x \cosh y,\ v = -\sin x \sinh y,$$

于是，由

$$\cosh^2 y - \sinh^2 y = 1$$

得

$$\frac{u^2}{\cos^2 x} - \frac{v^2}{\sin^2 x} = 1,$$

由 $x = c_1$，即得一组双曲线；

由

$$\cos^2 x + \sin^2 x = 1$$

得

$$\frac{u^2}{\cosh^2 y} + \frac{v^2}{\sinh^2 y} = 1.$$

由 $y = c_2$，即得一组椭圆.

这是两组以 $w = -1$ 和 $w = 1$ 为公共焦点且互相正交的曲线.

习　题　2

1. 讨论下列函数的可导性，并求出其导数.

(1) $w = (z-1)^n$.　　(2) $w = \dfrac{1}{z^2 - 1}$.

(3) $w = \bar{z}$.　　(4) $w = |z|^2 z$.

(5) $w = \dfrac{az+b}{cz+d}$　（c，d 中至少有一个不为零）.

2. 试讨论下列函数的可导性与解析性，并在可导区域内求其导数.

(1) $w = 1 - z - 2z^2$.　　(2) $w = \dfrac{1}{z}$.

(3) $w = z\operatorname{Im} z - \operatorname{Re} z$.　　(4) $w = |z|^2 - \mathrm{i}\operatorname{Re} z^2$.

(5) $w = |z|$.

3. 试证明柯西-黎曼条件的极坐标形式为 $\dfrac{\partial u}{\partial r} = \dfrac{1}{r}\dfrac{\partial v}{\partial \theta}$，$\dfrac{\partial v}{\partial r} = -\dfrac{1}{r}\dfrac{\partial u}{\partial \theta}$，并由此验证 $w = z^n$ 为解析函数.

4. 设函数 $f(z) = my^3 + nx^2 y + \mathrm{i}(x^3 + lxy^2)$ 是全平面的解析函数，试求 l，m，n 的值.

5. 设函数 $f(z)$ 在区域 D 内解析，且满足下列条件之一，试证 $f(z)$ 在区域 D

内是一个常数.

(1) $f'(z)=0$.

(2) $\overline{f(z)}$在 D 内解析.

(3) $|f(z)|$在 D 内是一个常数.

(4) $\operatorname{Re} f(z)$或 $\operatorname{Im} f(z)$在 D 内是一个常数.

6. 设函数 $w=f(z)$ 在区域 D 内解析,D 是关于实轴对称的区域,问函数 $f(\bar{z})$及$\overline{f(\bar{z})}$在 D 内是否解析?

7. 验证下列各函数为调和函数,并由给定的条件求解析函数 $f(z)=u+\mathrm{i}v$.

(1) $u=x^2+xy-y^2,\ f(\mathrm{i})=-1+\mathrm{i}$.

(2) $u=\dfrac{y}{x^2+y^2},\ f(1)=0$.

(3) $u=\mathrm{e}^x(x\cos y-y\sin y),\ f(0)=0$.

(4) $u=2(x-1)y,\ f(2)=-\mathrm{i}$.

(5) $u=\dfrac{x^2-y^2}{(x^2+y^2)^2}$.

(6) $v=\ln(x^2+y^2)-x^2+y^2$,定义区域是全平面除去正实轴.

8. 当 a,b,c 满足什么条件时,$u=ax^2+2bxy+cy^2$ 为调和函数?求出它的共轭调和函数.

9. 设 $f(z)$是解析函数,试证:

$$\left(\frac{\partial^2}{\partial x^2}+\frac{\partial^2}{\partial y^2}\right)|f(z)|^2=4|f'(z)|^2.$$

10. 求下列复数:

(1) $\mathrm{e}^{-\frac{\pi}{2}\mathrm{i}}$.

(2) $\mathrm{e}^{3+\mathrm{i}}$.

(3) $\sin\mathrm{i}$.

(4) $\cos\mathrm{i}$.

(5) $\sin(1+\mathrm{i})$.

(6) $\cos(1+\mathrm{i})$.

(7) 3^{i}.

(8) $(1+\mathrm{i})^{\mathrm{i}}$.

(9) $\ln(3+4\mathrm{i})$.

(10) $\operatorname{Ln}(-3+4\mathrm{i})$.

11. 证明下列恒等式:

(1) $\sin 2z=2\sin z\cos z$.

(2) $\cos 2z=\cos^2 z-\sin^2 z$.

(3) $\sinh 2z=2\sinh z\cosh z$.

(4) $\cosh 2z=\cosh^2 z+\sinh^2 z$.

12. 解下列方程:

(1) $\mathrm{e}^z+1=0$.

(2) $\mathrm{e}^z=1+\sqrt{3}\mathrm{i}$.

(3) $\ln z=\frac{\pi}{2}\mathrm{i}$.　　　　(4) $\cos z=2$.

13. 设调和函数 $\varphi(x, y)$与 $\psi(x, y)$都具有二阶连续偏导数，且 $s=\frac{\partial\varphi}{\partial y}-\frac{\partial\psi}{\partial x}$，$t=\frac{\partial\varphi}{\partial x}+\frac{\partial\psi}{\partial y}$，试证明 $f(z)=s+\mathrm{i}t$ 是解析函数.

14. 设函数 $f(z)=\frac{\partial u}{\partial x}-\mathrm{i}\frac{\partial u}{\partial y}$，其中 u 为区域D 中的调和函数，试证明 $f(z)$是 D 内的解析函数.

15. 设 $f(z)=u+\mathrm{i}v$ 是区域D 内的解析函数，试证：

(1) $\overline{\mathrm{i}\,\overline{f(z)}}$也是 D 内的解析函数.　　　　(2) $-u$ 是 v 的共轭调和函数.

第3章　复变函数的积分

本章要介绍复变函数的积分概念. 着重研究解析函数积分的性质,特别要引出柯西积分定理与柯西积分公式. 这些性质是解析函数理论的基础. 最后,利用复变函数的积分,将得出解析函数的导数仍为解析函数的重要结论.

3.1　复变函数的积分

3.1.1　复变函数积分的概念

我们用类似于实变函数中曲线积分的定义方法来定义复变函数的积分.

定义 3.1　设 c 为复平面上以 A 为起点 B 为终点的一条光滑的有向曲线,函数 $w=f(z)$ 定义在曲线 c 上. 沿 c 从 A 到 B 的方向用分点 $A=z_0, z_1, z_2, \cdots, z_n=B$ 把曲线 c 任意分成 n 个弧段,在每个弧段 $\overset{\frown}{z_{k-1}z_k}(k=1, 2, \cdots, n)$ 上任意取一点 ζ_k(图 3-1),并作出部分和

$$S_n=\sum_{k=1}^{n}f(\zeta_k)\Delta z_k,$$

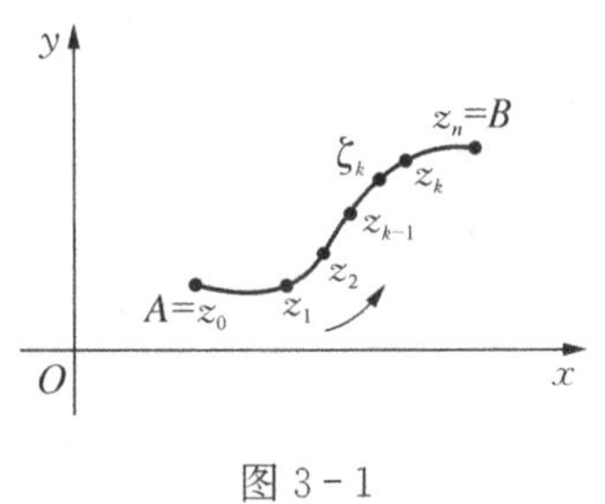

图 3-1

其中 $\Delta z_k=z_k-z_{k-1}$. 记 $\Delta S_k=\overset{\frown}{z_{k-1}z_k}$ 的长度, $\delta=\max\limits_{1\leqslant k\leqslant n}\{\Delta S_k\}$. 当 n 无限增加,且 δ 趋于零时,若不论对 c 的分法及 ζ_k 的取法如何,和式 S_n 存在唯一极限,则称这极限值为函数 $f(z)$ 沿曲线 c 的积分,记为

$$\int_c f(z)\mathrm{d}z=\lim_{n\to\infty}\sum_{k=1}^{n}f(\zeta_k)\Delta z_k.$$

若 c 为闭曲线,则沿此闭曲线 c 的积分记为 $\oint_c f(z)\mathrm{d}z$.

容易看出,当 c 是 x 轴上的区间$[a, b]$,而 $f(z)=f(x)$ 时,该积分定义就是一元实变函数定积分的定义.

3.1.2 积分的存在性及其计算公式

复变函数积分的存在性可以由下面的定理给出：

定理 3.1 设函数 $f(z)=u(x, y)+\mathrm{i}v(x, y)$ 在逐段光滑的曲线 c 上连续，则 $f(z)$ 沿曲线 c 的积分存在，且有

$$\int_c f(z)\mathrm{d}z=\int_c u(x, y)\mathrm{d}x-v(x, y)\mathrm{d}y+\mathrm{i}\int_c u(x, y)\mathrm{d}y+v(x, y)\mathrm{d}x.$$

证明 设 $z_k=x_k+\mathrm{i}y_k$，$\zeta_k=\xi_k+\mathrm{i}\eta_k$，则

$$\begin{aligned}\sum_{k=1}^{n} f(\zeta_k)\Delta z_k &= \sum_{k=1}^{n}[u(\xi_k, \eta_k)+\mathrm{i}v(\xi_k, \eta_k)](\Delta x_k+\mathrm{i}\Delta y_k)\\ &=\sum_{k=1}^{n}[u(\xi_k, \eta_k)\Delta x_k-v(\xi_k, \eta_k)\Delta y_k]+\\ &\quad \mathrm{i}\sum_{k=1}^{n}[v(\xi_k, \eta_k)\Delta x_k+u(\xi_k, \eta_k)\Delta y_k].\end{aligned} \tag{3-1}$$

由 $f(z)$ 在 c 上连续，可知 $u(x, y)$ 及 $v(x, y)$ 在 c 上连续，于是由线积分的存在定理，当 $n\to\infty$，$\Delta z_k\to 0$，即 $\Delta x_k\to 0$，$\Delta y_k\to 0$ 时，上式右端的两个和式的极限都存在，因此 $\int_c f(z)\mathrm{d}z$ 必存在，且由式(3-1)得

$$\begin{aligned}\int_c f(z)\mathrm{d}z=&\int_c u(x, y)\mathrm{d}x-v(x, y)\mathrm{d}y+\\ &\mathrm{i}\int_c u(x, y)\mathrm{d}y+v(x, y)\mathrm{d}x.\end{aligned} \tag{3-2}$$

上述定理不但给出了复变函数积分的存在条件，而且提供了一种计算复变函数积分的方法，即 $\int_c f(z)\mathrm{d}z$ 可以通过两个二元实变函数的线积分来计算.

公式(3-2)在形式上可以看作函数 $f(z)=u+\mathrm{i}v$ 与微分 $\mathrm{d}z=\mathrm{d}x+\mathrm{i}\mathrm{d}y$ 相乘后所得

$$\begin{aligned}\int_c f(z)\mathrm{d}z&=\int_c (u+\mathrm{i}v)(\mathrm{d}x+\mathrm{i}\mathrm{d}y)\\ &=\int_c (u\mathrm{d}x-v\mathrm{d}y)+\mathrm{i}(u\mathrm{d}y+v\mathrm{d}x)\\ &=\int_c u\mathrm{d}x-v\mathrm{d}y+\mathrm{i}\int_c u\mathrm{d}y+v\mathrm{d}x,\end{aligned}$$

这以便于记忆.

若曲线 c 的方程为

$$z=z(t)=x(t)+\mathrm{i}y(t),\ \alpha\leqslant t\leqslant\beta,$$

则由公式(3-2),得

$$\int_c f(z)\mathrm{d}z=\int_\alpha^\beta\{u[x(t),\ y(t)]x'(t)-v[x(t),\ y(t)]y'(t)\}\mathrm{d}t+$$
$$\mathrm{i}\int_\alpha^\beta\{u[x(t),\ y(t)]y'(t)+v[x(t),\ y(t)]x'(t)\}\mathrm{d}t,$$

上式右端可以写成

$$\int_\alpha^\beta\{u[x(t),\ y(t)]+\mathrm{i}v[x(t),\ y(t)]\}[x'(t)+\mathrm{i}y'(t)]\mathrm{d}t$$
$$=\int_\alpha^\beta f[z(t)]z'(t)\mathrm{d}t.$$

因此复变函数的积分可利用公式

$$\int_c f(z)\mathrm{d}z=\int_\alpha^\beta f[z(t)]z'(t)\mathrm{d}t$$

来进行计算,这是计算复变函数积分的参数方程法.

例 3.1 计算从 $A=-\mathrm{i}$ 到 $B=\mathrm{i}$ 的积分 $\int_c|z|\mathrm{d}z$ 的值,其中 c 为:

(1) 线段 $\overline{AB}$.

(2) 左半平面中以原点为中心的左半单位圆.

(3) 右半平面中以原点为中心的右半单位圆(图 3-2).

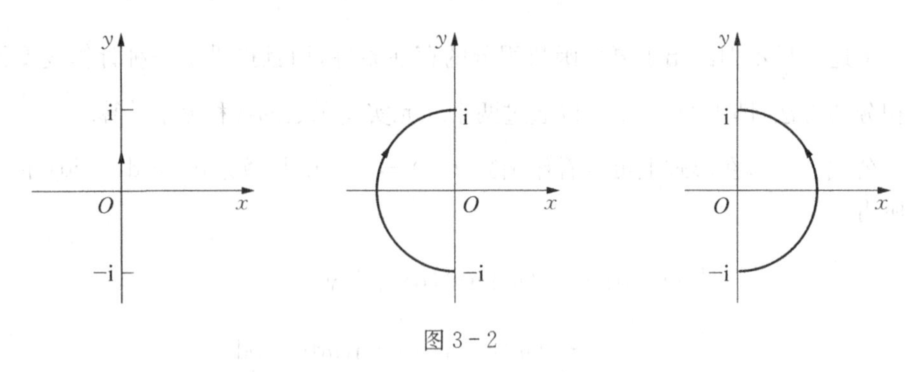

图 3-2

解 (1) 线段 $\overline{AB}$ 的参数方程为

$$z=\mathrm{i}t,\ -1\leqslant t\leqslant 1,$$

于是

$$|z|=|\mathrm{i}t|=|t|,\ \mathrm{d}z=\mathrm{i}\mathrm{d}t,$$

因而

$$\int_c |z|\,\mathrm{d}z=\int_{-1}^{1}|t|\,\mathrm{i}\mathrm{d}t=\mathrm{i}\left[\int_{-1}^{0}-t\mathrm{d}t+\int_{0}^{1}t\mathrm{d}t\right]=\mathrm{i}.$$

(2) 左半平面中左半单位圆的参数方程为

$$z=\mathrm{e}^{-\mathrm{i}t},\ \frac{1}{2}\pi\leqslant t\leqslant\frac{3}{2}\pi,$$

于是

$$|z|=|\mathrm{e}^{-\mathrm{i}t}|=1,\ \mathrm{d}z=-\mathrm{i}\mathrm{e}^{-\mathrm{i}t}\mathrm{d}t,$$

因而

$$\begin{aligned}\int_c |z|\,\mathrm{d}z&=\int_{\frac{\pi}{2}}^{\frac{3}{2}\pi}-\mathrm{i}\mathrm{e}^{-\mathrm{i}t}\mathrm{d}t=-\mathrm{i}\int_{\frac{\pi}{2}}^{\frac{3}{2}\pi}(\cos t-\mathrm{i}\sin t)\mathrm{d}t\\&=-\int_{\frac{\pi}{2}}^{\frac{3}{2}\pi}\sin t\mathrm{d}t-\mathrm{i}\int_{\frac{\pi}{2}}^{\frac{3}{2}\pi}\cos t\mathrm{d}t=2\mathrm{i}.\end{aligned}$$

(3) 右半平面中右半单位圆的参数方程为

$$z=\mathrm{e}^{\mathrm{i}t},\ -\frac{\pi}{2}\leqslant t\leqslant\frac{\pi}{2},$$

于是

$$|z|=|\mathrm{e}^{\mathrm{i}t}|=1,\ \mathrm{d}z=\mathrm{i}\mathrm{e}^{\mathrm{i}t}\mathrm{d}t.$$

因而

$$\begin{aligned}\int_c |z|\,\mathrm{d}z&=\int_{-\frac{\pi}{2}}^{\frac{\pi}{2}}\mathrm{i}\mathrm{e}^{\mathrm{i}t}\mathrm{d}t=\mathrm{i}\int_{-\frac{\pi}{2}}^{\frac{\pi}{2}}(\cos t+\mathrm{i}\sin t)\mathrm{d}t\\&=\mathrm{i}\int_{-\frac{\pi}{2}}^{\frac{\pi}{2}}\cos t\mathrm{d}t-\int_{-\frac{\pi}{2}}^{\frac{\pi}{2}}\sin t\mathrm{d}t=2\mathrm{i}.\end{aligned}$$

例 3.2 计算积分 $\int_c z^2\mathrm{d}z$，其中曲线 c 为：

(1) 由点(0, 0)到点(2, 1)的直线段.

(2) 由点(0, 0)到点(2, 0)的直线段 c_1 和由点(2, 0)到点(2, 1)的直线段 c_2 所组成的折线.

解 (1) 由点(0, 0)到点(2, 1)的直线段方程为

$$z = x\left(1+\frac{1}{2}\mathrm{i}\right),\ 0 \leqslant x \leqslant 2,$$

于是

$$\begin{aligned}\int_c z^2 \mathrm{d}z &= \int_0^2 x^2\left(1+\frac{1}{2}\mathrm{i}\right)^2\left(1+\frac{1}{2}\mathrm{i}\right)\mathrm{d}x \\ &= \frac{1}{3}(2+\mathrm{i})^3 = \frac{1}{3}(2+11\mathrm{i}).\end{aligned}$$

(2) 由点(0, 0)到点(2, 0)的直线段 c_1 的方程为

$$z = x,\ 0 \leqslant x \leqslant 2,$$

而由点(2, 0)到点(2, 1)的直线段 c_2 的方程为

$$z = 2+\mathrm{i}y,\ 0 \leqslant y \leqslant 1.$$

于是

$$\begin{aligned}\int_c z^2 \mathrm{d}z &= \int_{c_1} z^2 \mathrm{d}z + \int_{c_2} z^2 \mathrm{d}z = \int_0^2 x^2 \mathrm{d}x + \int_0^1 (2+\mathrm{i}y)^2 \mathrm{i}\mathrm{d}y \\ &= \frac{1}{3}(2+11\mathrm{i}).\end{aligned}$$

例 3.3 计算积分 $I = \oint_c \frac{1}{(z-z_0)^{n+1}}\mathrm{d}z$，其中 c 是以 z_0 为中心、r 为半径的正向圆周，n 为整数.

解 圆周 c 的参数方程为

$$z - z_0 = r\mathrm{e}^{\mathrm{i}\theta},\ 0 \leqslant \theta \leqslant 2\pi,$$

于是

$$I = \int_0^{2\pi} \frac{r\mathrm{i}\mathrm{e}^{\mathrm{i}\theta}}{r^{n+1}\mathrm{e}^{\mathrm{i}(n+1)\theta}}\mathrm{d}\theta = \int_0^{2\pi} \frac{\mathrm{i}}{r^n}\mathrm{e}^{-\mathrm{i}n\theta}\mathrm{d}\theta.$$

若 $n = 0$，则

$$I = \int_0^{2\pi} \mathrm{i}\mathrm{d}\theta = 2\pi\mathrm{i};$$

若 $n \neq 0$，则

$$I = \frac{\mathrm{i}}{r^n}\int_0^{2\pi} \mathrm{e}^{-\mathrm{i}n\theta}\mathrm{d}\theta = \frac{\mathrm{i}}{r^n}\int_0^{2\pi} (\cos n\theta - \mathrm{i}\sin n\theta)\mathrm{d}\theta = 0.$$

综上所述,即有

$$I = \oint_c \frac{1}{(z-z_0)^{n+1}}\mathrm{d}z = \begin{cases} 2\pi \mathrm{i}, & n=0, \\ 0, & n \neq 0. \end{cases}$$

特别地,若圆周 c 的方程为 $|z| = r$,则

$$\oint_c \frac{1}{z}\mathrm{d}z = 2\pi \mathrm{i},$$

$$\oint_c \frac{1}{z^{n+1}}\mathrm{d}z = 0 \quad (n \neq 0).$$

3.1.3 积分的基本性质

设函数 $f(z)$ 和 $g(z)$ 在逐段光滑曲线 c 上连续,则由积分定义可得下列复变函数积分的基本性质:

(1) $\int_c kf(z)\mathrm{d}z = k\int_c f(z)\mathrm{d}z \quad$ (k 为常数).

(2) $\int_c [f(z) \pm g(z)]\mathrm{d}z = \int_c f(z)\mathrm{d}z \pm \int_c g(z)\mathrm{d}z$.

(3) $\int_{c^-} f(z)\mathrm{d}z = -\int_c f(z)\mathrm{d}z$,

其中 c^- 与 c 表示同一曲线,但方向相反.

(4) $\int_c f(z)\mathrm{d}z = \int_{c_1} f(z)\mathrm{d}z + \int_{c_2} f(z)\mathrm{d}z$,

其中 c_1, c_2 为 c 的两个曲线线段,它们合起来组成 c.

(5) 若函数 $f(z)$ 在曲线 c 上满足 $|f(z)| \leqslant M$, 且曲线 c 的长度为 L,则

$$\left|\int_c f(z)\mathrm{d}z\right| \leqslant \int_c |f(z)|\,\mathrm{d}S \leqslant ML.$$

事实上,因为 $|\Delta z_k|$ 是 z_{k-1} 与 z_k 两点之间的距离,而 ΔS_k 为这两点之间的弧段的长度,所以

$$\left|\sum_{k=1}^{n} f(\zeta_k)\Delta z_k\right| \leqslant \sum_{k=1}^{n} |f(\zeta_k)\Delta z_k| \leqslant \sum_{k=1}^{n} |f(\zeta_k)|\,\Delta S_k$$

$$\leqslant M\sum_{k=1}^{n}\Delta S_k = ML.$$

例 3.4 试证明:

(1) $\left|\int_c (x^2+\mathrm{i}y^2)\mathrm{d}z\right| \leqslant 2$，其中 c 为连接 $-\mathrm{i}$ 到 i 的线段.

(2) $\left|\int_c \frac{1}{z^2}\mathrm{d}z\right| < 1$，其中 c 为连接 i 到 $\mathrm{i}+1$ 的线段.

证明 (1) 曲线 c 的方程

$$z=\mathrm{i}y,\ -1\leqslant y\leqslant 1,$$

于是

$$\begin{aligned}\left|\int_c (x^2+\mathrm{i}y^2)\mathrm{d}z\right| &= \left|\int_{-1}^{1}\mathrm{i}y^2\cdot \mathrm{i}\mathrm{d}y\right| \leqslant \int_{-1}^{1}|-y^2\mathrm{d}y| \\ &= 2\int_0^1 y^2\mathrm{d}y \leqslant 2\int_0^1 \mathrm{d}y = 2.\end{aligned}$$

(2) 曲线 c 的方程

$$z=x+\mathrm{i},\ 0\leqslant x\leqslant 1,$$

于是

$$\begin{aligned}\left|\int_c \frac{1}{z^2}\mathrm{d}z\right| &= \left|\int_0^1 \frac{\mathrm{d}x}{(x+\mathrm{i})^2}\right| \leqslant \int_0^1 \frac{1}{|x+\mathrm{i}|^2}\mathrm{d}x \\ &= \int_0^1 \frac{1}{x^2+1}\mathrm{d}x = \frac{\pi}{4} < 1.\end{aligned}$$

3.2 柯西定理

从 3.1 节的例子可见，有的积分与路径无关，有的积分却与路径有关，怎么会发生这样的情况呢?

大家知道，实变函数的曲线积分 $\int_c P(x, y)\mathrm{d}x + Q(x, y)\mathrm{d}y$ 在单连通区域 D 内与路径 c 无关(只与起点和终点有关)，等价于它沿 D 内任意一条闭曲线的积分为零. 只要函数 $P(x, y)$ 和 $Q(x, y)$ 有连续的一阶偏导数，且 $\frac{\partial P}{\partial y} = \frac{\partial Q}{\partial x}$ 在 D 内处处成立，就可保证上述结论成立.

对复变函数的积分 $\int_c f(z)\mathrm{d}z$ 也有类似的结论：在单连通区域 D 内，积分 $\int_c f(z)\mathrm{d}z$ 与路径 c 无关等价于它沿 D 内任意一条闭曲线的积分为零. 但被积函数

$f(z)$必须满足什么条件才能保证这一结论成立呢?

1825 年柯西(Cauchy)给出了下面的定理,回答了上面的问题. 这个定理是复变函数理论的重要基础.

3.2.1 柯西定理的表述与推论

定理 3.2 (柯西定理) 设函数 $f(z)$在单连通区域 D 内解析,c 为 D 内任意一条闭曲线,则

$$\oint_c f(z)\mathrm{d}z = 0.$$

这个定理的证明比较复杂. 1851 年黎曼(Riemann)在附加条件"$f'(z)$在 D 内连续"下给出了以下的简单证明:

设 $f(z) = u + \mathrm{i}v$, 则因为

$$\int_c f(z)\mathrm{d}z = \int_c u\mathrm{d}x - v\mathrm{d}y + \mathrm{i}\int_c v\mathrm{d}x + u\mathrm{d}y,$$

且 $f(z)$在 D 内解析,$f'(z)$在 D 内连续,可知 u, v 在 D 内有连续的一阶偏导数,且满足柯西-黎曼(Cauchy-Riemann)条件

$$\frac{\partial u}{\partial x} = \frac{\partial v}{\partial y}, \frac{\partial u}{\partial y} = -\frac{\partial v}{\partial x},$$

所以由格林(Green)公式,在曲线 c 所围的区域 G 内,有

$$\oint_c u\mathrm{d}x - v\mathrm{d}y = \iint_G \left(-\frac{\partial v}{\partial x} - \frac{\partial u}{\partial y}\right)\mathrm{d}x\mathrm{d}y = 0,$$

$$\oint_c v\mathrm{d}x + u\mathrm{d}y = \iint_G \left(\frac{\partial u}{\partial x} - \frac{\partial v}{\partial y}\right)\mathrm{d}x\mathrm{d}y = 0,$$

于是

$$\oint_c f(z)\mathrm{d}z = 0.$$

古萨(Goursat)于 1900 年指出 $f'(z)$连续的假设是不必要的,只要 $f(z)$在区域 D 内解析即可,同时不必把 $f(z)$分为实部与虚部来证. 这里不介绍了.

由柯西定理,可得如下推论:

推论 3.1 设函数 $f(z)$在单连通区域 D 内解析,则积分 $\int_c f(z)\mathrm{d}z$ 只与曲线 c 的起点和终点有关,而与曲线 c 无关.

推论 3.2 设闭曲线 c 是单连通区域 D 的边界，函数 $f(z)$ 在 D 内解析，在 c 上连续，则

$$\oint_c f(z)\mathrm{d}z = 0.$$

3.2.2 原函数与不定积分

根据推论 3.1，设函数 $f(z)$ 在单连通区域 D 内解析，则 $f(z)$ 沿 D 内任何一条逐段光滑曲线 c 的积分 $\int_c f(z)\mathrm{d}z$ 的值不依赖于曲线 c，而只与 c 的起点 z_0 和终点 z 有关. 因此当起点 z_0 固定时，积分 $\int_c f(\zeta)\mathrm{d}\zeta$ 就在 D 内定义了一个以 c 的终点 z 为变量的单值函数，记为

$$F(z) = \int_{z_0}^{z} f(\zeta)\mathrm{d}\zeta.$$

对这个积分，有下述定理：

定理 3.3 设 $f(z)$ 是单连通区域 D 内的解析函数，则

$$F(z) = \int_{z_0}^{z} f(\zeta)\mathrm{d}\zeta$$

也是 D 内的解析函数，且 $F'(z) = f(z)$.

证明 取 D 内任意两点 z 及 $z+\Delta z$，以连接 z 到 $z+\Delta z$ 的线段作为积分路线(图 3-3)，则

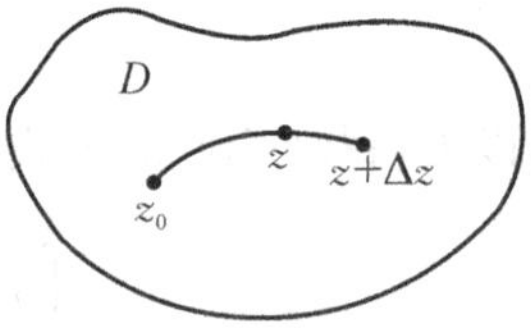

$$F(z+\Delta z) - F(z) = \int_{z}^{z+\Delta z} f(\zeta)\mathrm{d}\zeta,$$

图 3-3

于是

$$\frac{F(z+\Delta z) - F(z)}{\Delta z} - f(z) = \frac{1}{\Delta z}\int_{z}^{z+\Delta z} [f(\zeta) - f(z)]\mathrm{d}\zeta.$$

由 $f(z)$ 在 D 内解析，可知 $f(z)$ 在点 z 连续，即对于任给的 $\varepsilon > 0$，存在 $\delta > 0$，当 $|\zeta - z| < \delta$ 时，总有

$$|f(\zeta) - f(z)| < \varepsilon.$$

因此当 $|\Delta z| < \delta$ 时，就有

$$\left|\frac{F(z+\Delta z) - F(z)}{\Delta z} - f(z)\right| \leqslant \frac{1}{|\Delta z|}\int_{z}^{z+\Delta z} |f(\zeta) - f(z)|\,|\mathrm{d}\zeta|$$

$$\leqslant \frac{1}{|\Delta z|}\cdot\varepsilon\cdot|\Delta z| = \varepsilon,$$

即

$$F'(z) = f(z).$$

值得注意的是，这个定理的证明只用到两个事实：

(1) $f(z)$在 D 内连续.

(2) $f(z)$沿 D 内任一闭曲线的积分为零.

因此实际上有更一般的定理：设函数 $f(z)$在单连通区域 D 内连续，且 $f(z)$沿 D 内任一闭曲线的积分值为零，则对 D 内任意两点 z_0 和 z，$F(z) = \int_{z_0}^{z} f(\zeta)\mathrm{d}\zeta$ 是 D 内的解析函数，且 $F'(z) = f(z)$.

下面我们给出原函数和不定积分的定义：

定义 3.2 设函数 $f(z)$在区域 D 内连续. 若 D 内的一个函数 $\Phi(z)$满足条件

$$\Phi'(z) = f(z),$$

则称 $\Phi(z)$为 $f(z)$在 D 内的一个原函数. $f(z)$的全体原函数称为 $f(z)$的不定积分.

利用原函数的概念，我们可以得到下面的定理：

定理 3.4 若函数 $f(z)$在区域 D 内解析，$\Phi(z)$是 $f(z)$在 D 内的一个原函数，z_1，z_2 是 D 内的两点，则

$$\int_{z_1}^{z_2} f(z)\mathrm{d}z = \Phi(z_2) - \Phi(z_1).$$

证明 由假设，有 $\Phi'(z) = f(z)$. 由定理 3.3，有

$$F(z) = \int_{z_1}^{z} f(\zeta)\mathrm{d}\zeta,$$

于是由

$$[F(z) - \Phi(z)]' = 0$$

得

$$F(z) - \Phi(z) = C \quad (C\text{ 为常数}),$$

即

$$\int_{z_1}^{z} f(\zeta)\mathrm{d}\zeta = \Phi(z) + C.$$

因此，

当 $z=z_1$ 时，$\Phi(z_1)+C=0$，得 $C=-\Phi(z_1)$.

当 $z=z_2$ 时，有 $\int_{z_1}^{z_2} f(z)\mathrm{d}z=\Phi(z_2)-\Phi(z_1)$.

定理 3.4 把计算解析函数的积分问题归结为寻找其原函数的问题.

例 3.5 计算积分 $\int_0^{1+\mathrm{i}} z\mathrm{d}z$.

解 $\int_0^{1+\mathrm{i}} z\mathrm{d}z=\frac{1}{2}z^2\Big|_0^{1+\mathrm{i}}=\frac{1}{2}(1+\mathrm{i})^2=\mathrm{i}$.

例 3.6 计算积分 $\int_a^b z\sin z^2\mathrm{d}z$.

解 $\int_a^b z\sin z^2\mathrm{d}z=-\frac{1}{2}\cos z^2\Big|_a^b=\frac{1}{2}(\cos a^2-\cos b^2)$.

3.2.3 柯西定理的推广

柯西定理可以推广到多连通区域的情况.

设有 $n+1$ 条简单闭曲线 $c, c_1, c_2, \cdots, c_n$. $c_1, c_2, \cdots, c_n$ 都在 c 所围成的区域内部，且它们互不包含也互不相交. c 以及 $c_1, c_2, \cdots, c_n$ 围成一个有界多连通区域 D，D 的边界曲线为 $\Gamma=c+c_1^-+c_2^-+\cdots+c_n^-$，即 c 取正向，$c_1, c_2, \cdots, c_n$ 取负向，它们也组成 Γ. 在这种情形下，有如下多连通区域上的柯西定理——复合闭路定理：

定理 3.5 设 D 是由边界曲线 $\Gamma=c+c_1^-+c_2^-+\cdots+c_n^-$ 所围成的多连通区域，其中简单闭曲线 $c_1, c_2, \cdots, c_n$ 在简单闭曲线 c 内，它们互不包含也互不相交. 若 $f(z)$ 在 D 内解析，在 Γ 上连续，则

$$\oint_\Gamma f(z)\mathrm{d}z=0,$$

或

$$\oint_c f(z)\mathrm{d}z=\oint_{c_1} f(z)\mathrm{d}z+\oint_{c_2} f(z)\mathrm{d}z+\cdots+\oint_{c_n} f(z)\mathrm{d}z.$$

证明 取 n 条互不相交且除端点外全在 D 内的辅助曲线 $r_1, r_2, \cdots, r_n$，分别把 c 依次与 $c_1, c_2, \cdots, c_n$ 连接起来，则由曲线 $\Gamma'=c+r_1+c_1^-+r_1^-+\cdots+r_n+c_n^-+r_n^-$ 为边界的区域 D' 就是单连通区域(图 3-4). 由柯西定理的推论 3.2，有

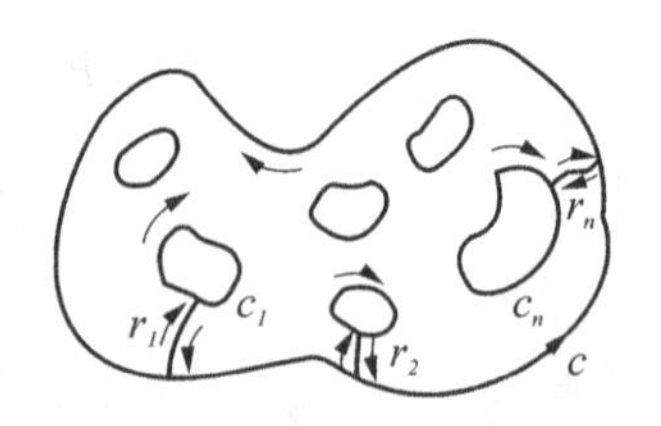

图 3-4

$$\oint_{\Gamma'} f(z)\mathrm{d}z = 0.$$

因为沿 r_1, r_2, …, r_n 的积分刚好正负方向各取一次,在相加时相互抵消了,所以得

$$\oint_{\Gamma} f(z)\mathrm{d}z = 0,$$

或

$$\oint_{c} f(z)\mathrm{d}z + \oint_{c_1^-} f(z)\mathrm{d}z + \cdots + \oint_{c_n^-} f(z)\mathrm{d}z = 0,$$

即

$$\oint_{c} f(z)\mathrm{d}z = \oint_{c_1} f(z)\mathrm{d}z + \oint_{c_2} f(z)\mathrm{d}z + \cdots + \oint_{c_n} f(z)\mathrm{d}z.$$

根据定理 3.5,我们不难得出以下两个非常有用的推论:

推论 3.3 若函数 $f(z)$ 在区域 D 内除点 z_0 外都解析,则它在 D 内沿任何一条围绕 z_0 的正向闭曲线的积分值都相等.

在实际应用时,通常在 c 所围区域的内部任作一个以 z_0 为中心的圆周 c_r(图 3-5),则

$$\oint_{c} f(z)\mathrm{d}z = \oint_{c_k} f(z)\mathrm{d}z.$$

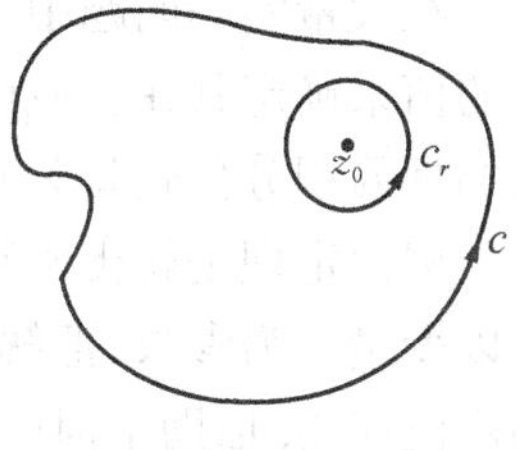

图 3-5

推论 3.4 若函数 $f(z)$ 在区域 D 内除去点 z_1, z_2, …, z_n 外都解析,c 为 D 内任何一条把 $z_k (k = 1, 2, \cdots, n)$ 包围在内的正向闭曲线,则

$$\oint_{c} f(z)\mathrm{d}z = \sum_{k=1}^{n}\oint_{c_k} f(z)\mathrm{d}z,$$

其中 c_k 为 c 所围区域内把 z_k 包围在内的任何一条正向闭曲线.

例 3.7 计算积分 $\int_c \frac{\mathrm{e}^2}{z}\mathrm{d}z$ 的值,其中 c 为由正向圆周 $|z| = 2$ 与负向圆周 $|z| = 1$ 所组成的曲线.

解 因为正向圆周 $|z| = 2$ 与负向圆周 $|z| = 1$ 围成一个圆环域,函数 $\frac{\mathrm{e}^2}{z}$ 在圆环域内解析,在边界 c 上连续,所以

$$\oint_c \frac{e^z}{z} dz = 0.$$

例 3.8 计算积分 $\oint_c \frac{1}{z^2 - z} dz$ 的值，其中 c 为把 $|z| = 1$ 包围在内的任何正向闭曲线.

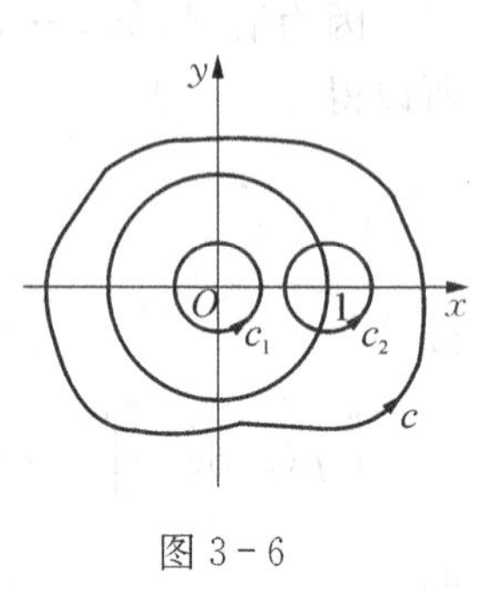

图 3-6

解 $z = 0$ 和 $z = 1$ 为函数 $\frac{1}{z^2 - z}$ 的奇点. 如图 3-6 所示，分别以 $z = 0$ 和 $z = 1$ 为圆心作两个圆周 c_1 及 c_2，则

$$\begin{aligned}\oint_c \frac{1}{z^2 - z} dz &= \oint_{c_1} \frac{1}{z^2 - z} dz + \oint_{c_2} \frac{1}{z^2 - z} dz \\ &= \oint_{c_1} \left(\frac{1}{z-1} - \frac{1}{z}\right) dz + \oint_{c_2} \left(\frac{1}{z-1} - \frac{1}{z}\right) dz \\ &= 0 - 2\pi i + 2\pi i - 0 = 0.\end{aligned}$$

3.3 柯西积分公式

在大量实际问题中，我们经常会遇到这样一种情形：由解析函数在区域边界上的值来确定其在区域内的值. 是否可以做到这点呢？答案是肯定的. 本节所要讨论的柯西积分公式就刻画了这样一种性质.

柯西定理是解析函数的基本定理，而柯西积分公式则是解析函数的基本公式. 它以变量 z 为参数，把解析函数 $f(z)$ 表示为一个线积分，具体地体现了柯西定理的广泛应用. 借助于柯西积分公式，我们可以详细地去研究解析函数的各种整体的和局部的性质.

下面的定理完整地描述了柯西积分公式：

定理 3.6（柯西积分公式） 设闭曲线 c 是区域 D 的边界，若函数 $f(z)$ 在 D 内解析，在 c 上连续，则对于 D 内任何一点 z，有

$$f(z) = \frac{1}{2\pi i} \oint_c \frac{f(\zeta)}{\zeta - z} d\zeta.$$

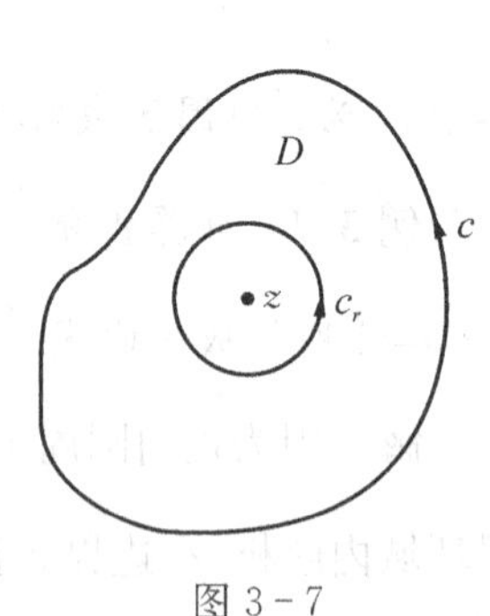

图 3-7

证明 如图 3-7 所示，以点 z 为中心、r 为半径，在 D 内作一圆周 c_r，则因为函数 $\frac{f(\zeta)}{\zeta - z}$ 在 D 内除点 z 外都解

析，所以由上节推论 3.3，得

$$\oint_{c} \frac{f(\zeta)}{\zeta - z} d\zeta = \oint_{c_r} \frac{f(\zeta)}{\zeta - z} d\zeta.$$

于是

$$\begin{aligned}
\oint_{c} \frac{f(\zeta)}{\zeta - z} d\zeta &= \oint_{c_r} \frac{f(\zeta)}{\zeta - z} d\zeta \\
&= \oint_{c_r} \frac{f(z) + f(\zeta) - f(z)}{\zeta - z} d\zeta \\
&= \oint_{c_r} \frac{f(z)}{\zeta - z} d\zeta + \oint_{c_r} \frac{f(\zeta) - f(z)}{\zeta - z} d\zeta \\
&= 2\pi i f(z) + \oint_{c_r} \frac{f(\zeta) - f(z)}{\zeta - z} d\zeta.
\end{aligned}$$

因为函数 $f(\zeta)$在 D 内连续，所以对于任给的 $\varepsilon > 0$，存在 $\delta > 0$，当 $|\zeta - z| < \delta$时，有

$$|f(\zeta) - f(z)| < \varepsilon.$$

现令 $r < \delta$，则在 c_r：$|\zeta - z| = r$ 上有

$$|f(\zeta) - f(z)| < \varepsilon,$$

于是

$$\begin{aligned}
\left| \oint_{c_r} \frac{f(\zeta) - f(z)}{\zeta - z} d\zeta \right| &\leqslant \oint_{c_r} \left| \frac{f(\zeta) - f(z)}{\zeta - z} \right| dS \\
&< \frac{\varepsilon}{r} \oint_{c_r} dS = 2\pi\varepsilon,
\end{aligned}$$

这表明积分的模随 r 变化可以任意小，即只在积分值为零时才行，因此柯西积分公式得证.

若 c 是圆周 $z = z_0 + re^{i\theta}$，则利用柯西积分公式可得

$$f(z_0) = \frac{1}{2\pi} \int_0^{2\pi} f(z_0 + re^{i\theta}) d\theta.$$

上述公式是柯西积分公式的特殊情形，称为解析函数的平均值公式，它表示解析函数在圆心处的值等于它在圆周上的值的平均值，因此有时也称此公式为解析

函数的中值定理.

柯西积分公式与柯西定理一样,可以推广到多连通区域的情况,请读者自行完成.

柯西积分公式常写成

$$\oint_c \frac{f(\zeta)}{\zeta - z} d\zeta = 2\pi i f(z).$$

利用这个公式可以计算某些积分.

例 3.9 计算积分 $\oint_c \frac{e^z}{z + \pi i/2} dz$ 的值,其中 c 为:

(1) 正向圆周 $|z| = 2$.

(2) 正向圆周 $|z| = 1$.

解 (1) 由柯西积分公式

$$\oint_c \frac{e^z}{z + \pi i/2} dz = 2\pi i e^{-\frac{\pi}{2}i} = 2\pi i\left(\cos\frac{\pi}{2} - i\sin\frac{\pi}{2}\right) = 2\pi.$$

(2) 因为点 $z = -\frac{\pi}{2}i$ 在 c 所围的区域之外,所以

$$\oint_c \frac{e^z}{z + \pi i/2} dz = 0.$$

例 3.10 计算积分 $\oint_c \frac{e^z}{z^2 + 1} dz$ 的值,其中 c 为正向圆周 $|z| = 2$.

解 如图 3-8 所示,分别以 $z = i$ 和 $z = -i$ 为圆心作两个小圆周 c_1 和 c_2,则

$$\begin{aligned}\oint_c \frac{e^z}{z^2+1} dz &= \oint_{c_1} \frac{e^z}{z^2+1} dz + \oint_{c_2} \frac{e^z}{z^2+1} dz \\ &= \oint_{c_1} \frac{\frac{e^z}{z+i}}{z-i} dz + \oint_{c_2} \frac{\frac{e^z}{z-i}}{z+i} dz \\ &= 2\pi i \frac{e^i}{i+i} + 2\pi i \frac{e^{-i}}{-i-i} \\ &= 2\pi i \frac{e^i - e^{-i}}{2i} \\ &= 2\pi i \sin 1.\end{aligned}$$

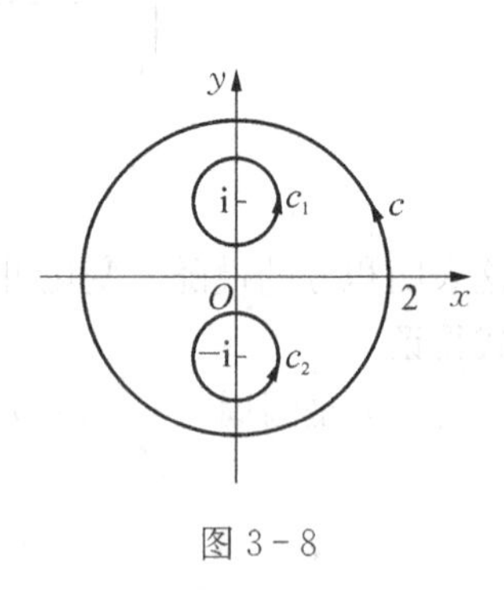

图 3-8

3.4 解析函数的高阶导数

3.4.1 解析函数的重要性质

解析函数有一个重要性质：解析函数的导数仍然是解析函数. 因此一个解析函数不仅有一阶导数,而且有各高阶导数. 这个性质在实变函数中是没有的,它充分显示了解析函数的和谐性.

下面我们来证明这个结论.

定理 3.7 设函数 $f(z)$在闭曲线 c 所围成的区域 D 内解析,在 c 上连续,则函数 $f(z)$在 D 内有各阶导数,它们都是 D 内的解析函数,且其 n 阶导数

$$f^{(n)}(z)=\frac{n!}{2\pi i}\oint_c\frac{f(\zeta)}{(\zeta-z)^{n+1}}d\zeta\quad(n=1,2,\cdots).$$

证明 由柯西积分公式,有

$$\begin{aligned}\frac{f(z+\Delta z)-f(z)}{\Delta z}&=\frac{1}{\Delta z}\left[\frac{1}{2\pi i}\oint_c\frac{f(\zeta)}{\zeta-(z+\Delta z)}d\zeta-\frac{1}{2\pi i}\oint_c\frac{f(\zeta)}{\zeta-z}d\zeta\right]\\&=\frac{1}{2\pi i\Delta z}\oint_c f(\zeta)\left[\frac{1}{\zeta-(z+\Delta z)}-\frac{1}{\zeta-z}\right]d\zeta\\&=\frac{1}{2\pi i}\oint_c\frac{f(\zeta)}{(\zeta-z)(\zeta-z-\Delta z)}d\zeta\\&=\frac{1}{2\pi i}\oint_c\frac{f(\zeta)}{(\zeta-z)^2}d\zeta+\frac{1}{2\pi i}\oint_c\frac{\Delta z f(\zeta)}{(\zeta-z)^2(\zeta-z-\Delta z)}d\zeta.\end{aligned}$$

因为 $f(\zeta)$在 c 上连续,所以它必在 c 上有界,即存在正实常数 M,使

$$|f(\zeta)|\leqslant M.$$

设 d 为点 z 到曲线 c 的最短距离,L 为曲线 c 的长度,则当 ζ 在 c 上时,有

$$|\zeta-z|\geqslant d.$$

若令 $|\Delta z|<\dfrac{d}{2}$,则有

$$|\zeta-z-\Delta z|\geqslant|\zeta-z|-|\Delta z|>\frac{d}{2},$$

于是由

$$\left|\frac{1}{2\pi i}\oint_c \frac{\Delta z f(\zeta)}{(\zeta-z)^2(\zeta-z-\Delta z)}d\zeta\right|$$

$$=\frac{1}{2\pi}\left|\oint_c \frac{\Delta z f(\zeta)}{(\zeta-z)^2(\zeta-z-\Delta z)}d\zeta\right|$$

$$\leqslant\frac{1}{2\pi}\oint_c \frac{|\Delta z||f(\zeta)|}{|\zeta-z|^2|\zeta-z-\Delta z|}dS$$

$$<\frac{ML}{\pi d^3}|\Delta z|.$$

得

$$f'(z)=\lim_{\Delta z\to 0}\frac{f(z+\Delta z)-f(z)}{\Delta z}=\frac{1}{2\pi i}\oint_c \frac{f(\zeta)}{(\zeta-z)^2}d\zeta.$$

我们再用类似的方法从上式去求极限

$$\lim_{\Delta z\to 0}\frac{f'(z+\Delta z)-f'(z)}{\Delta z},$$

便可得

$$f''(z)=\frac{2!}{2\pi i}\oint_c \frac{f(\zeta)}{(\zeta-z)^3}d\zeta.$$

这样我们便证明了一个解析函数的导数仍然是解析函数. 依次类推,用数学归纳法可以证明:

$$f^{(n)}(z)=\frac{n!}{2\pi i}\oint_c \frac{f(\zeta)}{(\zeta-z)^{n+1}}d\zeta \quad (n=1, 2, \cdots).$$

利用高阶导数公式可以计算沿闭曲线的积分.

例 3.11 计算积分 $\oint_c \frac{e^{iz}}{(z-i)^3}dz$ 的值,其中 c 是正向圆周 $|z|=2$.

解 由高阶导数公式,有

$$\oint_c \frac{e^{iz}}{(z-i)^3}dz=\frac{2\pi i}{2!}(e^{iz})''\Big|_{z=i}=\pi i(i^2e^{iz})\big|_{z=i}=-\frac{\pi}{e}i.$$

例 3.12 计算积分 $I=\oint_c \frac{1}{z^3(z+1)(z-2)}dz$ 的值,其中 c 是正向圆周 $|z|=r\ (r\neq 1, 2)$.

解 当 $0<r<1$ 时，设 $f(z)=\dfrac{1}{(z+1)(z-2)}$，则 $f(z)$ 在 c 所围的区域内解析，于是

$$I=\oint_c \frac{f(z)}{z^3}dz=\frac{2\pi i}{2!}f''(0)=\pi i\left[\frac{6z^2-6z+6}{(z^2-z-2)^3}\right]\bigg|_{z=0}=-\frac{3}{4}\pi i.$$

当 $1<r<2$ 时，如图 3-9 作圆 c_1 和 c_2，则

$$\begin{aligned}I&=\oint_{c_1}\frac{1}{z^3(z+1)(z-2)}dz+\oint_{c_2}\frac{1}{z^3(z+1)(z-2)}dz\\&=-\frac{3}{4}\pi i+\oint_{c_2}\frac{\frac{1}{z^3(z-2)}}{z+1}dz\\&=-\frac{3}{4}\pi i+2\pi i\frac{1}{z^3(z-2)}\bigg|_{z=-1}\\&=-\frac{3}{4}\pi i+\frac{2}{3}\pi i=-\frac{1}{12}\pi i.\end{aligned}$$

当 $r>2$ 时，如图 3-10 作圆 c_1，c_2 和 c_3，则

$$\begin{aligned}I&=\oint_{c_1}\frac{1}{z^3(z+1)(z-2)}dz+\oint_{c_2}\frac{1}{z^3(z+1)(z-2)}dz+\oint_{c_3}\frac{1}{z^3(z+1)(z-2)}dz\\&=-\frac{1}{12}\pi i+\oint_{c_3}\frac{\frac{1}{z^3(z+1)}}{z-2}dz=-\frac{1}{12}\pi i+2\pi i\frac{1}{z^3(z+1)}\bigg|_{z=2}\\&=-\frac{1}{12}\pi i+\frac{1}{12}\pi i=0.\end{aligned}$$

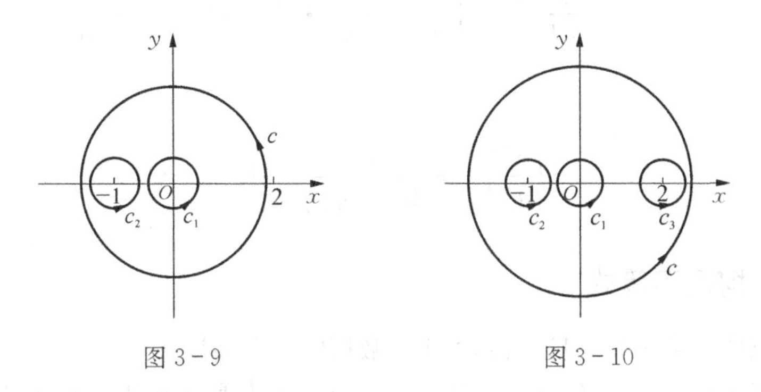

图 3-9　　　　图 3-10

例 3.13 设 $f(z)=\oint_{|\zeta|=3}\frac{3\zeta^3+7\zeta^2+1}{(\zeta-z)^2}d\zeta$,求 $f'(1+i)$.

解 令 $g(z)=3z^3+7z^2+1$,它在 Z 平面上解析,则由高阶导数公式,在 $|z|<3$ 内,有

$$g'(z)=\frac{1}{2\pi i}\oint_{|\zeta|=3}\frac{3\zeta^3+7\zeta^2+1}{(\zeta-z)^2}d\zeta=\frac{1}{2\pi i}f(z).$$

于是

$$f(z)=2\pi i g'(z)=2\pi i(9z^2+14z),$$

从而

$$\begin{aligned}f'(1+i)&=2\pi i(18z+14)\big|_{z=1+i}=2\pi i(32+18i)\\&=4\pi(-9+16i).\end{aligned}$$

例 3.14 试证

$$\left(\frac{z^n}{n!}\right)^2=\frac{1}{2\pi i}\oint_c\frac{z^n e^{z\zeta}}{n!\zeta^{n+1}}d\zeta,$$

其中 c 是围绕原点的一条简单闭曲线.

证明 令 $f(\zeta)=\frac{z^n}{n!}e^{z\zeta}$,它在 ζ 平面上解析,则由高阶导数公式,有

$$f^{(n)}(0)=\frac{n!}{2\pi i}\oint_c\frac{z^n e^{z\zeta}}{n!\zeta^{n+1}}d\zeta,$$

而

$$f^{(n)}(0)=\left(\frac{z^n}{n!}e^{z\zeta}\right)^{(n)}\Big|_{\zeta=0}=\left(\frac{z^n}{n!}\cdot z^n e^{z\zeta}\right)\Big|_{\zeta=0}=\frac{(z^n)^2}{n!},$$

所以

$$\left(\frac{z^n}{n!}\right)^2=\frac{1}{2\pi i}\oint_c\frac{z^n e^{z\zeta}}{n!\zeta^{n+1}}d\zeta.$$

3.4.2* 柯西不等式

利用高阶导数公式,可以得到关于导数模的一个估计式.

柯西不等式 设函数 $f(z)$ 在圆 c:$|z-z_0|=R$ 所围区域内解析,且在 c 上连

续，则

$$|f^{(n)}(z_0)| \leqslant \frac{Mn!}{R^n} \quad (n=1,2,\cdots),$$

其中 M 是 $|f(z)|$ 在 c 上的最大值.

证明 由条件及高阶导数公式，有

$$f^{(n)}(z_0)=\frac{n!}{2\pi i}\oint_c \frac{f(z)}{(z-z_0)^{n+1}}dz \quad (n=1,2,\cdots),$$

于是

$$|f^{(n)}(z_0)| \leqslant \frac{n!}{2\pi}\oint_c \frac{|f(z)|}{|z-z_0|^{n+1}}dS \leqslant \frac{n!}{2\pi}\cdot\frac{M}{R^{n+1}}\cdot 2\pi R$$
$$=\frac{Mn!}{R^n} \quad (n=1,2,\cdots).$$

柯西不等式表明解析函数在一点的导数模的估计与它的解析性区域的大小密切相关. 特别，当 $n=0$ 时，有

$$|f(z_0)| \leqslant M.$$

这表明，若函数在闭圆域上解析，则它在圆心处的模不超过它在圆周上的模的最大值.

3.4.3* 解析函数的等价概念

我们先证明柯西定理的逆定理，称为莫累拉(Morera)定理.

定理 3.8（莫累拉定理） 设函数 $f(z)$ 在单连通区域 D 内连续，若对于 D 内任意一条闭曲线 c 都有

$$\oint_c f(z)dz=0,$$

则函数 $f(z)$ 在 D 内解析.

证明 根据条件，由 3.2 节中定理 3.3 的注意点，可知函数

$$F(z)=\int_{z_0}^{z} f(\zeta)d\zeta$$

在 D 内解析，且 $F'(z)=f(z)$，而由本节定理 3.7 知一个解析函数的导数仍为解析函数，所以 $f(z)$ 在 D 内解析.

莫累拉定理连同柯西定理组成了解析函数的一个等价概念：函数 $f(z)$ 在单连通区域 D 内解析的充分必要条件是 $f(z)$ 在 D 内连续，且对 D 内任意一条闭曲线 c，都有

$$\oint_c f(z)\mathrm{d}z = 0.$$

习　题　3

1. 计算积分 $\int_0^{1+\mathrm{i}}(x-y+\mathrm{i}x^2)\mathrm{d}z$，积分路线为自原点至 $1+\mathrm{i}$ 的直线段.

2. 计算积分 $\int_c |z|\mathrm{d}z$，其中积分路线 c 是：

(1) 连接点 -1 与 1 的直线段.

(2) 连接点 -1 与 1 且中心在原点的上半个圆周.

(3) 连接点 -1 与 1 且中心在原点的下半个圆周.

3. 计算积分 $\int_c \operatorname{Im} z\mathrm{d}z$，其中积分路线 c 是：

(1) 自 0 至 $2+\mathrm{i}$ 的直线段.

(2) 自 0 至 2 沿实轴进行，再自 2 至 $2+\mathrm{i}$ 沿与虚轴平行的方向进行的折线.

4. 利用积分估值，证明：

(1) $\left|\int_{-\mathrm{i}}^{\mathrm{i}}(x^2+\mathrm{i}y^2)\mathrm{d}z\right| \leqslant 2$，积分路线为自 $-\mathrm{i}$ 至 i 的直线段.

(2) $\left|\int_{-\mathrm{i}}^{\mathrm{i}}(x^2+\mathrm{i}y^2)\mathrm{d}z\right| \leqslant \pi$，积分路线为连接 $-\mathrm{i}$ 与 i 且中心在原点的右半个圆周.

5. 计算下列积分：

(1) $\int_{-2}^{-2+\mathrm{i}}(z+2)^2\mathrm{d}z$.　　(2) $\int_0^{\pi+2\mathrm{i}}\cos\frac{z}{2}\mathrm{d}z$.

6. 由积分 $\int_c \frac{\mathrm{d}z}{z+2}$ 的值，证明：

$$\int_0^{\pi}\frac{1+2\cos\theta}{5+4\cos\theta}\mathrm{d}\theta = 0,$$

其中积分路线 c 为正向单位圆周 $|z|=1$.

7. 计算积分 $\oint_c \frac{\overline{z}}{|z|}\mathrm{d}z$，其中 c 为正向圆周：

(1) $|z|=2$. (2) $|z|=4$.

8. 沿指定曲线的正向计算下列积分：

(1) $\oint_{|z|=2}\frac{2z^2-z+1}{z-1}\mathrm{d}z$. (2) $\oint_{|z|=2}\frac{2z^2-z+1}{(z-1)^2}\mathrm{d}z$.

(3) $\oint_{|z|=5}\frac{z^2}{z-2\mathrm{i}}\mathrm{d}z$. (4) $\oint_{|z|=3}\frac{2z-1}{z(z-1)}\mathrm{d}z$.

(5) $\oint_{|z+3|=4}\frac{\mathrm{e}^z}{(z+2)^4}\mathrm{d}z$. (6) $\oint_{|z|=2}\frac{\sin z}{\left(z-\frac{\pi}{2}\right)^2}\mathrm{d}z$.

(7) $\oint_{|z|=r<1}\frac{\mathrm{d}z}{(z^2-1)(z^3-1)}$. (8) $\oint_{|z|=2}\frac{z^{2n}}{(z+1)^n}\mathrm{d}z$.

9. 计算积分 $\oint_c\frac{\sin\frac{\pi}{4}z}{z^2-1}\mathrm{d}z$，其中 c 为正向圆周：

(1) $|z+1|=\frac{1}{2}$. (2) $|z-1|=\frac{1}{2}$.

(3) $|z|=2$.

10. 计算积分 $\oint_c\frac{\mathrm{e}^z}{(z+1)^2(z-3)}\mathrm{d}z$，其中 c 为：

(1) 正向圆周 $|z|=\frac{1}{2}$. (2) 正向圆周 $|z-3|=\frac{1}{2}$.

(3) 正向圆周 $|z+1|=\frac{1}{2}$. (4) 正向圆周 $|z|=5$.

(5) 正向圆周 $|z|=5$ 和反向圆周 $|z+1|=\frac{1}{2}$.

(6) 正向圆周 $|z|=5$ 和反向圆周 $|z+3|=\frac{1}{2}$.

(7) 正向圆周 $|z|=5$ 和反向圆周 $|z|=\frac{1}{2}$.

11. 计算积分 $\oint_c\frac{z}{z^4-1}\mathrm{d}z$，其积分路线 c 为正向圆周 $|z-a|=a\ (a>1)$.

12. 计算积分 $\frac{1}{2\pi\mathrm{i}}\oint_c\frac{\mathrm{e}^z}{z(1-z)^3}\mathrm{d}z$，其中正向曲线 c：

(1) 把 $z=0$ 包围在内但不把 $z=1$ 包围在内.

(2) 把 $z=1$ 包围在内但不把 $z=0$ 包围在内.

(3) 把 $z=0$ 与 $z=1$ 都包围在内.

13. 设函数 $f(z)$在单连通域 D 内解析,且处处都有 $|1-f(z)|<1$, 试证:

(1) 在 D 内处处有 $f(z)\neq 0$.

(2) 对于 D 内任一闭曲线 c,有 $\oint_c \frac{f'(z)}{f(z)}\mathrm{d}z=0$.

14. 设 $f(z)=\frac{a_1}{z-a}+\frac{a_2}{(z-a)^2}+\cdots+\frac{a_n}{(z-a)^n}+\varphi(z)$, 其中 $\varphi(z)$在包含点 a 的区域D 内解析,在 D 的边界 c 上连续,且 a_1, a_2, …, a_n 为常数,试证:

(1) $\frac{1}{2\pi\mathrm{i}}\oint_c f(z)\mathrm{d}z=a_1$.

(2) 当点 b 是$\overline{D}$外一点时,有 $\frac{1}{2\pi\mathrm{i}}\oint_c \frac{f(z)}{z-b}\mathrm{d}z=-\sum_{k=1}^{n}\frac{a_k}{(b-a)^k}$.

15. 计算积分 $\oint_c \frac{\mathrm{e}^z}{z}\mathrm{d}z$, 其中 c 为正向圆周 $|z|=1$, 并进而证明 $\int_0^{\pi}\mathrm{e}^{\cos\theta}\cos(\sin\theta)\mathrm{d}\theta=\pi$.

16. 设 $f(z)=\frac{1}{2\pi\mathrm{i}}\oint_c \frac{\varphi(\zeta)}{\zeta-z}\mathrm{d}\zeta$, 其中 c 是任意一条光滑的闭曲线,且 $\varphi(z)$在 c 上连续,试证对于任意的正整数 n 都有

$$f^{(n)}(z)=\frac{n!}{2\pi\mathrm{i}}\oint_c \frac{\varphi(\zeta)}{(\zeta-z)^{n+1}}\mathrm{d}\zeta.$$

第4章　解析函数的级数展开

无穷级数是研究函数的重要工具. 本章,我们将介绍复数项级数的概念,再讨论解析函数的级数表示——泰勒(Taylor)级数和罗朗(Laurent)级数,然后研究如何把函数展开为泰勒级数及罗朗级数的问题. 这个问题无论在理论上还是在实际上都有重要的意义,它可以帮助我们更深入地掌握解析函数的性质. 最后,以无穷级数为工具,研究解析函数在奇点附近的性质.

4.1　复数项级数与复函数项级数

4.1.1　数列的极限

因为无穷级数是从数列的特殊规律产生的,所以研究数列与函数列是极其重要的. 现在引入复数列极限的概念.

定义 4.1　设 $\{z_n\}$ $(n=1, 2, \cdots)$为一复数列, z_0为一复数. 若对任意给定的 $\varepsilon>0$, 存在自然数 N,使当 $n>N$ 时,有

$$|z_n - z_0| < \varepsilon$$

成立,则称复数列$\{z_n\}$当 $n\to\infty$时以 z_0为极限,或称复数列$\{z_n\}$收敛于 z_0,记为

$$\lim_{n\to\infty} z_n = z_0 \quad 或 \quad z_n \to z_0,\ n\to\infty.$$

定理 4.1　设 $z_n = x_n + \mathrm{i}y_n (n=1, 2, \cdots)$, $z_0 = x_0 + \mathrm{i}y_0$, 则数列$\{z_n\}$收敛于 z_0的充分必要条件是

$$\lim_{n\to\infty} x_n = x_0, \quad \lim_{n\to\infty} y_n = y_0.$$

证明　必要性. 设$\{z_n\}$收敛于 z_0,则对任意给定的 $\varepsilon>0$, 存在自然数 N,当 $n>N$ 时,有

$$|x_n - x_0| \leqslant |z_n - z_n| < \varepsilon,$$

所以

$$\lim_{n\to\infty} x_n = x_0.$$

同理

$$\lim_{n\to\infty} y_n = y_0.$$

充分性. 设 $\lim_{n\to\infty} x_n = x_0$，$\lim_{n\to\infty} y_n = y_0$，则对任意给定的 $\varepsilon > 0$，存在自然数 N，当 $n > N$ 时，有

$$| x_n - x_0 | < \frac{\varepsilon}{2} \text{ 与 } | y_n - y_0 | < \frac{\varepsilon}{2},$$

于是

$$| z_n - z_0 | \leqslant | x_n - x_0 | + | y_n - y_0 | < \frac{\varepsilon}{2} + \frac{\varepsilon}{2} = \varepsilon,$$

即

$$\lim_{n\to\infty} z_n = z_0.$$

定理 4.2（柯西收敛准则） 复数列 $\{z_n\}$ 收敛的充分必要条件是：对任意给定的 $\varepsilon > 0$，存在自然数 N，使当 $n > N$ 时，对于任何自然数 p，有

$$| z_{n+p} - z_n | < \varepsilon.$$

定义 4.2 设 $\{z_n\}$ 为一复数列，若对任意给定的 $M > 0$，存在自然数 N，使当 $n > N$ 时，有

$$| z_n | > M,$$

则称 $\{z_n\}$ 趋向于 ∞，记为

$$\lim_{n\to\infty} z_n = \infty.$$

4.1.2 复数项级数

下面介绍复数项级数及其敛散性的概念.

定义 4.3 设 $\{a_n\}$ $(n = 1, 2, \cdots)$ 为一复数列，则式子

$$\sum_{n=1}^{\infty} a_n = a_1 + a_2 + \cdots + a_n + \cdots \tag{4-1}$$

称为复数项级数. 其前 n 项的和

$$S_n = \sum_{k=1}^{n} a_k = a_1 + a_2 + \cdots + a_n$$

称为级数式(4-1)的前 n 项部分和. 若部分和数列 $\{S_n\}$ 收敛于 S, 则称级数式(4-1)收敛,其和为 S;若部分和数列 $\{S_n\}$ 不收敛,则称级数式(4-1)发散.

例 4.1 试讨论几何级数 $\sum_{n=0}^{\infty} q^n = 1 + q + q^2 + \cdots + q^n + \cdots$ (q 为复常数)的敛散性.

解 这个级数的前 n 项部分和

$$S_n = 1 + q + q^2 + \cdots + q^{n-1} = \frac{1-q^n}{1-q}.$$

若 $|q| < 1$,则由 $\lim_{n\to\infty} q^n = 0$, 得

$$\lim_{n\to\infty} S_n = \lim_{n\to\infty} \frac{1-q^n}{1-q} = \frac{1}{1-q}.$$

于是由定义知几何级数收敛,其和为 $\frac{1}{1-q}$.

若 $|q| > 1$,则由 $\lim_{n\to\infty} |q|^n = +\infty$,即 $\lim_{n\to\infty} q^n$ 不存在,可知 $\lim_{n\to\infty} S_n$ 不存在,于是几何级数发散.

若 $q = 1$, 则因为前 n 项部分和

$$S_n = \underbrace{1 + 1 + \cdots + 1}_{n个} = n \to +\infty,$$

所以几何级数发散.

若 $|q| = 1$,而 $q \neq 1$,令 $q = e^{i\theta}$, $\theta \neq 2k\pi$ (k 为整数),则因为 $e^{in\theta}$ 当 $n \to \infty$ 时极限不存在,所以

$$S_n = \frac{1-q^n}{1-q} = \frac{1-e^{in\theta}}{1-e^{i\theta}}$$

无极限,于是几何级数也发散.

综上所述,几何级数 $\sum_{n=0}^{\infty} q^n$ 在 $|q| < 1$ 时收敛于 $\frac{1}{1-q}$,而在 $|q| \geqslant 1$ 时发散.

关于复数项级数的收敛性,有如下几个定理:

定理 4.3 级数 $\sum_{n=1}^{\infty} a_n$ 收敛于 S 的充分必要条件是实数项级数 $\sum_{n=1}^{\infty} \mathrm{Re}\, a_n$ 与

$\sum_{n=1}^{\infty} \mathrm{Im}\, a_n$ 分别收敛于 $\mathrm{Re}\, S$ 与 $\mathrm{Im}\, S$.

该定理由定理 4.1 即可得证.

定理 4.4 级数 $\sum_{n=1}^{\infty} a_n$ 收敛的充分必要条件是：对于任意给定的 $\varepsilon > 0$，存在自然数 N，使当 $n > N$ 时，对于任何自然数 p，有

$$|a_{n+1} + a_{n+2} + \cdots + a_{n+p}| < \varepsilon.$$

这个定理称为级数收敛的柯西准则，可由定理 4.2 得证.

特别地，若取 $p = 1$，则得

$$|a_{n+1}| < \varepsilon,$$

即

$$|a_n| < \varepsilon.$$

于是可推出级数 $\sum_{n=1}^{\infty} a_n$ 收敛的必要条件.

定理 4.5 设级数 $\sum_{n=1}^{\infty} a_n$ 收敛，则 $\lim\limits_{n\to\infty} a_n = 0$.

定义 4.4 若级数 $\sum_{n=1}^{\infty} |a_n|$ 收敛，则称级数 $\sum_{n=1}^{\infty} a_n$ 绝对收敛. 若级数 $\sum_{i=1}^{\infty} a_n$ 收敛，而级数 $\sum_{i=1}^{\infty} |a_n|$ 发散，则称级数 $\sum_{i=1}^{\infty} a_n$ 条件收敛.

下面的定理说明绝对收敛的级数一定是收敛的.

定理 4.6 设级数 $\sum_{n=1}^{\infty} |a_n|$ 收敛，则级数 $\sum_{n=1}^{\infty} a_n$ 收敛.

事实上，对于任何自然数 p，有

$$|a_{n+1} + a_{n+2} + \cdots + a_{n+p}| \leqslant |a_{n+1}| + |a_{n+2}| + \cdots + |a_{n+p}|,$$

于是利用定理 4.4 即可得证.

复数列及复数项级数的收敛和绝对收敛概念是实数情况下相应概念的推广，而实数列及实数项级数的一些性质，在复数情况下也成立.

例 4.2 试判别下列级数的敛散性：

(1) $\sum_{n=1}^{\infty} \left(\dfrac{1+3\mathrm{i}}{2}\right)^n$.

(2) $\sum_{n=1}^{\infty} \dfrac{(3+4\mathrm{i})^n}{n!}$.

(3) $\sum_{n=1}^{\infty} \frac{i^n}{n}$.

解 (1) 因为

$$\lim_{n\to\infty}\left|\left(\frac{1+3i}{2}\right)^n\right| = \lim_{n\to\infty}\left(\frac{\sqrt{10}}{2}\right)^n \neq 0,$$

即

$$\lim_{n\to\infty}\left(\frac{1+3i}{2}\right)^n \neq 0,$$

所以级数 $\sum_{n=1}^{\infty}\left(\frac{1+3i}{2}\right)^n$ 发散.

(2) 因为级数

$$\sum_{n=1}^{\infty}\left|\frac{(3+4i)^n}{n!}\right| = \sum_{n=1}^{\infty}\frac{5^n}{n!}$$

收敛,所以级数 $\sum_{n=1}^{\infty}\frac{(3+4i)^n}{n!}$ 绝对收敛.

(3) 因为

$$\begin{aligned}\sum_{n=1}^{\infty}\frac{i^n}{n} &= i-\frac{1}{2}-\frac{i}{3}+\frac{1}{4}+\frac{i}{5}+\cdots \\ &= \left(-\frac{1}{2}+\frac{1}{4}-\frac{1}{6}+\cdots\right)+i\left(1-\frac{1}{3}+\frac{1}{5}-\cdots\right) \\ &= \sum_{n=1}^{\infty}\frac{(-1)^n}{2n}+i\sum_{n=1}^{\infty}\frac{(-1)^{n-1}}{2n-1},\end{aligned}$$

而级数 $\sum_{n=1}^{\infty}\frac{(-1)^n}{2n}$ 与 $\sum_{n=1}^{\infty}\frac{(-1)^{n-1}}{2n-1}$ 均收敛,所以级数 $\sum_{n=1}^{\infty}\frac{i^n}{n}$ 收敛.

进一步考察级数 $\sum_{n=1}^{\infty}\left|\frac{i^n}{n}\right|$,因为

$$\sum_{n=1}^{\infty}\left|\frac{i^n}{n}\right| = \sum_{n=1}^{\infty}\frac{1}{n}$$

发散,所以级数 $\sum_{n=1}^{\infty}\frac{i^n}{n}$ 条件收敛.

例 4.3 设 $z_n = a_n + ib_n$. 若 $|\arg z_n| \leqslant \frac{\pi}{2} - \alpha\ (\alpha > 0)$，试证明级数 $\sum_{n=1}^{\infty} z_n$ 与 $\sum_{n=1}^{\infty} |z_n|$ 的敛散性相同.

证明 因为由 $\sum_{n=1}^{\infty} |z_n|$ 收敛必能推出 $\sum_{n=1}^{\infty} z_n$ 绝对收敛，所以只需证明当 $\sum_{n=1}^{\infty} |z_n|$ 发散时，$\sum_{n=1}^{\infty} z_n$ 也发散. 于是由 $|\arg z_n| \leqslant \frac{\pi}{2} - \alpha$，可知对一切 n，$a_n > 0$，因此得

$$|z_n| = \frac{a_n}{\cos(\arg z_n)} \leqslant \frac{a_n}{\cos\left(\frac{\pi}{2} - \alpha\right)} = \frac{a_n}{\sin\alpha}.$$

从而由 $\sum_{n=1}^{\infty} |z_n|$ 发散，可知 $\sum_{n=1}^{\infty} a_n$ 也发散，所以级数 $\sum_{n=1}^{\infty} z_n$ 发散.

4.1.3 复函数项级数

定义 4.5 设 $\{f_n(z)\}\ (n = 1, 2, \cdots)$ 是定义在区域 D 上的复函数列，则表达式

$$\sum_{n=1}^{\infty} f_n(z) = f_1(z) + f_2(z) + \cdots + f_n(z) + \cdots \tag{4-2}$$

称为复函数项级数，它的前 n 项和

$$S_n(z) = \sum_{k=1}^{n} f_k(z) = f_1(z) + f_2(z) + \cdots + f_n(z)$$

称为级数式(4-2)的前 n 项部分和.

若对于 D 内一点 z_0，极限 $\lim\limits_{n\to\infty} S_n(z_0)$ 存在，则称 z_0 是级数式(4-2)的收敛点；若极限 $\lim\limits_{n\to\infty} S_n(z_0)$ 不存在，则称 z_0 是级数式(4-2)的发散点. 级数式(4-2)的一切收敛点所组成的集合称为级数式(4-2)的收敛域.

若区域 D 是级数式(4-2)的收敛域，则函数

$$f(z) = \sum_{n=1}^{\infty} f_n(z) \quad (z \in D)$$

称为级数式(4-2)的和函数.

定义 4.6 若对于区域 D 内的任一点 z,级数 $\sum\limits_{n=1}^{\infty}|f_n(z)|$ 收敛,则称级数 $\sum\limits_{n=1}^{\infty}f_n(z)$ 在 D 内绝对收敛.

容易证明,若级数式(4-2)绝对收敛,则它必收敛.

4.2 幂级数

现在我们要着重讨论一种最简单的函数项级数——幂级数.

4.2.1 幂级数的概念

在复函数项级数中,若 $f_n(z)$为 $c_n z^n$或$c_n(z-z_0)^n$,其中 c_n为常数,z_0是任一定点,则级数 $\sum\limits_{n=0}^{\infty}c_n z^n$ 或$\sum\limits_{n=0}^{\infty}c_n(z-z_0)^n$ 称为幂级数.

幂级数是研究解析函数理论的一个不可缺少的工具.

下面的定理是幂级数理论中一个最基本的定理,它说明了幂级数的收敛特性.

定理 4.7 (阿贝尔(Abel)定理) 若幂级数 $\sum\limits_{n=0}^{\infty}c_n z^n$ 在 $z=z_0(z_0\neq 0)$ 处收敛,则它在 $|z|<|z_0|$ 内绝对收敛;若此幂级数在 $z=z_0$ 处发散,则它在 $|z|>|z_0|$ 内发散.

证明 因为级数 $\sum\limits_{n=0}^{\infty}c_n z_0^n$ 收敛,所以由收敛的必要条件,有

$$\lim_{n\to\infty}c_n z_0^n=0,$$

于是存在正数 M,使对所有的 n,有

$$|c_n z_0^n|<M.$$

因此当 $|z|<|z_0|$,即$\left|\dfrac{z}{z_0}\right|=q<1$时,有

$$|c_n z^n|=\left|c_n z_0^n\cdot\frac{z^n}{z_0^n}\right|=|c_n z_0^n|\cdot\left|\frac{z}{z_0}\right|^n<Mq^n,$$

由级数 $\sum\limits_{n=0}^{\infty}Mq^n$ 收敛,可知级数$\sum\limits_{n=0}^{\infty}c_n z^n$ 绝对收敛.

利用反证法,根据上述结论可得定理另一部分的证明.

4.2.2 收敛圆与收敛半径

利用阿贝尔定理,可以确定幂级数的收敛范围. 对幂级数 $\sum_{n=0}^{\infty} c_n z^n$ 来说,它的收敛情况可以分为下列 3 种:

(1) 只在原点收敛,除原点外处处发散,如级数 $\sum_{n=0}^{\infty} n^n z^n$.

(2) 在全平面上处处绝对收敛,如级数 $\sum_{n=0}^{\infty} \frac{1}{n^n} z^n$.

(3) 既存在一点 $z_1 \neq 0$,使级数 $\sum_{n=0}^{\infty} c_n z_1^n$ 收敛,又存在一点 z_2,使级数 $\sum_{n=0}^{\infty} c_n z_2^n$ 发散. 由阿贝尔定理,显然有

$$|z_1| \leqslant |z_2|,$$

且在圆角 c_1: $|z| = |z_1|$ 内,级数绝对收敛;在圆周 c_2: $|z| = |z_2|$ 外,级数处处发散. 因而可以设想,当 $|z_1|$ 由小逐渐变大时,c_1 必定逐渐接近圆周 c: $|z| = R$,这里 R 满足

$$0 < |z_1| \leqslant R \leqslant |z_2| < +\infty,$$

即 c 介于 c_1 与 c_2 之间(图 4-1). 在 c 的内部,级数绝对收敛;而在 c 的外部,级数处处发散. 这样一个收敛与发散的分界圆周称为收敛圆,其半径称为收敛半径.

定义 4.7 若存在一个正数 R,使幂级数 $\sum_{n=0}^{\infty} c_n z^n$ 在 $|z| < R$ 内绝对收敛,而在 $|z| > R$ 内处处发散,则称 $|z| = R$ 为收敛圆,R 为收敛半径.

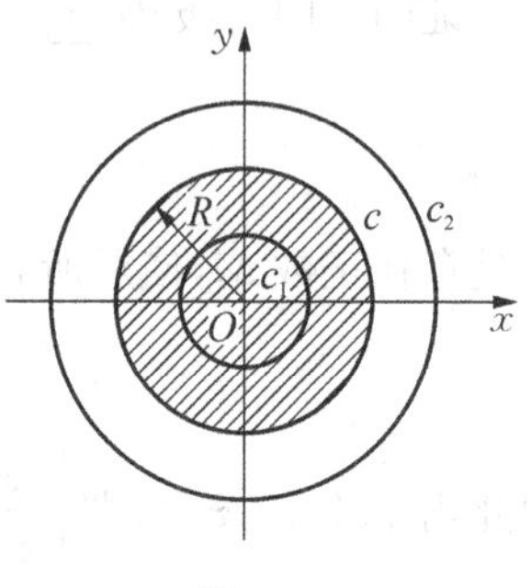

图 4-1

对于前面所说的幂级数的 3 种收敛情况,可知:

(1) 若只在原点收敛,则收敛半径 $R = 0$.

(2) 若在全平面上处处收敛,则收敛半径 $R = +\infty$.

(3) 若既有收敛的点,也有不收敛的点,则收敛半径 R 存在,且 $0 < R < +\infty$.

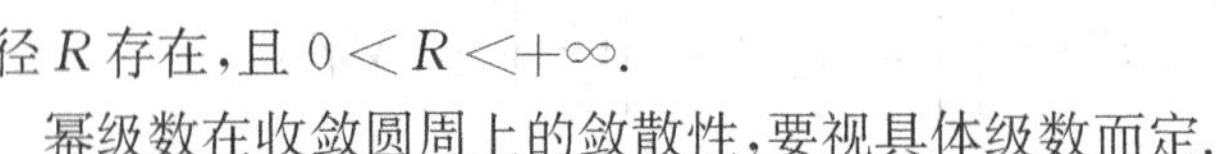

幂级数在收敛圆周上的敛散性,要视具体级数而定.

综上所述,幂级数的收敛半径 R 是可以唯一确定的. 至于收敛半径的求法,我们有类似于实函数的以下两个方法:

定理 4.8 设幂级数 $\sum_{n=0}^{\infty} c_n z^n$. 若下列条件之一成立：

(1) $\lim_{n\to\infty}\left|\frac{c_{n+1}}{c_n}\right| = \lambda$ （比值法），

(2) $\lim_{n\to\infty}\sqrt[n]{|c_n|} = \lambda$ （极值法），

则幂级数 $\sum_{n=0}^{\infty} c_n z^n$ 的收敛半径 $R = \frac{1}{\lambda}$.

证明从略.

必须注意的是：若 $\lambda = 0$，则级数在全平面上处处收敛，即 $R = +\infty$；若 $\lambda = +\infty$，则除 $z = 0$ 外级数处处发散，即 $R = 0$.

例 4.4 试求下列幂级数的收敛半径：

(1) $\sum_{n=0}^{\infty} n! z^n$.

(2) $\sum_{n=0}^{\infty} \frac{1}{n!} z^n$.

(3) $\sum_{n=0}^{\infty} n^p z^n$.

(4) $\sum_{n=1}^{\infty} \frac{z^n}{n}$.

解 (1) 因为

$$\lim_{n\to\infty}\left|\frac{c_{n+1}}{c_n}\right| = \lim_{n\to\infty}\frac{(n+1)!}{n!} = +\infty,$$

所以 $R = 0$，此级数只在 $z = 0$ 处收敛.

(2) 因为

$$\lim_{n\to\infty}\left|\frac{c_{n+1}}{c_n}\right| = \lim_{n\to\infty}\frac{n!}{(n+1)!} = 0,$$

所以 $R = +\infty$，此级数在全平面上处处收敛.

(3) 因为

$$\lim_{n\to\infty}\sqrt[n]{|c_n|} = \lim_{n\to\infty}\sqrt[n]{n^p} = \lim_{n\to\infty}(\sqrt[n]{n})^p = 1,$$

所以 $R = 1$. 在圆周 $|z| = 1$ 上，令 $z = e^{i\theta}(0 \leqslant \theta < 2\pi)$，则由

$$\sum_{n=0}^{\infty} n^p z^n = \sum_{n=0}^{\infty} n^p \cos n\theta + \mathrm{i} \sum_{n=0}^{\infty} n^p \sin n\theta$$

的实部和虚部两个级数都发散，可知此级数在圆周 $|z|=1$ 上都发散. 因此，级数 $\sum_{n=0}^{\infty} n^p z^n$ 当 $|z|<1$ 时收敛，当 $|z| \geqslant 1$ 时发散.

（4）因为

$$\lim_{n\to\infty}\left|\frac{c_{n+1}}{c_n}\right| = \lim_{n\to\infty}\frac{n}{n+1} = 1,$$

所以 $R=1$. 在圆周 $|z|=1$ 上只在点 $z=1$ 处级数发散，在其余的点 $z=\mathrm{e}^{\mathrm{i}\theta}(0<\theta<2\pi)$ 处，级数

$$\sum_{n=1}^{\infty} \frac{z^n}{n} = \sum_{n=1}^{\infty} \frac{\cos n\theta}{n} + \mathrm{i} \sum_{n=1}^{\infty} \frac{\sin n\theta}{n}$$

的实部和虚部两个级数都收敛，因此级数在圆周 $|z|=1$ 上除点 $z=1$ 外都收敛，在 $|z|<1$ 内处处收敛.

从本例可以看出，幂级数在收敛圆周上的敛散性是复杂的，既可以是点点收敛，也可以是点点发散，还可以在一些点上收敛，而在另一些点上发散.

4.2.3 幂级数的运算和性质

与实函数幂级数一样，对复函数幂级数也可以进行有理运算和复合运算.

设有幂级数

$$\sum_{n=0}^{\infty} a_n z^n = S_1(z) \quad (|z|<R_1),$$

$$\sum_{n=0}^{\infty} b_n z^n = S_2(z) \quad (|z|<R_2),$$

则有

$$\sum_{n=0}^{\infty} a_n z^n \pm \sum_{n=0}^{\infty} b_n z^n = \sum_{n=0}^{\infty} (a_n \pm b_n) z^n = S_1(z) \pm S_2(z) \quad (|z|<R),$$

$$\left(\sum_{n=0}^{\infty} a_n z^n\right)\left(\sum_{n=0}^{\infty} b_n z^n\right) = \sum_{n=0}^{\infty} (a_n b_0 + a_{n-1} b_1 + a_{n-2} b_2 + \cdots + a_0 b_n) z^n \quad (|z|<R),$$

其中

$$R = \min(R_1, R_2).$$

例 4.5 设有幂级数 $\sum_{n=0}^{\infty} \frac{z^n}{1-a^n}$ $(0<a<1)$ 与 $\sum_{n=0}^{\infty} z^n$，试求 $\sum_{n=0}^{\infty} \frac{z^n}{1-a^n} - \sum_{n=0}^{\infty} z^n$ 的收敛半径.

解 因为 $\sum_{n=0}^{\infty} \frac{z^n}{1-a^n}$ 和 $\sum_{n=0}^{\infty} z^n$ 的收敛半径均为1，所以 $\sum_{n=0}^{\infty} \frac{z^n}{1-a^n} - \sum_{n=0}^{\infty} z^n$ 的收敛半径为1.

必须注意的是，对于 $\sum_{n=0}^{\infty} \frac{z^n}{1-a^n} - \sum_{n=0}^{\infty} z^n = \sum_{n=0}^{\infty} \frac{a^n}{1-a^n} z^n$，因为

$$\lim_{n\to\infty} \left| \frac{a^{n+1}}{1-a^{n+1}} \bigg/ \frac{a^n}{1-a^n} \right| = \lim_{n\to\infty} \frac{a^{n+1}(1-a^n)}{a^n(1-a^{n+1})} = a,$$

所以该级数的收敛半径 $R=\frac{1}{a}>1$，但原来两级数的收敛域都是 $|z|<1$，它们的差的级数收敛域仍应为 $|z|<1$，不能扩大成 $|z|<\frac{1}{a}$.

复函数的幂级数也可以进行复合运算.

设幂级数 $\sum_{n=0}^{\infty} a_n z^n = f(z)$，$|z|<R$，而在 $|z|<r$ 内函数 $g(z)$ 解析且满足 $|g(z)|<R$，则

$$\sum_{n=0}^{\infty} a_n [g(z)]^n = f[g(z)], \quad |z|<r.$$

这一运算方法，广泛应用在将函数展开成幂级数之中.

例 4.6 试把 $f(z)=\frac{1}{3z-2}$ 表成形如 $\sum_{n=0}^{\infty} c_n(z-2)^n$ 的幂级数.

解 把 $f(z)$ 变形，使之成为 $(z-2)$ 的函数.

$$f(z)=\frac{1}{3z-2}=\frac{1}{3(z-2)+4}=\frac{1}{4}\cdot\frac{1}{1-\frac{-3}{4}(z-2)}$$

$$=\frac{1}{4}\sum_{n=0}^{\infty}(-1)^n\left(\frac{3}{4}\right)^n(z-2)^n=\sum_{n=0}^{\infty}(-1)^n\frac{3^n}{4^{n+1}}(z-2)^n,$$

其收敛区域由几何级数知，应为

$$\frac{3}{4}|z-2|<1,$$

即

$$|z-2|<\frac{4}{3}.$$

幂级数在其收敛圆内还有下列性质：

(1) 幂级数的和函数在其收敛圆内是解析的.

(2) 幂级数在其收敛圆内,可以逐项求导,也可以逐项积分.即若

$$S(z)=\sum_{n=0}^{\infty}c_n(z-z_0)^n,\ |z-z_0|<R,$$

则

$$\begin{aligned}S'(z)&=\sum_{n=1}^{\infty}nc_n(z-z_0)^{n-1}\\&=\sum_{n=0}^{\infty}\frac{c_n}{n+1}(z-z_0)^{n+1}\end{aligned}$$

或

$$\int_c S(z)\mathrm{d}z=\sum_{n=0}^{\infty}c_n\int_c(z-z_0)^n\mathrm{d}z,\quad c\in|z-z_0|<R.$$

4.3 泰勒级数

我们已经知道,一个幂级数的和函数在其收敛圆内就是一个解析函数.那么,一个解析函数是否可以展开成幂级数呢?答案是肯定的.在这一节中我们就要研究解析函数展开为幂级数的问题.运用幂级数的展开式,在理论上和实用上都会给解析函数的研究带来极大的方便.

4.3.1 解析函数的泰勒展开式

定理 4.9 设函数 $f(z)$在圆域 D: $|z-z_0|<R$ 内解析,则在 D 内 $f(z)$可以展开成幂级数

$$f(z)=\sum_{n=0}^{\infty}c_n(z-z_0)^n,\tag{4-3}$$

其中

$$c_n=\frac{1}{2\pi i}\oint_c\frac{f(z)}{(z-z_0)^{n+1}}dz=\frac{f^{(n)}(z_0)}{n!}\quad(n=0,1,2,\cdots),$$

c 为任意圆周 $|z-z_0|=\rho<R$，并且这个展开式是唯一的.

证明 设 z 是 D 内任意一点，在 D 内作一圆周 c：$|\zeta-z_0|=\rho<R$，使得 $|z-z_0|<\rho$（图 4-2），则由柯西积分公式，得

$$f(z)=\frac{1}{2\pi i}\oint_c\frac{f(\zeta)}{\zeta-z}d\zeta. \tag{4-4}$$

因为 $|z-z_0|<\rho$，即 $\left|\frac{z-z_0}{\zeta-z_0}\right|=q<1$，所以

$$\frac{1}{\zeta-z}=\frac{1}{(\zeta-z_0)-(z-z_0)}=\frac{1}{\zeta-z_0}\cdot\frac{1}{1-\frac{z-z_0}{\zeta-z_0}}$$

$$=\frac{1}{\zeta-z_0}\sum_{n=0}^{\infty}\left(\frac{z-z_0}{\zeta-z_0}\right)^n=\sum_{n=0}^{\infty}\frac{(z-z_0)^n}{(\zeta-z_0)^{n+1}}.$$

将此式代入式(4-4)，由幂级数的性质，得

$$f(z)=\frac{1}{2\pi i}\oint_c\left[f(\zeta)\sum_{n=0}^{\infty}\frac{(z-z_0)^n}{(\zeta-z_0)^{n+1}}\right]d\zeta$$

$$=\sum_{n=0}^{\infty}\left[\frac{1}{2\pi i}\oint_c\frac{f(\zeta)}{(\zeta-z_0)^{n+1}}d\zeta\right](z-z_0)^n$$

$$=\sum_{n=0}^{\infty}c_n(z-z_0)^n,$$

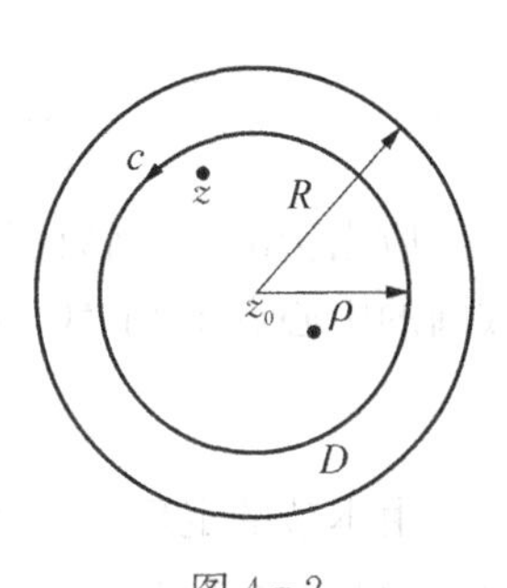

图 4-2

其中

$$c_n=\frac{1}{2\pi i}\oint_c\frac{f(\zeta)}{(\zeta-z_0)^{n+1}}d\zeta=\frac{f^{(n)}(z_0)}{n!}\quad(n=0,1,2,\cdots).$$

设 $f(z)$ 在 D 内又可以展成

$$f(z)=\sum_{n=0}^{\infty}c_n'(z-z_0)^n,$$

对上式求各阶导数，得

$$f^{(n)}(z)=n!c_n'+(n+1)!c_{n+1}'(z-z_0)+\cdots.$$

当 $z=z_0$ 时，得

$$f^{(n)}(z_0)=n!c_n',$$

即

$$c_n'=\frac{f^{(n)}(z_0)}{n!}=c_n.$$

因此，$f(z)$在点 z_0的展开式是唯一的. 定理证毕.

式(4-3)称为函数 $f(z)$在 z_0的泰勒(Taylor)展开式，c_n称为泰勒系数，式(4-3)右端的级数称为 $f(z)$在 z_0的泰勒级数.

圆 c 的半径可以任意增大，只要使 c 在 D 内即可，而且 D 也不一定非是圆域不可，因此对于在区域 D(不一定是圆域)内解析的函数 $f(z)$有下面的定理:

定理 4.10 设函数 $f(z)$在区域 D 内解析，z_0为 D 内任意一点，R 为 z_0到 D 的边界上各点的最短距离，则当 $|z-z_0|<R$ 时，有

$$f(z)=\sum_{n=0}^{\infty}c_n(z-z_0)^n,$$

其中

$$c_n=\frac{f^{(n)}(z_0)}{n!}\quad (n=0,\ 1,\ 2,\ \cdots).$$

应当指出，若函数 $f(z)$有奇点，则 $f(z)$在 z_0的泰勒级数的收敛半径等于由收敛圆的中心点 z_0到 $f(z)$的离 z_0最近的一个奇点 α 之间的距离，即

$$R=|\alpha-z_0|.$$

由本节的定理 4.9 及上节的定理 4.10，不难得到关于函数在一点的邻域内展成幂级数的充分必要条件.

定理 4.11 函数在一点的邻域内可以展成幂级数的充分必要条件是这个函数在该邻域内解析.

总结对解析函数的讨论，从各种不同的观点出发，可以得到 4 个等价的解析函数的概念.

若函数 $f(z)$在区域 D 内满足下列条件之一，则它就是 D 内的一个解析函数:

(1) $f(z)$在 D 内处处可微.

(2) $f(z)=u(x,\ y)+\mathrm{i}v(x,\ y)$ 的实部 u 与虚部 v 在 D 内可微，且它们的偏导数满足柯西-黎曼条件

$$\frac{\partial u}{\partial x}=\frac{\partial v}{\partial y},\quad \frac{\partial v}{\partial x}=-\frac{\partial u}{\partial y}.$$

(3) $f(z)$在 D 内连续，且对 D 内任意一条逐段光滑的闭曲线 c，都有

$$\oint_c f(z)\mathrm{d}z = 0.$$

(4) 对于 D 内任意一点，都存在一个邻域，$f(z)$在这个邻域内能展开成幂级数.

现在我们可以知道，以点 z_0 为中心的圆内的解析函数与此圆内的幂级数之间存在着一一对应的关系. 在实数情况下却没有这样的结论. 一个在区间上可导的函数却不一定能在此区间上展成幂级数. 例如，对函数 $f(x) = \dfrac{1}{1+x^2}$ 可在整个 x 轴上求无穷多次导数，但它却不能在整个 x 轴上展开为幂级数，而只有当 $|x|<1$ 时才有展式

$$\frac{1}{1+x^2} = 1 - x^2 + x^4 - x^6 + \cdots.$$

这个现象从复变数的观点来看，就可完全解释清楚. 实际上，$f(z) = \dfrac{1}{1+z^2}$ 在 Z 平面上有两个奇点 $z = \mathrm{i}$ 与 $z = -\mathrm{i}$，因此，级数的收敛半径等于 1.

利用泰勒级数展开的唯一性，我们可以用比较方便的方法将一个函数展开为泰勒级数. 展开的方法概括起来可以有两种：一种是由泰勒展开式直接通过计算系数

$$c_n = \frac{f^{(n)}(z_0)}{n!} \quad (n = 0, 1, 2, \cdots),$$

把函数 $f(z)$在点 z_0 展开为幂级数，称为直接法；另一种是利用幂级数的运算与性质把函数展开成幂级数，称为间接法.

4.3.2 初等函数的泰勒展开式

例 4.7 求 e^z 在 $z = 0$ 处的泰勒展开式.

解 因为 $(\mathrm{e}^z)^{(n)} = \mathrm{e}^z \quad (n = 0, 1, 2, \cdots)$，所以其展开式中的系数 c_n 可由公式直接计算得到

$$c_n = \frac{f^{(n)}(0)}{n!} = \frac{1}{n!},$$

于是

$$e^z=\sum_{n=0}^{\infty}\frac{z^n}{n!}=1+z+\frac{z^2}{2!}+\cdots+\frac{z^n}{n!}+\cdots.$$

函数 $f(z)=e^z$ 在全平面上解析,上述等式在全平面上处处成立,收敛半径等于$+\infty$.

例 4.8 求 $\sin z$ 与 $\cos z$ 在 $z=0$ 处的泰勒展开式.

解 $$\sin z=\frac{e^{iz}-e^{-iz}}{2i}=\frac{1}{2i}\left[\sum_{n=0}^{\infty}\frac{(iz)^n}{n!}-\sum_{n=0}^{\infty}\frac{(-iz)^n}{n!}\right]$$
$$=\sum_{n=0}^{\infty}(-1)^n\frac{z^{2n+1}}{(2n+1)!}.$$
$$\cos z=(\sin z)'=\sum_{n=0}^{\infty}(-1)^n\frac{z^{2n}}{(2n)!}.$$

函数 $\sin z$ 与 $\cos z$ 在全平面上解析,上述等式在全平面上处处成立,收敛半径等于$+\infty$.

例 4.9 求函数 $\ln(1+z)$ 在 $z=0$ 处的泰勒展开式.

解 因为

$$[\ln(1+z)]'=\frac{1}{1+z}=\sum_{n=0}^{\infty}(-1)^n z^n \quad |z|<1,$$

所以在收敛圆 $|z|=1$ 内,任取一条从 0 到 z 的积分路线 c,将上式两边沿 c 逐项积分,得

$$\ln(1+z)=\int_0^z\frac{1}{1+z}dz=\sum_{n=0}^{\infty}(-1)^n\int_0^z z^n dz$$
$$=\sum_{n=0}^{\infty}(-1)^n\frac{z^{n+1}}{n+1}=\sum_{n=1}^{\infty}(-1)^{n-1}\frac{z^n}{n}\quad(|z|<1).$$

例 4.10 求 $e^z\cos z$ 在 $z=0$ 处的泰勒展开式.

解 $$e^z\cos z=\frac{1}{2}[e^{(1+i)z}+e^{(1-i)z}]$$
$$=\frac{1}{2}\left[\sum_{n=0}^{\infty}\frac{(1+i)^n z^n}{n!}+\sum_{n=0}^{\infty}\frac{(1-i)^n z^n}{n!}\right]$$
$$=\frac{1}{2}\sum_{n=0}^{\infty}\frac{1}{n!}[(1+i)^n+(1-i)^n]z^n\quad(|z|<+\infty).$$

例 4.11 求函数 $f(z)=\dfrac{1}{z}$ 在 $z=1$ 处的泰勒展开式.

解法 1 因为 $f^{(n)}(z)=(-1)^n n!\dfrac{1}{z^{n+1}}\quad(n=0,1,2,\cdots)$，所以

$$f^{(n)}(1)=(-1)^n n!\quad(n=0,1,2,\cdots),$$

于是

$$\frac{1}{z}=\sum_{n=0}^{\infty}(-1)^n(z-1)^n\quad(|z-1|<1).$$

解法 2 $\dfrac{1}{z}=\dfrac{1}{1+(z-1)}=\displaystyle\sum_{n=0}^{\infty}(-1)^n(z-1)^n\quad(|z-1|<1).$

例 4.12 求函数 $f(z)=\sec z$ 在 $z=0$ 处的泰勒展开式.

解 因为

$$f(z)=\sec z=\frac{1}{\cos z}$$

在 $|z|<\dfrac{\pi}{2}$ 内解析，所以由定理 4.9，它在 $|z|<\dfrac{\pi}{2}$ 内 $z=0$ 处可以展开为泰勒级数. 设

$$f(z)=\frac{1}{\cos z}=c_0+c_1z+c_2z^2+\cdots+c_nz^n+\cdots,$$

其中 $c_i(i=0,1,2,\cdots)$是待定系数，则

$$f(-z)=f(z)=c_0-c_1z+c_2z^2-\cdots+(-1)^nc_nz^n+\cdots.$$

于是将上述两式相加后可以得到

$$\begin{aligned}f(z)=\sec z&=\frac{1}{\cos z}\\&=c_0+c_2z^2+c_4z^4+\cdots+c_{2n}z^{2n}+\cdots.\end{aligned}$$

从而由 $\cos z$ 的展开式与幂级数在收敛圆内绝对收敛的性质，有

$$\begin{aligned}1&=\sec z\cdot\cos z\\&=(c_0+c_2z^2+c_4z^4+\cdots)\left(1-\frac{z^2}{2!}+\frac{z^4}{4!}-\frac{z^6}{6!}+\cdots\right)\\&=c_0+\left(c_2-\frac{c_0}{2!}\right)z^2+\left(c_4-\frac{c_2}{2!}+\frac{c_0}{4!}\right)z^4+\cdots.\end{aligned}$$

根据幂级数展开的唯一性，比较两边系数，得

$$c_0=1,\quad c_2-\frac{c_0}{2!}=0,\quad c_4-\frac{c_2}{2!}+\frac{c_0}{4!}=0,\cdots,$$

即

$$c_0=1,\quad c_2=\frac{1}{2!},\quad c_4=\frac{5}{4!},\cdots,$$

于是

$$\sec z=1+\frac{1}{2!}z^2+\frac{5}{4!}z^4+\cdots\quad\left(|z|<\frac{\pi}{2}\right).$$

4.4 罗朗级数

我们已经知道,在圆域解析的函数可以在圆域内展开为泰勒级数.那么,在环域内解析的函数是否能在环域内展开为幂级数呢?本节主要研究这个问题.先举一例.

例 4.13 求函数 $f(z)=\dfrac{1}{z(z-1)}$ 在圆环域 $0<|z|<1$ 及 $0<|z-1|<1$ 内的展开式.

解 在圆环域 $0<|z|<1$ 内,有

$$\begin{aligned}f(z)&=-\left(\frac{1}{z}+\frac{1}{1-z}\right)\\&=-\left(\frac{1}{z}+1+z+z^2+\cdots+z^n+\cdots\right)\quad(0<|z|<1).\end{aligned}$$

在圆环域 $0<|z-1|<1$ 内,有

$$\begin{aligned}f(z)&=\frac{1}{z-1}\cdot\frac{1}{1-(1-z)}\\&=\frac{1}{z-1}[1+(1-z)+(1-z)^2+\cdots+(1-z)^n+\cdots]\\&=\frac{1}{z-1}-1+(z-1)+\cdots+(-1)^n(z-1)^{n-1}+\cdots\quad(0<|z-1|<1).\end{aligned}$$

可以看出,函数在这两个圆环域内的展开式中,除了 z 或 $z-1$ 的正幂以外,还出现了相应的负幂.由此可以推想,在圆环域 $r<|z-z_0|<R$ 内解析的函数 $f(z)$ 可以展开为 $z-z_0$ 的正幂和负幂的级数,即为下列形式:

$$
\begin{aligned}
f(z) = & \cdots + c_{-n}(z-z_0)^{-n} + \cdots + c_{-1}(z-z_0)^{-1} + \\
& c_0 + c_1(z-z_0) + \cdots + c_n(z-z_0)^n + \cdots \\
= & \sum_{n=1}^{\infty} c_{-n}(z-z_0)^{-n} + \sum_{n=0}^{\infty} c_n(z-z_0)^n.
\end{aligned}
$$

由幂级数与负整数次幂的幂级数相加所得的级数

$$
\sum_{n=0}^{\infty} c_n(z-z_0)^n + \sum_{n=1}^{\infty} c_{-n}(z-z_0)^{-n} \tag{4-5}
$$

称为罗朗(Laurent)级数. 若级数 $\sum_{n=0}^{\infty} c_n(z-z_0)^n$ 与 $\sum_{n=1}^{\infty} c_{-n}(z-z_0)^{-n}$ 都收敛,则称罗朗级数式(4-5)收敛. 罗朗级数式(4-5)可以简写为

$$
\sum_{n=-\infty}^{\infty} c_n(z-z_0)^n.
$$

对于幂级数 $\sum_{n=0}^{\infty} c_n(z-z_0)^n$,它的收敛区域是一个圆域 $|z-z_0|<R$;而级数 $\sum_{n=1}^{\infty} c_{-n}(z-z_0)^{-n}$ 是一个新型的级数,若令 $\zeta=(z-z_0)^{-1}$,则

$$
\begin{aligned}
\sum_{n=1}^{\infty} c_{-n}(z-z_0)^{-n} &= \sum_{n=1}^{\infty} c_{-n}\zeta^n \\
&= c_{-1}\zeta + c_{-2}\zeta^2 + \cdots + c_{-n}\zeta^n + \cdots.
\end{aligned}
$$

就变数 ζ 而言,该级数就是一个通常的幂级数,它在圆域 $|\zeta|<R_1$ 内收敛,即在 $|z-z_0|>\frac{1}{R_1}=r$ 内收敛. 因此,罗朗级数式(4-5)只能在这两个圆域的公共部分内收敛. 当 $r<R$ 时,它们的公共部分是圆环域 $r<|z-z_0|<R$,罗朗级数式(4-5)在这圆环域内收敛,在这圆环域外发散,在圆环的边界 $|z-z_0|=r$ 及 $|z-z_0|=R$ 上可能有些点收敛,有些点发散. 而 $r=0$ 或 $R=+\infty$,则是上述圆环域的特殊情形.

可以证明,级数式(4-5)在收敛圆环内的和函数是一个解析函数,并且可以逐项求导和逐项积分.

反之,在圆环域 $r<|z-z_0|<R$ 内处处解析的函数是否可以展开成形如式(4-5)的级数? 我们给出下面的定理:

定理 4.12 设函数 $f(z)$ 在圆环域 $r<|z-z_0|<R$ ($r\geqslant 0$, $R<+\infty$) 内解析,则 $f(z)$ 在此圆环域内可以唯一地展开为罗朗级数

$$f(z)=\sum_{n=-\infty}^{\infty}c_n(z-z_0)^n,$$

其中

$$c_n=\frac{1}{2\pi i}\oint_c\frac{f(\zeta)}{(\zeta-z_0)^{n+1}}d\zeta\quad(n=0,\pm 1,\pm 2,\cdots),$$

c 为在圆环域内绕 z_0 的任意一条正向简单闭曲线.

证明 以点 z_0 为中心,作圆周 c_1: $|z-z_0|=r_1$ 和圆周 c_2: $|z-z_0|=r_2$,使 $r<r_1<r_2<R$. 设点 z 是圆环域: $r_1<|z-z_0|<r_2$ 内任意一点,则由柯西积分公式,有

$$f(z)=\frac{1}{2\pi i}\oint_{c_2}\frac{f(\zeta)}{\zeta-z}d\zeta-\frac{1}{2\pi i}\oint_{c_1}\frac{f(\zeta)}{\zeta-z}d\zeta,$$

其中 c_1, c_2 都取逆时针方向.

对于上式右端第一个积分,因为在 c_2 上有 $\left|\frac{z-z_0}{\zeta-z_0}\right|=q_1<1$, 所以与 4.3 节中泰勒展开式的证明一样,可以推得

$$\begin{aligned}\frac{1}{2\pi i}\oint_{c_2}\frac{f(\zeta)}{\zeta-z}d\zeta&=\sum_{n=0}^{\infty}\left[\frac{1}{2\pi i}\oint_{c_2}\frac{f(\zeta)}{(\zeta-z_0)^{n+1}}d\zeta\right](z-z_0)^n\\&=\sum_{n=0}^{\infty}c_n(z-z_0)^n,\end{aligned}$$

其中

$$c_n=\frac{1}{2\pi i}\oint_{c_2}\frac{f(\zeta)}{(\zeta-z_0)^{n+1}}d\zeta.$$

对于第二个积分,因为在 c_1 上有 $\left|\frac{\zeta-z_0}{z-z_0}\right|=q_2<1$, 所以

$$\begin{aligned}\frac{1}{\zeta-z}&=\frac{1}{(\zeta-z_0)-(z-z_0)}=-\frac{1}{z-z_0}\cdot\frac{1}{1-\frac{\zeta-z_0}{z-z_0}}\\&=-\frac{1}{z-z_0}\sum_{n=0}^{\infty}\left(\frac{\zeta-z_0}{z-z_0}\right)^n=-\sum_{n=0}^{\infty}\frac{(\zeta-z_0)^n}{(z-z_0)^{n+1}}\\&=-\sum_{n=1}^{\infty}\frac{(\zeta-z_0)^{n-1}}{(z-z_0)^n}=-\sum_{n=1}^{\infty}\frac{1}{(\zeta-z_0)^{-n+1}}(z-z_0)^{-n},\end{aligned}$$

于是

$$-\frac{1}{2\pi i}\oint_{c_1}\frac{f(\zeta)}{\zeta-z}d\zeta=\sum_{n=1}^{\infty}\left[\frac{1}{2\pi i}\oint_{c_1}\frac{f(\zeta)}{(\zeta-z_0)^{-n+1}}d\zeta\right](z-z_0)^{-n}$$
$$=\sum_{n=1}^{\infty}c_{-n}(z-z_0)^{-n},$$

其中

$$c_{-n}=\frac{1}{2\pi i}\oint_{c_1}\frac{f(\zeta)}{(\zeta-z_0)^{-n+1}}d\zeta.$$

根据多连通区域的柯西定理,对于圆环域内绕点 z_0 的任意一条正向简单闭曲线 c,有

$$c_n=\frac{1}{2\pi i}\oint_{c_2}\frac{f(\zeta)}{(\zeta-z_0)^{n+1}}d\zeta$$
$$=\frac{1}{2\pi i}\oint_{c}\frac{f(\zeta)}{(\zeta-z_0)^{n+1}}d\zeta\quad(n=0,1,2,\cdots);$$
$$c_{-n}=\frac{1}{2\pi i}\oint_{c_1}\frac{f(\zeta)}{(\zeta-z_0)^{-n+1}}d\zeta$$
$$=\frac{1}{2\pi i}\oint_{c}f(\zeta)(\zeta-z_0)^{n-1}d\zeta\quad(n=1,2,\cdots).$$

两者可统一起来用一个式子表示为

$$c_n=\frac{1}{2\pi i}\oint_{c}\frac{f(\zeta)}{(\zeta-z_0)^{n+1}}d\zeta\quad(n=0,\pm1,\pm2,\cdots),$$

从而

$$f(z)=\sum_{n=0}^{\infty}c_n(z-z_0)^n+\sum_{n=1}^{\infty}c_{-n}(z-z_0)^{-n}$$
$$=\sum_{n=-\infty}^{\infty}c_n(z-z_0)^n\quad(r<|z-z_0|<R).$$

这一展开式也称为 $f(z)$ 在 z_0 处的罗朗展开式.

下面证明上述展开式的唯一性.

设 $f(z)$ 又可以展开成

$$f(z)=\sum_{n=-\infty}^{\infty}c_n'(z-z_0)^n\quad(r<|z-z_0|<R),$$

将上式两端分别乘以 $\dfrac{1}{2\pi i(z-z_0)^{k+1}}$（$k$ 为任意整数），再沿圆周 c 积分，得

$$\frac{1}{2\pi i}\oint_c \frac{f(z)}{(z-z_0)^{k+1}}dz = \sum_{n=-\infty}^{\infty} c_n' \cdot \frac{1}{2\pi i}\oint_c \frac{dz}{(z-z_0)^{k+1-n}}$$
$$= c_n' \quad (\text{当 } n=k \text{ 时}),$$

即 $c_n = c_n'$（n 为任意整数）. 因此函数 $f(z)$ 在圆环域 $r<|z-z_0|<R$ 内的展开式是唯一的. 定理证毕.

在 $f(z)$ 的罗朗展开式中，级数

$$\sum_{n=0}^{\infty} c_n(z-z_0)^n = \varphi(z)$$

称为 $f(z)$ 的罗朗级数的解析部分，函数 $\varphi(z)$ 是 $|z-z_0|<R$ 内的解析函数；级数

$$\sum_{n=-\infty}^{-1} c_n(z-z_0)^n = \psi(z)$$

称为 $f(z)$ 的罗朗级数的主要部分，函数 $\psi(z)$ 是 $|z-z_0|>r$ 内的解析函数. 这样有

$$f(z) = \varphi(z) + \psi(z) \quad (r<|z-z_0|<R).$$

必须指出，当 $n \geqslant 0$ 时，虽然罗朗级数的系数与泰勒级数的系数的积分形式是一样的，但它却不等于 $\dfrac{f^{(n)}(z_0)}{n!}$，这是因为函数 $f(z)$ 在 c 所围区域内部不是处处解析的. 当函数 $f(z)$ 在圆域 $|z-z_0|<R$ 内解析时，主要部分的系数

$$c_{-n} = \frac{1}{2\pi i}\oint_c \frac{f(\zeta)}{(\zeta-z_0)^{-n+1}}d\zeta$$
$$= \frac{1}{2\pi i}\oint_c f(\zeta)(\zeta-z_0)^{n-1}d\zeta = 0.$$

而解析部分的系数 c_n 就是泰勒级数的系数，此时罗朗级数即为泰勒级数. 因此，泰勒级数是罗朗级数的一种特殊情形.

由于求罗朗级数的系数 c_n 的积分计算比较麻烦，因此通常利用罗朗展开式的唯一性，由已知函数的展开式和幂级数的运算，得出所求函数的罗朗级数，避免直接计算 c_n.

下面举例说明如何将函数展开为罗朗级数.

例 4.14 试将函数 $f(z) = \dfrac{\sin z}{z}$ 在圆环域 $0<|z|<+\infty$ 内展开为罗朗

级数.

解 因为

$$\sin z = z - \frac{1}{3!}z^3 + \frac{1}{5!}z^5 - \cdots + (-1)^n \frac{z^{2n+1}}{(2n+1)!} + \cdots \quad (|z| < +\infty),$$

所以

$$\frac{\sin z}{z} = 1 - \frac{1}{3!}z^2 + \frac{1}{5!}z^4 - \cdots + (-1)^n \frac{z^{2n}}{(2n+1)!} + \cdots \quad (0 < |z| < +\infty).$$

例 4.15 试将函数 $f(z) = e^{\frac{1}{z}}$ 在 $|z| > 0$ 内展开为罗朗级数.

解 令 $\zeta = \dfrac{1}{z}$，因为

$$e^{\zeta} = 1 + \zeta + \frac{1}{2!}\zeta^2 + \cdots + \frac{1}{n!}\zeta^n + \cdots \quad (|\zeta| < +\infty),$$

所以

$$e^{\frac{1}{z}} = 1 + \frac{1}{z} + \frac{1}{2!z^2} + \cdots + \frac{1}{n!z^n} + \cdots \quad (|z| > 0).$$

例 4.16 试将函数 $f(z) = \dfrac{1}{(z-1)(z-2)}$ 在下列两点处展开为罗朗级数：

(1) $z = 0$.

(2) $z = 1$.

解 (1) 因为 $f(z)$ 有两个奇点：$z = 1$ 及 $z = 2$，所以有 3 个以点 $z = 0$ 为中心的圆环域：$|z| < 1$，$1 < |z| < 2$ 和 $|z| > 2$.

在 $|z| < 1$ 内，有

$$\begin{aligned} f(z) &= \frac{1}{z-2} - \frac{1}{z-1} = -\frac{1}{2} \cdot \frac{1}{1-\frac{z}{2}} + \frac{1}{1-z} \\ &= -\frac{1}{2}\sum_{n=0}^{\infty}\left(\frac{z}{2}\right)^n + \sum_{n=0}^{\infty} z^n \\ &= \sum_{n=0}^{\infty}\left(1 - \frac{1}{2^{n+1}}\right)z^n; \end{aligned}$$

在 $1 < |z| < 2$ 内，有

$$f(z)=-\frac{1}{2}\cdot\frac{1}{1-\dfrac{z}{2}}-\frac{1}{z}\cdot\frac{1}{1-\dfrac{1}{z}}$$

$$=-\frac{1}{2}\sum_{n=0}^{\infty}\left(\frac{z}{2}\right)^{n}-\frac{1}{z}\sum_{n=0}^{\infty}\left(\frac{1}{z}\right)^{n}$$

$$=-\sum_{n=0}^{\infty}\frac{z^{n}}{2^{n+1}}-\sum_{n=0}^{\infty}\frac{1}{z^{n+1}};$$

在 $|z|>2$ 内,有

$$f(z)=\frac{1}{z-2}-\frac{1}{z-1}=\frac{1}{z}\cdot\frac{1}{1-\dfrac{2}{z}}-\frac{1}{z}\cdot\frac{1}{1-\dfrac{1}{z}}$$

$$=\frac{1}{z}\left[\sum_{n=0}^{\infty}\left(\frac{2}{z}\right)^{n}-\sum_{n=0}^{\infty}\left(\frac{1}{z}\right)^{n}\right]$$

$$=\sum_{n=0}^{\infty}\frac{2^{n}-1}{z^{n+1}}.$$

(2) 以 $z=1$ 为中心的圆环域有 2 个: $0<|z-1|<1$ 和 $|z-1|>1$.
在 $0<|z-1|<1$ 内,有

$$f(z)=\frac{1}{z-2}-\frac{1}{z-1}=-\frac{1}{1-(z-1)}-\frac{1}{z-1}$$

$$=-\sum_{n=0}^{\infty}(z-1)^{n}-\frac{1}{z-1};$$

在 $|z-1|>1$ 内,有

$$f(z)=\frac{1}{z-2}-\frac{1}{z-1}=\frac{1}{z-1}\cdot\frac{1}{1-\dfrac{1}{z-1}}-\frac{1}{z-1}$$

$$=\frac{1}{z-1}\sum_{n=0}^{\infty}\left(\frac{1}{z-1}\right)^{n}-\frac{1}{z-1}$$

$$=\sum_{n=0}^{\infty}\frac{1}{(z-1)^{n+1}}-\frac{1}{z-1}$$

$$=\sum_{n=1}^{\infty}\frac{1}{(z-1)^{n+1}}.$$

从本例可以看出,若只给出点 z_0,要求将函数 $f(z)$ 在 z_0 处展开为罗朗级数,则

应找出以点 z_0 为中心的圆环域，使 $f(z)$ 在此圆环域内解析，而圆环域的确定取决于点 z_0 与各奇点之间的距离. 以点 z_0 为中心，以这些距离为半径分别作同心圆，就可依次找出 $f(z)$ 的一个个解析圆环域. 从本例还可看出，同一个函数在不同的圆环内的展开式是不同的.

例 4.17 试将函数 $f(z)=\dfrac{1}{z^2(z-\mathrm{i})}$ 在下列圆环域内展开为罗朗级数：

(1) $0<|z|<1$.

(2) $|z|>1$.

(3) $0<|z-\mathrm{i}|<1$.

(4) $|z-\mathrm{i}|>1$.

解 (1) $f(z)=-\dfrac{1}{z^2}\cdot\dfrac{1}{\mathrm{i}-z}=-\dfrac{1}{\mathrm{i}z^2}\cdot\dfrac{1}{1-\dfrac{z}{\mathrm{i}}}=\dfrac{\mathrm{i}}{z^2}\sum\limits_{n=0}^{\infty}\left(\dfrac{z}{\mathrm{i}}\right)^n$

$$=\sum_{n=0}^{\infty}\frac{z^{n-2}}{\mathrm{i}^{n-1}}\quad(0<|z|<1).$$

(2) $f(z)=\dfrac{1}{z^3}\cdot\dfrac{1}{1-\dfrac{\mathrm{i}}{z}}=\dfrac{1}{z^3}\cdot\sum\limits_{n=0}^{\infty}\left(\dfrac{\mathrm{i}}{z}\right)^n$

$$=\sum_{n=0}^{\infty}\frac{\mathrm{i}^n}{z^{n+3}}\quad |z|>1.$$

(3) $f(z)=\dfrac{1}{z-\mathrm{i}}\dfrac{\mathrm{d}}{\mathrm{d}z}\left(-\dfrac{1}{z}\right)=\dfrac{1}{z-\mathrm{i}}\dfrac{\mathrm{d}}{\mathrm{d}z}\left[\dfrac{1}{-\mathrm{i}-(z-\mathrm{i})}\right]$

$$=\frac{\mathrm{i}}{z-\mathrm{i}}\frac{\mathrm{d}}{\mathrm{d}z}\left[\frac{1}{1+\dfrac{z-\mathrm{i}}{\mathrm{i}}}\right]=\frac{\mathrm{i}}{z-\mathrm{i}}\frac{\mathrm{d}}{\mathrm{d}z}\left[\sum_{n=0}^{\infty}(-1)^n\left(\frac{z-\mathrm{i}}{\mathrm{i}}\right)^n\right]$$

$$=\frac{\mathrm{i}}{z-\mathrm{i}}\sum_{n=1}^{\infty}(-1)^n\frac{n}{\mathrm{i}^n}(z-\mathrm{i})^{n-1}$$

$$=\sum_{n=1}^{\infty}(-1)^n\frac{n}{\mathrm{i}^{n-1}}(z-\mathrm{i})^{n-2}\quad(0<|z-\mathrm{i}|<1).$$

(4) $f(z)=\dfrac{1}{z-\mathrm{i}}\dfrac{\mathrm{d}}{\mathrm{d}z}\left(-\dfrac{1}{z}\right)=\dfrac{-1}{z-\mathrm{i}}\dfrac{\mathrm{d}}{\mathrm{d}z}\left(\dfrac{1}{z-\mathrm{i}+\mathrm{i}}\right)$

$$=-\frac{1}{z-\mathrm{i}}\frac{\mathrm{d}}{\mathrm{d}z}\left[\frac{1}{z-\mathrm{i}}\cdot\frac{1}{1+\dfrac{\mathrm{i}}{z-\mathrm{i}}}\right]$$

$$=-\frac{1}{z-\mathrm{i}}\frac{\mathrm{d}}{\mathrm{d}z}\left[\sum_{n=0}^{\infty}(-1)^n\frac{\mathrm{i}^n}{(z-\mathrm{i})^{n+1}}\right]$$

$$=-\frac{1}{z-\mathrm{i}}\sum_{n=0}^{\infty}(-1)^{n+1}\frac{(n+1)\mathrm{i}^n}{(z-\mathrm{i})^{n+2}}$$

$$=\sum_{n=0}^{\infty}(-1)^n\frac{(n+1)\mathrm{i}^n}{(z-\mathrm{i})^{n+3}}\quad(|z-\mathrm{i}|>1).$$

4.5 孤立奇点

若函数 $f(z)$在奇点 z_0的某邻域内无其他奇点,则 z_0称为 $f(z)$的孤立奇点.

例如,函数 $\frac{\sin z}{z}$, $\frac{1}{z^2}$ 和 $\mathrm{e}^{\frac{1}{z}}$ 都以 $z=0$ 为孤立奇点;而函数 $\frac{1}{\sin\frac{\pi}{z}}$ 虽以 $z=0$ 为奇点,但若取点列 $\left\{\frac{1}{n}\right\}$ $(n=\pm1,\pm2,\cdots)$,则该函数在 $z=0$ 的邻域内有无穷多个奇点,因而 $z=0$ 不是函数 $\frac{1}{\sin\frac{\pi}{z}}$ 的孤立奇点.我们主要研究孤立奇点.

易知,若 z_0是函数 $f(z)$的孤立奇点,则 $f(z)$在圆环域 $0<|z-z_0|<R$ 内可以展开为罗朗级数

$$f(z)=\sum_{n=0}^{\infty}c_n(z-z_0)^n+\sum_{n=1}^{\infty}c_{-n}(z-z_0)^{-n},$$

其中负幂项,即主要部分 $\sum_{n=1}^{\infty}c_{-n}(z-z_0)^{-n}$ 决定了孤立奇点的性质.根据函数展开成罗朗级数的不同情况,我们将孤立奇点作如下的分类.

4.5.1 可去奇点

若函数 $f(z)$在 z_0处展开的罗朗级数中,主要部分的所有项都等于零,则称 z_0为 $f(z)$的可去奇点.

这时,函数 $f(z)$在 z_0的邻域 $0<|z-z_0|<R$ 内的罗朗级数就是一个通常的幂级数

$$c_0+c_1(z-z_0)+\cdots+c_n(z-z_0)^n+\cdots,$$

它的和函数 $\varphi(z)$在收敛圆 $|z-z_0|<R$ 内解析,且当 $z\neq z_0$ 时,$\varphi(z)=f(z)$;当

$z=z_0$ 时，$\varphi(z_0)=c_0$. 因为

$$\lim_{z\to z_0} f(z)=\lim_{z\to z_0}\varphi(z)=\varphi(z_0)=c_0.$$

所以不论 $f(z)$原来在 z_0是否有定义，只要令 $f(z_0)=c_0$，则在 $|z-z_0|<R$ 内就有

$$f(z)=c_0+c_1(z-z_0)+\cdots+c_n(z-z_0)^n+\cdots,$$

从而函数 $f(z)$就在点 z_0解析了. 因此常常把可去奇点看作解析点.

例如，函数

$$\begin{aligned}\frac{\sin z}{z}&=\frac{1}{z}\left(z-\frac{1}{3!}z^3+\frac{1}{5!}z^5-\cdots+(-1)^n\frac{z^{2n+1}}{(2n+1)!}+\cdots\right)\\&=1-\frac{1}{3!}z^2+\frac{1}{5!}z^4-\cdots+(-1)^n\frac{z^{2n}}{(2n+1)!}+\cdots,\end{aligned}$$

其罗朗展开式中不含负幂项，即主要部分所有项都为零，因此 $z=0$ 为函数$\frac{\sin z}{z}$的可去奇点. 若约定$\frac{\sin z}{z}$在 $z=0$ 的值为 1，则$\frac{\sin z}{z}$就在 $z=0$ 处解析.

4.5.2 极点

若函数 $f(z)$在点 z_0处展开的罗朗级数中，主要部分只含有限项，则点 z_0称为 $f(z)$的极点.

例如 $f(z)=\frac{1}{z^2}$，其在 $z=0$ 处的罗朗展开式中只含一项负幂项，即主要部分只有一项，因此 $z=0$ 为 $f(z)=\frac{1}{z^2}$ 的极点.

设 z_0为函数 $f(z)$的极点，且 $f(z)$在点 z_0处的罗朗展开式

$$f(z)=\frac{c_{-m}}{(z-z_0)^m}+\cdots+\frac{c_{-1}}{z-z_0}+c_0+c_1(z-z_0)+\cdots\quad(m\geqslant 1,\ c_{-m}\neq 0),$$

则点 z_0称为函数 $f(z)$的 m 阶极点.

上式可以改写成

$$\begin{aligned}f(z)=\frac{1}{(z-z_0)^m}[&c_{-m}+c_{-m+1}(z-z_0)+\cdots+\\&c_{-1}(z-z_0)^{m-1}+c_0(z-z_0)^m+\cdots]\end{aligned}$$

$$= \frac{g(z)}{(z-z_0)^m},$$

其中

$$g(z) = c_{-m} + c_{-m}(z-z_0) + \cdots + c_{-1}(z-z_0)^{m-1} + c_0(z-z_0)^m + \cdots$$

在点 z_0 的某个邻域 $|z-z_0|<R$ 内解析，且 $g(z_0)\neq 0$，于是

$$\lim_{z\to z_0} f(z) = \lim_{z\to 0}\frac{g(z)}{(z-z_0)^m} = \infty.$$

反之，若 $\lim\limits_{z\to z_0} f(z)=\infty$，则 z_0 为 $f(z)$ 的极点.

事实上，令 $g(z)=\dfrac{1}{f(z)}$，则由

$$\lim_{z\to z_0} g(z) = \lim_{z\to z_0}\frac{1}{f(z)} = 0,$$

可知 z_0 为函数 $g(z)$ 的可去奇点，所以令 $g(z_0)=0$ 就可把它看作 $g(z)$ 的解析点. 这时 z_0 称为 $g(z)$ 的零点. 不妨设点 z_0 是 $g(z)$ 的 m 阶零点，即

$$\begin{aligned} g(z) &= a_m(z-z_0)^m + a_{m+1}(z-z_0)^{m+1} + \cdots \\ &= (z-z_0)^m[a_m + a_{m+1}(z-z_0) + \cdots] \\ &= (z-z_0)^m g_1(z) \quad (a_m\neq 0), \end{aligned}$$

其中 $g_1(z) = a_m + a_{m+1}(z-z_0) + \cdots$ 就是 $|z-z_0|<R$ 内的解析函数，且 $g_1(z_0)=a_m\neq 0$. 于是

$$f(z) = \frac{1}{g(z)} = \frac{1}{(z-z_0)^m g_1(z)} = \frac{h(z)}{(z-z_0)^m},$$

其中 $h(z)=\dfrac{1}{g_1(z)}$ 是点 z_0 的某个邻域内的解析函数，且

$$h(z_0) = \frac{1}{g_1(z_0)} \neq 0,$$

因此将 $h(z)$ 在点 z_0 处展开为幂级数，得

$$h(z) = \sum_{n=0}^{\infty} c_n(z-z_0)^n,\quad c_0 = h(z_0)\neq 0,$$

从而

$$f(z)=\frac{1}{(z-z_0)^m}\sum_{n=0}^{\infty}c_n(z-z_0)^n$$

$$=\frac{c_0}{(z-z_0)^m}+\frac{c_1}{(z-z_0)^{m-1}}+\cdots+c_m+$$

$$c_{m+1}(z-z_0)+\cdots\quad(c_0\neq 0),$$

由此可见，z_0 为 $f(z)$ 的 m 阶极点.

从上述过程中，容易推得函数的极点与零点之间的如下关系：

定理 4.13 $z=z_0$ 为函数 $f(z)$ 的 m 阶极点的充分必要条件是 $z=z_0$ 为函数 $\frac{1}{f(z)}$ 的 m 阶零点.

同时由上述过程，我们还发现，若 $z=z_0$ 为 $\frac{1}{f(z)}$ 的 m 阶零点，即

$$g(z)=\frac{1}{f(z)}=a_m(z-z_0)^m+a_{m+1}(z-z_0)^{m+1}+\cdots\quad(a_m\neq 0),$$

则

$$g^{(n)}(z_0)=0\quad(n=0,1,2,\cdots,m-1),$$

而

$$g^{(m)}(z_0)=a_m m!\neq 0.$$

因此，若 z_0 为 $\frac{1}{f(z)}$ 的 m 阶零点，则由定理即得 z_0 为 $f(z)$ 的 m 阶极点.

求 $f(z)$ 的极点的阶数的问题可以用上述方法转化为求 $\frac{1}{f(z)}$ 的零点的阶数的问题.

例 4.18 试求函数 $\sin z$ 的零点与 $\frac{1}{\sin z}$ 的极点.

解 由 $\sin z=0$，得 $z=k\pi\quad(k$ 为整数).

因为

$$(\sin z)'\big|_{z=k\pi}=\cos z\big|_{z=k\pi}=(-1)^k\neq 0,$$

所以 $z=k\pi\,(k$ 为整数)都是 $\sin z$ 的一阶零点，也就是 $\frac{1}{\sin z}$ 的一阶极点.

例 4.19 试求函数 $\sec^2 z$ 的极点.

解 因为 $\sec^2 z = \dfrac{1}{\cos^2 z}$，

且

$$\cos^2\left(k\pi \pm \frac{\pi}{2}\right) = 0 \quad (k\text{ 为整数}),$$

$$(\cos^2 z)' \big|_{z=k\pi\pm\frac{\pi}{2}} = -\sin 2z \big|_{z=k\pi\pm\frac{\pi}{2}} = 0,$$

$$(\cos^2 z)'' \big|_{z=k\pi\pm\frac{\pi}{2}} = -2\cos 2z \big|_{z=k\pi\pm\frac{\pi}{2}} = 2 \neq 0,$$

所以 $z = k\pi \pm \dfrac{\pi}{2}$（$k$ 为整数）都是 $\cos^2 z$ 的二阶零点，也就是函数 $\sec^2 z$ 的二阶极点.

值得注意的是，在求函数的极点时，不能光看表面形式就盲目作出结论. 例如函数 $\dfrac{e^z - 1}{z^2}$，从形式上看 $z = 0$ 似乎是二阶极点，其实是一阶极点. 因为

$$\frac{e^z - 1}{z^2} = \frac{1}{z^2}\left(\sum_{n=0}^{\infty} \frac{z^n}{n!} - 1\right) = \frac{1}{z} + \frac{1}{2!} + \frac{z}{3!} + \cdots.$$

4.5.3 本性奇点

若函数 $f(z)$ 在点 z_0 处展开的罗朗级数中，主要部分含无穷多项，则点 z_0 称为 $f(z)$ 的本性奇点.

例如，函数

$$e^{\frac{1}{z}} = 1 + \frac{1}{z} + \frac{1}{2!z^2} + \cdots + \frac{1}{n!z^n} + \cdots,$$

其罗朗展开式中含无穷多个负幂项，即主要部分含无穷多项，因此 $z = 0$ 为函数 $e^{\frac{1}{z}}$ 的本性奇点.

由可去奇点和极点的定义，显然可知，若 z_0 为函数 $f(z)$ 的本性奇点，则极限 $\lim\limits_{z \to z_0} f(z)$ 不存在（既不是有限极限，也不是无限极限）.

综上所述，若 z_0 为 $f(z)$ 的可去奇点，则 $\lim\limits_{z \to z_0} f(z)$ 存在且为一有限数；若 z_0 为 $f(z)$ 的极点，则 $\lim\limits_{z \to z_0} f(z) = \infty$；若 z_0 为 $f(z)$ 的本性奇点，则 $\lim\limits_{z \to z_0} f(z)$ 不存在且不为∞，反之亦然. 因此根据上述极限的不同情形可以判别孤立奇点的类型.

4.5.4* 函数在无穷远点的性态

现在我们来讨论函数在无穷远点的性态.

定义 4.8 设函数 $f(z)$ 在区域 $D_z: R<|z|<+\infty\ (R\geqslant 0)$ 内解析，则称点 $z=\infty$ 为 $f(z)$ 的一个孤立奇点.

设 $z=\infty$ 为 $f(z)$ 的一个孤立奇点，作变换 $\zeta=\dfrac{1}{z}$，则函数

$$g(\zeta)=f\left(\frac{1}{\zeta}\right)=f(z)$$

在区域 $D_\zeta: 0<|\zeta|<\dfrac{1}{R}\left(\text{若 } R=0, \text{则规定}\dfrac{1}{R}=+\infty\right)$ 内解析，点 $\zeta=0$ 即为函数 $g(\zeta)$ 的一个孤立奇点，且有：

(1) 对应于扩充 Z 平面上无穷远点的邻域 D_z，有 ζ 平面上原点的邻域 D_ζ.

(2) 在对应的点 z 与 ζ 上，有 $g(\zeta)=f(z)$.

(3) $\lim\limits_{z\to\infty}f(z)=\lim\limits_{\zeta\to 0}g(\zeta)$.

因此，可以由函数 $g(\zeta)$ 在原点的性态来讨论函数 $f(z)$ 在无穷远点的性态.

定义 4.9 设 $\zeta=0$ 为 $g(\zeta)$ 的可去奇点、极点(m 阶)或本性奇点，则相应地称 $z=\infty$ 为 $f(z)$ 的可去奇点、极点(m 阶)或本性奇点.

因为函数 $f(z)$ 在区域 $D_z: R<|z|<+\infty$ 内解析，所以在此区域内可将 $f(z)$ 展开成罗朗级数

$$f(z)=\sum_{n=0}^{\infty}c_n z^n+\sum_{n=1}^{\infty}c_{-n}z^{-n}=\sum_{n=1}^{\infty}c_n z^n+c_0+\sum_{n=1}^{\infty}c_{-n}z^{-n}.$$

于是函数 $g(\zeta)$ 在区域 $D_\zeta: 0<|\zeta|<\dfrac{1}{R}$ 内的罗朗展开式为

$$g(\zeta)=\sum_{n=1}^{\infty}c_n\zeta^{-n}+c_0+\sum_{n=1}^{\infty}c_{-n}\zeta^n.$$

对照这两个级数便可知道，函数 $f(z)$ 的展开式中的正幂项就是函数 $g(\zeta)$ 的展开式的负幂项. 这说明，对于无穷远点来说，函数的性态与其罗朗展开式之间的关系同有限点的情况一样，只不过把正幂项与负幂项的作用相互对调罢了，即函数 $f(z)$ 的罗朗展开式中的正幂项决定了点 $z=\infty$ 的奇点类型. 概括如下：

(1) 若 $f(z)$ 的展开式中不含正幂项，则 $z=\infty$ 为 $f(z)$ 的可去奇点.

(2) 若 $f(z)$ 的展开式中含有限个正幂项，且最高正幂为 z^m，则 $z=\infty$ 为 $f(z)$

的 m 阶极点.

(3) 若 $f(z)$的展开式中含有无穷多个正幂项,则 $z=\infty$ 为 $f(z)$的本性奇点.

无穷远点的奇点类型同样可以用极限来判定.

若 $\lim\limits_{z\to\infty} f(z)$ 存在且为有限值,则 $z=\infty$ 为 $f(z)$的可去奇点;若 $\lim\limits_{z\to\infty} f(z)=\infty$,则 $z=\infty$ 为 $f(z)$的极点;若 $\lim\limits_{z\to\infty} f(z)$ 不存在且不为∞,则 $z=\infty$ 为 $f(z)$的本性奇点.

当 $z=\infty$ 是 $f(z)$的可去奇点时,若设

$$f(\infty)=\lim_{z\to\infty} f(z),$$

则可认为 $f(z)$在 $z=\infty$ 是解析的.

例 4.20 试讨论下列函数在无穷远点的性态:

(1) $f(z)=\dfrac{1}{(z-1)(z-2)}$.

(2) $p(z)=a_0+a_1z+\cdots+a_mz^m \quad (a_m\neq 0)$.

(3) $f(z)=\mathrm{e}^z$.

解 (1) 因为 $f(z)=\dfrac{1}{(z-1)(z-2)}$ 在 $2<|z|<+\infty$ 内的展开式

$$\begin{aligned}f(z)&=\frac{1}{(z-1)(z-2)}=\frac{1}{z-2}-\frac{1}{z-1}\\&=\frac{1}{z}\cdot\frac{1}{1-\dfrac{2}{z}}-\frac{1}{z}\cdot\frac{1}{1-\dfrac{1}{z}}\\&=\frac{1}{z}\Big(\sum_{n=0}^{\infty}\frac{2^n}{z^n}-\sum_{n=0}^{\infty}\frac{1}{z^n}\Big)\\&=\sum_{n=0}^{\infty}\frac{2^n-1}{z^{n+1}}=\sum_{n=2}^{\infty}\frac{2^{n-1}-1}{z^n}.\end{aligned}$$

它不含正幂项,所以 $z=\infty$ 为 $f(z)$的可去奇点. 显然,作为解析点来看, $z=\infty$ 是 $f(z)$的二阶零点.

(2) m 次多项式 $p(z)$含有限个正幂项,且最高正幂项为 z^m,因此, $z=\infty$ 为 $p(z)$的 m 阶极点.

(3) 因为 $\lim\limits_{z\to\infty}\mathrm{e}^z$ 不存在且不为∞,所以 $z=\infty$ 为 $f(z)=\mathrm{e}^z$ 的本性奇点.

例 4.21 试在扩充复平面内找出函数 $f(z)=\dfrac{z^2(z^2-1)}{(\sin\pi z)^2}$ 的奇点,并判断其

类型. 若为极点，指出它的阶数.

解 $f(z)$的奇点为 $z_k = k\ (k = 0, \pm 1, \pm 2, \cdots)$及 $z = \infty$.

因为

$$(\sin \pi z)' \big|_{z=k} = \pi \cos \pi z \big|_{z=k} = (-1)^k \pi \neq 0,$$

所以 $z_k = k\ (k = 0, \pm 1, \pm 2, \cdots)$是 $\sin \pi z$ 的一阶零点，因而是$(\sin \pi z)^2$的二阶零点. 这些点中除去 0, ± 1 外都是 $f(z)$的二阶极点.

因为对于奇点 $z = 0$, 有

$$\lim_{z \to 0} f(z) = \lim_{z \to 0} \frac{z^2(z^2 - 1)}{(\sin \pi z)^2} = \lim_{z \to 0} \frac{z^2 - 1}{\pi^2} = -\frac{1}{\pi^2},$$

所以 $z = 0$ 是 $f(z)$的可去奇点.

因为 $z^2 - 1 = (z+1)(z-1)$, $z = \pm 1$ 为其一阶零点，所以 $z = \pm 1$ 是 $f(z)$的一阶极点.

对于 $z = \infty$, 因为

$$f\left(\frac{1}{\zeta}\right) = \frac{1 - \zeta^2}{\zeta^4 \sin^2 \dfrac{\pi}{\zeta}},$$

$\zeta = 0$ 与 $\zeta_k = \dfrac{1}{k}$ 是分母的零点，$\zeta_1 = 1$ (前面已经讨论过)，即 $z = 1$，所以当 $k > 1$ 时，$\zeta_k = \dfrac{1}{k}$ 为 $f\left(\dfrac{1}{\zeta}\right)$的极点. 因为当 $k \to \infty$时，$\zeta_k \to 0$，所以 $\zeta = 0$ 不是 $f\left(\dfrac{1}{\zeta}\right)$的孤立奇点，从而 $z = \infty$ 不是函数 $f(z)$的孤立奇点，称为 $f(z)$的极限点.

习 题 4

1. 求下列幂级数的收敛半径:

(1) $\sum\limits_{n=0}^{\infty} \dfrac{n^2}{e^n} z^n$.

(2) $\sum\limits_{n=1}^{\infty} \dfrac{n!}{n^n} z^n$.

(3) $\sum\limits_{n=1}^{\infty} \left(\dfrac{z}{n}\right)^n$.

(4) $\sum\limits_{n=0}^{\infty} z^n$.

(5) $\sum\limits_{n=0}^{\infty} [3 + (-1)^n]^n z^n$.

(6) $\sum\limits_{n=1}^{\infty} n^{\ln n} z^n$.

(7) $\sum\limits_{n=0}^{\infty} \dfrac{n}{2^n} z^n$.

(8) $\sum\limits_{n=1}^{\infty} n^n z^n$.

2. 设幂级数 $\sum_{n=0}^{\infty} c_n z^n$ 的收敛半径为R,求下列幂级数的收敛半径:

(1) $\sum_{n=0}^{\infty} n^k c_n z^n$ (k 为正整数).　　(2) $\sum_{n=1}^{\infty} (2^n - 1) c_n z^n$.

3. 证明级数

$$1 + \frac{z}{1+z} + \left(\frac{z}{1+z}\right)^2 + \cdots + \left(\frac{z}{1+z}\right)^n + \cdots$$

在 $\operatorname{Re} z > -\frac{1}{2}$ 内为绝对收敛级数,并求其和.

4. 试将下列函数在指定点处展开为泰勒级数,并指出其收敛域:

(1) $f(z) = \sqrt{z-1}$,在 $z = 0$ 处.　　(2) $f(z) = \frac{1}{z}$,在 $z = 2$ 处.

(3) $f(z) = \sinh z$,在 $z = \pi i$ 处.　　(4) $f(z) = \frac{z-1}{z+1}$,在 $z = 1$ 处.

(5) $f(z) = \frac{z}{(z+1)(z+2)}$,在 $z = 2$ 处.　　(6) $f(z) = \frac{1}{z^2}$,在 $z = -1$ 处.

5. 试将下列函数在 $z = 0$ 处展开为泰勒级数,并指出其收敛域:

(1) $f(z) = \frac{1}{(1-z)^2}$.　　(2) $f(z) = \sin^2 z$.

(3) $f(z) = \frac{1}{(1-z)^3}$.　　(4) $f(z) = \frac{1}{1+z^2}$.

(5) $f(z) = e^{z^2} \sin z^2$.　　(6) $f(z) = \frac{2z-1}{(z+2)(3z-1)}$.

6. 试将下列函数在指定的区域内展开为罗朗级数:

(1) $f(z) = \frac{1}{(z-2)(z-3)}$ (在 $|z| > 3$).

(2) $f(z) = \frac{1}{(z^2+1)(z-2)}$ (在 $1 < |z| < 2$ 及 $|z| > 2$).

(3) $f(z) = \frac{1}{z^2(z-i)}$ (在以 i 为中心的圆环域内).

(4) $f(z) = e^{\frac{1}{1-z}}$ (在 $|z| > 1$).

7. 试将函数 $f(z) = \frac{1}{(z-a)(z-b)}$ 在下列指定区域内展开为罗朗级数:

(1) 在圆环域 $|a| < |z| < |b|$.

(2) 在∞点的邻域.

(3) 在 a 点的邻域.

8. 试将函数 $f(z)=\dfrac{z}{(z-1)(z-3)}$ 在下列指定点处展开为罗朗级数：

(1) $z=0$.　　(2) $z=1$.　　(3) $z=3$.

9. 试将下列函数在指定区域内展开为罗朗级数：

(1) $f(z)=\dfrac{z^2-1}{(z+2)(z+3)}$, $2<|z|<3$ 及 $3<|z|<+\infty$.

(2) $f(z)=z^2 e^{\frac{1}{z}}$, $0<|z|<+\infty$.

(3) $f(z)=\dfrac{1}{1+z^2}$, $0<|z-i|<2$, $2<|z-i|<+\infty$ 及 $1<|z|<+\infty$.

10. 试证函数 $f(z)=\sin\left(z+\dfrac{1}{z}\right)$ 的罗朗级数 $\sum\limits_{n=-\infty}^{\infty} c_n z^n$ 的系数 $c_n=\dfrac{1}{2\pi}\int_0^{2\pi}\cos n\theta\sin(2\cos\theta)\mathrm{d}\theta$.

11. 求下列函数的奇点，并确定它们的类型(对于极点要指出其阶数)：

(1) $e^{\frac{1}{z}}$.

(2) $\dfrac{1}{\sin z-\cos z}$.

(3) $\tan^2 z$.

(4) $\dfrac{1}{\sin z}$.

(5) $\dfrac{\tan(z-1)}{z-1}$.

(6) $e^{\frac{1}{z-1}}\cdot\dfrac{1}{e^z-1}$.

(7) $\dfrac{1-\cos z}{z^2}$.

(8) $\dfrac{1}{(z^2+i)^2}$.

(9) $\dfrac{1+z^4}{(z^2+1)^2}$.

(10) $\dfrac{z}{\cos z}$.

(11) $\cos\dfrac{1}{1-z}$.

(12) $\dfrac{z^{2n}}{1+z^n}$　(n 为正整数).

(13) $\dfrac{z+2}{(z-1)^3 z(z+1)}$.

(14) $\dfrac{1}{z^2+1}+\cos\dfrac{1}{z+i}$.

12. 设点 $z=a$ 分别是函数 $f(z)$ 及 $g(z)$ 的 m 阶与 n 阶极点，试确定 $z=a$ 作为下列函数的奇点时的类型(对于极点要指出阶数)：

(1) $f(z)g(z)$.

(2) $\dfrac{f(z)}{g(z)}$.

(3) $f(z)+g(z)$.

(4) $\dfrac{f(z)}{g(z)}+\dfrac{g(z)}{f(z)}$.

13. 设函数 $f(z)$在简单闭曲线 c 及其内部 D 上除 D 内一点 z_0 外处处解析，且在 $\overline{D}$ 上 $f(z)\neq 0$，若 z_0 是 $f(z)$的一阶极点，试证：

$$-z_0=\frac{1}{2\pi i}\oint_c \frac{zf'(z)}{f(z)}dz.$$

若 z_0 是 $f(z)$的 n 阶极点，试证：

$$-nz_0=\frac{1}{2\pi i}\oint_c \frac{zf'(z)}{f(z)}dz.$$

14*. 试讨论下列函数在无穷远点的性态：

(1) $\sin\dfrac{1}{1-z}$.

(2) $e^{\frac{1}{z}}+z^2-4$.

(3) $e^{\frac{1}{z}}$.

(4) $\sin z$.

(5) e^z+z^3+z-2.

(6) $\dfrac{z^2}{3+z^2}$.

(7) z^3+z+2.

(8) $\ln\dfrac{z-1}{z-2}$.

(9) $e^z\cos\dfrac{1}{z}$.

(10) $\sin\dfrac{1}{z}+\dfrac{1}{z^2}$.

第 5 章　留数及其应用

本章要引进一个重要概念——留数. 留数及其有关定理在今后的一些理论问题及实际问题中有着十分广泛和重要的应用.

留数与解析函数在孤立奇点处的罗朗展开式有密切的关系. 留数定理可用来研究复变函数的积分,并可用来计算微积分中的某些定积分.

5.1　留数的概念与计算

5.1.1　留数的概念及留数定理

定义 5.1　设函数 $f(z)$在 $0<|z-z_0|<R$ 内解析,点 z_0 为 $f(z)$的一个孤立奇点, c 是任意正向圆周 $|z-z_0|=\rho<R$, 则积分

$$\frac{1}{2\pi i}\oint_c f(z)dz$$

的值称为 $f(z)$在点 $z=z_0$ 处的留数,记为 $\mathrm{Res}[f(z),\ z_0]$,或简记为 $\mathop{\mathrm{Res}}\limits_{z=z_0} f(z)$,或 $\mathrm{Res}\, f(z_0)$.

根据多连通区域上的柯西定理,可知积分$\oint_c f(z)dz$ 不依赖于圆周 c 的半径,因此,这样定义的留数值是唯一的.

在孤立奇点 $z=z_0$ 的邻域 $0<|z-z_0|<R$ 内将 $f(z)$展开成罗朗级数

$$f(z)=\sum_{n=-\infty}^{\infty}c_n(z-z_0)^n\quad 0<|z-z_0|<R,$$

将上式两端乘以$\frac{1}{2\pi i}$后再沿 c 积分,得

$$\frac{1}{2\pi i}\oint_c f(z)dz=\sum_{n=-\infty}^{\infty}\frac{c_n}{2\pi i}\oint_c(z-z_0)^n dz.$$

显然,在上述等式右端所有的积分中,除了系数为 c_{-1}的一项外,其余都为零. 因此,

$f(z)$在 $z=z_0$ 的留数为

$$\text{Res}[f(z),\ z_0]=\frac{1}{2\pi \text{i}}\oint_c f(z)\text{d}z=c_{-1},$$

它就是 $f(z)$在 $z=z_0$ 处罗朗展开式中负幂项 $(z-z_0)^{-1}$ 的系数.

关于留数,我们有下面的基本定理:

定理 5.1(留数定理) 设 c 是一条正向简单闭曲线. 若函数 $f(z)$在 c 上连续,在 c 所围的区域 D 中除去有限个孤立奇点 z_1, z_2, …, z_n外均解析,则

$$\oint_c f(z)\text{d}z=2\pi \text{i}\sum_{k=1}^{n}\text{Res}[f(z),\ z_k].$$

证明 在 D 内以 z_k 为中心,以充分小的 r_k 为半径作圆周 c_k: $|z-z_k|=r_k(k=1, 2, \cdots, n)$,且使任何两个小圆周既不相交,又不相含(图 5-1). 由 $f(z)$在以 c 和 c_1, c_2, …, c_n为边界的多连通区域上解析,可得

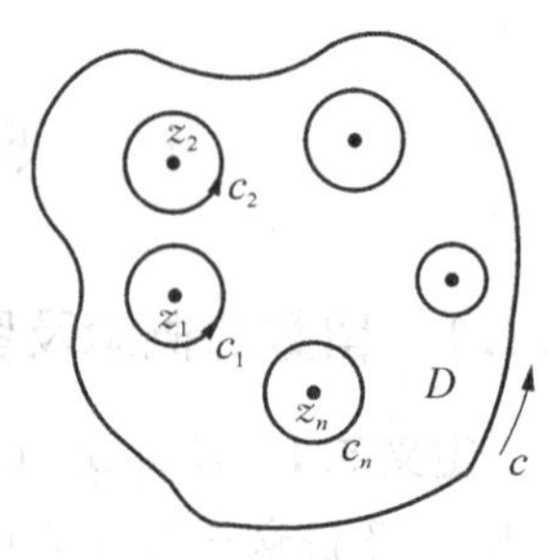

图 5-1

$$\oint_c f(z)\text{d}z=\sum_{k=1}^{n}\oint_{c_k} f(z)\text{d}z,$$

以 2πi 除等式两边,得

$$\frac{1}{2\pi \text{i}}\oint_c f(z)\text{d}z=\sum_{k=1}^{n}\frac{1}{2\pi \text{i}}\oint_{c_k} f(z)\text{d}z=\sum_{k=1}^{n}\text{Res}[f(z),\ z_k],$$

即

$$\oint_c f(z)\text{d}z=2\pi \text{i}\sum_{k=1}^{n}\text{Res}[f(z),\ z_k].$$

留数定理把计算围道积分的整体问题化为计算各孤立奇点处留数的局部问题.

5.1.2 留数的计算

根据留数的定义,要计算函数在孤立奇点 z_0处的留数,只要求出它的罗朗展开式中 $(z-z_0)^{-1}$ 的系数 c_{-1}即可,因此利用函数的罗朗展开式求留数是一般的方法. 当奇点为本性奇点或奇点性质不明显时常用这种方法.

若点 $z_0(z_0\neq\infty)$ 是函数的可去奇点,则其留数为零.

对于极点处的留数,可以用下面的定理来计算. 在大多数情况下,用这个定理比将函数展开为罗朗级数求出 c_{-1}方便.

定理 5.2 设点 z_0 为函数 $f(z)$ 的 m 阶极点，则

$$\operatorname{Res}[f(z),\ z_0] = \frac{1}{(m-1)!}\lim_{z\to z_0}\frac{\mathrm{d}^{m-1}}{\mathrm{d}z^{m-1}}[(z-z_0)^m f(z)].$$

证明 由条件，有 $f(z)$ 在点 z_0 处的罗朗展开式

$$\begin{aligned} f(z) &= \frac{c_{-m}}{(z-z_0)^m} + \cdots + \frac{c_{-1}}{z-z_0} + c_0 + c_1(z-z_0) + \cdots \\ &= \frac{g(z)}{(z-z_0)^m} \quad (c_{-m} \neq 0), \end{aligned}$$

其中

$$\begin{aligned} g(z) = c_{-m} + c_{-m+1}(z-z_0) + \cdots + c_{-1}(z-z_0)^{m-1} + \\ c_0(z-z_0)^m + \cdots \end{aligned}$$

在点 z_0 是解析的，且 $g(z_0) = c_{-m} \neq 0$.

由 $f(z) = \dfrac{g(z)}{(z-z_0)^m}$，有

$$(z-z_0)^m f(z) = g(z),$$

上式两端对 z 求导 $m-1$ 次，并取极限($z\to z_0$)，便得

$$\lim_{z\to z_0}\frac{\mathrm{d}^{m-1}}{\mathrm{d}z^{m-1}}[(z-z_0)^m f(z)] = g^{(m-1)}(z_0).$$

而由留数定义及高阶导数公式，有

$$\begin{aligned} \operatorname{Res}[f(z),\ z_0] &= \frac{1}{2\pi \mathrm{i}}\oint_c f(z)\,\mathrm{d}z \\ &= \frac{1}{2\pi \mathrm{i}}\oint_c \frac{g(z)}{(z-z_0)^m}\mathrm{d}z = \frac{g^{(m-1)}(z_0)}{(m-1)!}, \end{aligned}$$

因此

$$\operatorname{Res}[f(z),\ z_0] = \frac{1}{(m-1)!}\lim_{z\to z_0}\frac{\mathrm{d}^{m-1}}{\mathrm{d}z^{m-1}}[(z-z_0)^m f(z)].$$

由定理 2 可得下面两个推论：

推论 5.1 若 $z = z_0$ 为 $f(z)$ 的一阶极点，则

$$\text{Res}[f(z), z_0] = \lim_{z \to z_0}(z - z_0)f(z).$$

推论 5.2 设 $f(z) = \dfrac{P(z)}{Q(z)}$，其中 $P(z)$，$Q(z)$在点 z_0 解析，且 $P(z_0) \neq 0$，$Q(z_0) = 0$，$Q'(z_0) \neq 0$（即 $Q(z)$以点 z_0 为一阶零点），
则

$$\text{Res}[f(z), z_0] = \frac{P(z_0)}{Q'(z_0)}.$$

事实上，

$$\begin{aligned}\text{Res}[f(z), z_0] &= \lim_{z \to z_0}(z - z_0)f(z) \\ &= \lim_{z \to z_0} \frac{P(z)}{\dfrac{Q(z) - Q(z_0)}{z - z_0}} = \frac{P(z_0)}{Q'(z_0)}.\end{aligned}$$

例 5.1 求函数 $f(z) = \dfrac{z^{2n}}{(z-1)^n}$ 在 $z = 1$ 处的留数.

解 因为 $z = 1$ 是 $f(z)$分母的 n 阶零点，且 $z = 1$ 时 $f(z)$的分子不为零，所以它是 $f(z)$的 n 阶极点. 于是由定理 5.2，得

$$\begin{aligned}\text{Res}[f(z), 1] &= \frac{1}{(n-1)!} \lim_{z \to 1} \frac{\mathrm{d}^{n-1}}{\mathrm{d}z^{n-1}}\left[(z-1)^n \cdot \frac{z^{2n}}{(z-1)^n}\right] \\ &= \frac{2n(2n-1)\cdots(2n-n+2)}{(n-1)!} \\ &= \frac{(2n)!}{(n-1)!(n+1)!}.\end{aligned}$$

例 5.2 求函数 $f(z) = \dfrac{z}{(z-1)(z+1)^2}$ 在 $z = 1$ 及 $z = -1$ 处的留数.

解 $z = 1$ 是 $f(z)$的一阶极点，$z = -1$ 是 $f(z)$的二阶极点，于是

$$\text{Res}[f(z), 1] = \lim_{z \to 1}(z-1) \cdot \frac{z}{(z-1)(z+1)^2} = \frac{1}{4};$$

$$\begin{aligned}\text{Res}[f(z), -1] &= \lim_{z \to -1}\left[(z+1)^2 \cdot \frac{z}{(z-1)(z+1)^2}\right]' \\ &= \lim_{z \to -1} \frac{-1}{(z-1)^2} = -\frac{1}{4}.\end{aligned}$$

例 5.3 求函数 $f(z)=\tan z$ 在 $z=k\pi+\dfrac{\pi}{2}$ (k 为整数)处的留数.

解 因为 $\tan z=\dfrac{\sin z}{\cos z}$, $\sin\left(k\pi+\dfrac{\pi}{2}\right)=(-1)^k\neq 0$,

$$\cos\left(k\pi+\frac{\pi}{2}\right)=0,\ 而(\cos z)'\Big|_{z=k\pi+\frac{\pi}{2}}=(-1)^{k+1}\neq 0,$$

所以 $z=k\pi+\dfrac{\pi}{2}$ 为 $f(z)=\tan z$ 的一阶极点. 由推论 5.2,得

$$\operatorname{Res}\left[f(z),\ k\pi+\frac{\pi}{2}\right]=\frac{\sin z}{(\cos z)'}\Big|_{z=k\pi+\frac{\pi}{2}}=-1.$$

例 5.4 计算下列积分:

(1) $I=\oint_c \dfrac{1}{z^3(z-\mathrm{i})}\mathrm{d}z$,其中 c 为正向圆周 $|z|=2$.

(2) $I=\oint_c \dfrac{z}{\dfrac{\sqrt{2}}{2}-\sin z}\mathrm{d}z$,其中 c 为正向圆周 $|z|=2$.

(3) $I=\oint_c \tan\pi z\mathrm{d}z$,其中 c 为正向圆周 $|z|=n$(n 为正整数).

解 (1) $f(z)=\dfrac{1}{z^3(z-\mathrm{i})}$ 在圆周 $|z|=2$ 所围的圆域内有三阶极点 $z=0$ 与一阶极点 $z=\mathrm{i}$, 而

$$\operatorname{Res}[f(z),\ 0]=\frac{1}{2!}\lim_{z\to 0}\left[z^3\cdot\frac{1}{z^3(z-\mathrm{i})}\right]''=\frac{1}{2}\lim_{z\to 0}\frac{2}{(z-\mathrm{i})^3}=-\mathrm{i},$$

$$\operatorname{Res}[f(z),\ \mathrm{i}]=\lim_{z\to \mathrm{i}}(z-\mathrm{i})\cdot\frac{1}{z^3(z-\mathrm{i})}=\mathrm{i}.$$

因此,由留数定理,有

$$I=\oint_c\frac{1}{z^3(z-\mathrm{i})}\mathrm{d}z=2\pi\mathrm{i}(-\mathrm{i}+\mathrm{i})=0.$$

(2) $f(z)=\dfrac{z}{\dfrac{\sqrt{2}}{2}-\sin z}$ 在圆周 $|z|=2$ 所围的圆域内只有一个一阶极点 $z=\dfrac{\pi}{4}$, 而

$$\text{Res}\left[f(z),\ \frac{\pi}{4}\right]=\left.\frac{z}{\left(\frac{\sqrt{2}}{2}-\sin z\right)'}\right|_{z=\frac{\pi}{4}}=-\frac{\sqrt{2}}{4}\pi.$$

因此,由留数定理,有

$$I=\oint_c \frac{z}{\frac{\sqrt{2}}{2}-\sin z}\mathrm{d}z=2\pi\mathrm{i}\left(-\frac{\sqrt{2}}{4}\pi\right)=-\frac{\sqrt{2}}{2}\pi^2\mathrm{i}.$$

(3) $f(z)=\tan\pi z=\dfrac{\sin\pi z}{\cos\pi z}$ 有一阶极点 $z=k+\dfrac{1}{2}$ (k 为整数),而

$$\text{Res}\left[f(z),\ k+\frac{1}{2}\right]=\left.\frac{\sin\pi z}{(\cos\pi z)'}\right|_{z=k+\frac{1}{2}}=-\frac{1}{\pi}.$$

因此,由留数定理,有

$$I=\oint_c \tan\pi z\mathrm{d}z=2\pi\mathrm{i}\sum_{\left|k+\frac{1}{2}\right|<n}\text{Res}\left[f(z),\ k+\frac{1}{2}\right]$$

$$=2\pi\mathrm{i}\left(-\frac{2n}{\pi}\right)=-4n\mathrm{i}.$$

例 5.5 试计算积分 $\oint_c \dfrac{z-\sin z}{z^8}\mathrm{d}z$,其中 c 为正向圆周 $|z|=1$.

解 在 $|z|=1$ 内 $f(z)=\dfrac{z-\sin z}{z^8}$ 有一个孤立奇点 $z=0$. 因为

$$(z-\sin z)\,|_{z=0}=0,\quad (z-\sin z)'\,|_{z=0}=0,$$

$$(z-\sin z)''\,|_{z=0}=0,\quad (z-\sin z)'''\,|_{z=0}=1\neq 0,$$

所以 $z=0$ 是 $z-\sin z$ 的三阶零点,因而 $z=0$ 是 $f(z)$ 的五阶极点. 若由定理5.2得

$$\text{Res}[f(z),\ 0]=\frac{1}{4!}\lim_{z\to 0}\frac{\mathrm{d}^4}{\mathrm{d}z^4}\left(z^5\cdot\frac{z-\sin z}{z^8}\right)=\frac{1}{4!}\lim_{z\to 0}\frac{\mathrm{d}^4}{\mathrm{d}z^4}\left(\frac{z-\sin z}{z^3}\right),$$

则遇到一个非常繁杂的计算分式的四阶导数的问题,若由罗朗展开式求 c_{-1} 则较方便. 由

$$f(z)=\frac{z-\sin z}{z^8}=\frac{1}{z^8}\left[z-\left(z-\frac{1}{3!}z^3+\frac{1}{5!}z^5-\frac{1}{7!}z^7+\cdots\right)\right]$$

$$=\frac{1}{3!z^5}-\frac{1}{5!z^3}+\frac{1}{7!z}-\cdots,$$

得

$$\operatorname{Res}[f(z),0]=c_{-1}=\frac{1}{7!}.$$

于是

$$\oint_c \frac{z-\sin z}{z^8}\mathrm{d}z=2\pi\mathrm{i}\operatorname{Res}[f(z),0]=\frac{2}{7!}\pi\mathrm{i}.$$

本例说明在求函数的留数时应具体问题具体分析,不必生搬硬套公式.

一般地,若 $z=z_0$ 为 $f(z)$的 m 阶极点,则

$$f(z)=\frac{g(z)}{(z-z_0)^m}=\frac{g(z)}{(z-z_0)^m}+\frac{c_{-(m+1)}}{(z-z_0)^{m+1}}$$

$$=\frac{g(z)(z-z_0)+c_{-(m+1)}}{(z-z_0)^{m+1}},$$

其中 $g(z_0)\neq 0$ 在 z_0的邻域内解析,$c_{-(m+1)}=0$,说明把 $z=z_0$ 作为 $f(z)$的 $m+1$ 阶极点也未必不可,此时定理 5.2 仍然成立.

若把本例的 $z=0$ 看成是 $f(z)$的 8 阶极点,则

$$\operatorname{Res}[f(z),0]=\frac{1}{7!}\lim_{z\to 0}\frac{\mathrm{d}^7}{\mathrm{d}z^7}\left(z^8\cdot\frac{z-\sin z}{z^8}\right)$$

$$=\frac{1}{7!}\lim_{z\to 0}\left[-\cos\left(z+6\cdot\frac{\pi}{2}\right)\right]$$

$$=\frac{1}{7!}\lim_{z\to 0}\cos z=\frac{1}{7!}.$$

可见,有时把极点的阶数取得比实际阶数高时,计算它的留数反而比较简单.

5.1.3* 在无穷远点的留数

定义 5.2 设 $z=\infty$ 是函数 $f(z)$的孤立奇点,即 $f(z)$在无穷远点的邻域 $R<|z|<+\infty$ 内解析, c 是任意正向圆周 $|z|=r>R$, 则积分

$$\frac{1}{2\pi i}\oint_{c^-} f(z)\mathrm{d}z$$

的值称为 $f(z)$ 在 $z=\infty$ 处的留数，记为 $\mathrm{Res}[f(z),\infty]$.

值得注意的是这里积分路线的方向是负的，c^- 是指顺时针的方向.

同样，根据多连通区域上的柯西定理，留数 $\mathrm{Res}[f(z),\infty]$是与 c 无关的，因此它是唯一的.

因为 $f(z)$ 在 $z=\infty$ 的邻域内可以展开为罗朗级数

$$f(z)=\sum_{n=-\infty}^{\infty} c_n z^n,$$

其中

$$c_n=\frac{1}{2\pi i}\oint_c \frac{f(z)}{z^{n+1}}\mathrm{d}z,$$

所以利用逐项积分的方法，可以得到

$$\mathrm{Res}[f(z),\infty]=\frac{1}{2\pi i}\oint_{c^-} f(z)\mathrm{d}z=-c_{-1},$$

即函数 $f(z)$ 在无穷远点的留数 $\mathrm{Res}[f(z),\infty]$ 等于 $f(z)$ 在 $z=\infty$ 的罗朗展开式中 z^{-1} 这一项的系数的相反数.

必须指出，当 $z=\infty$ 为函数 $f(z)$ 的可去奇点时，与有限点的情况不同，其留数也可能不等于零.

例 5.6 求函数 $f(z)=\dfrac{1}{1-z}$ 在 $z=\infty$ 处的留数.

解 $f(z)$ 在 $z=\infty$ 的邻域 $|z|>1$ 内可展开为罗朗级数

$$f(z)=\frac{1}{1-z}=-\frac{1}{z}-\frac{1}{z^2}-\cdots,$$

因此

$$\mathrm{Res}[f(z),\infty]=-c_{-1}=1\neq 0.$$

若函数 $f(z)$ 在扩充复平面上只有有限个孤立奇点，则有下面的定理：

定理 5.3 设函数 $f(z)$ 在扩充复平面上除去有限个孤立奇点 $z_1, z_2, \cdots, z_n$ 外均解析，则 $f(z)$ 在所有孤立奇点(包括 $z=\infty$ 在内)的留数之和等于零，即

$$\sum_{k=1}^{n}\mathrm{Res}[f(z),z_k]+\mathrm{Res}[f(z),\infty]=0.$$

证明 以原点为中心、充分大的 R 为半径作圆周 c，使 c 所围圆域包含点 z_1，z_2，…，z_n，则由留数定理，得

$$\oint_c f(z)\mathrm{d}z = 2\pi\mathrm{i}\sum_{k=1}^{n}\mathrm{Res}[f(z),\ z_k],$$

即

$$\sum_{k=1}^{n}\mathrm{Res}[f(z),\ z_k] = \frac{1}{2\pi\mathrm{i}}\oint_c f(z)\mathrm{d}z,$$

而由无穷远点的留数定义，有

$$\mathrm{Res}[f(z),\ \infty] = \frac{1}{2\pi\mathrm{i}}\oint_{c^-} f(z)\mathrm{d}z = -\frac{1}{2\pi\mathrm{i}}\oint_c f(z)\mathrm{d}z,$$

因此，

$$\sum_{k=1}^{n}\mathrm{Res}[f(z),\ z_k] + \mathrm{Res}[f(z),\ \infty] = 0.$$

对于无穷远点处的留数，可以用下面的定理来计算：

定理 5.4 设 $z=\infty$ 为函数 $f(z)$ 的孤立奇点，则

$$\mathrm{Res}[f(z),\ \infty] = -\mathrm{Res}\left[\frac{1}{z^2}f\left(\frac{1}{z}\right),\ 0\right].$$

证明 以原点为中心、充分大的 R 为半径作正向圆周 c：$|z|=R$. 设 $z=\dfrac{1}{\zeta}$，且$z=R\mathrm{e}^{\mathrm{i}\theta}$，则

$$\mathrm{Res}[f(z),\ \infty] = \frac{1}{2\pi\mathrm{i}}\oint_{c^-} f(z)\mathrm{d}z = -\frac{1}{2\pi\mathrm{i}}\oint_c f(z)\mathrm{d}z$$
$$= -\frac{1}{2\pi\mathrm{i}}\int_0^{2\pi} f(R\mathrm{e}^{\mathrm{i}\theta})R\mathrm{i}\mathrm{e}^{\mathrm{i}\theta}\mathrm{d}\theta,$$

令 $\theta=-\varphi$，则由 $\zeta=\dfrac{1}{z}=\dfrac{1}{R}\mathrm{e}^{\mathrm{i}\varphi}$，得

$$\mathrm{Res}[f(z),\ \infty] = \frac{1}{2\pi\mathrm{i}}\int_0^{-2\pi} f\left(\frac{1}{\frac{1}{R}\mathrm{e}^{\mathrm{i}\varphi}}\right)\frac{1}{\left(\frac{1}{R}\mathrm{e}^{\mathrm{i}\varphi}\right)^2}\mathrm{d}\left(\frac{1}{R}\mathrm{e}^{\mathrm{i}\varphi}\right)$$
$$= -\frac{1}{2\pi\mathrm{i}}\oint_c f\left(\frac{1}{\zeta}\right)\cdot\frac{1}{\zeta^2}\mathrm{d}\zeta.$$

因为 $z=\infty$ 为 $f(z)$的孤立奇点，即 $f(z)$在 $R<|z|<+\infty$ 内解析，所以 $f\left(\frac{1}{\zeta}\right)$在 $0<|\zeta|<\frac{1}{R}$ 内解析，故函数$\frac{1}{\zeta^2}f\left(\frac{1}{\zeta}\right)$在$|\zeta|<\frac{1}{R}$ 内有孤立奇点 $\zeta=0$，于是

$$\operatorname{Res}\left[\frac{1}{\zeta^2}f\left(\frac{1}{\zeta}\right),\ 0\right]=\frac{1}{2\pi i}\oint_c \frac{1}{\zeta^2}f\left(\frac{1}{\zeta}\right)d\zeta,$$

因此

$$\operatorname{Res}[f(z),\ \infty]=-\operatorname{Res}\left[\frac{1}{z^2}f\left(\frac{1}{z}\right),\ 0\right].$$

例 5.7 求下列各函数在奇点处的留数：

(1) $f(z)=\frac{1}{1+z^2}e^{i\lambda z}$ ($\lambda\neq 0$ 为实常数).

(2) $f(z)=\frac{\sin 2z}{(z+1)^3}$.

(3) $f(z)=\frac{e^{\frac{1}{z}}}{1-z}$.

(4) $f(z)=\frac{(z^2-1)^2}{z^2(z-\alpha)(z-\beta)}$ 其中 $\alpha\beta=1$, $\alpha\neq\beta$.

解 (1) 因为 $z=\pm i$ 是 $f(z)$的一阶极点，$z=\infty$ 是 $f(z)$的本性奇点，所以

$$\operatorname{Res}[f(z),\ i]=\lim_{z\to i}(z-i)\cdot\frac{e^{i\lambda z}}{1+z^2}=\lim_{z\to i}\frac{e^{i\lambda z}}{z+i}=-\frac{i}{2}e^{-\lambda},$$

$$\operatorname{Res}[f(z),\ -i]=\lim_{z\to -i}(z+i)\cdot\frac{e^{i\lambda z}}{1+z^2}=\lim_{z\to -i}\frac{e^{i\lambda z}}{z-i}=\frac{i}{2}e^{\lambda},$$

$$\begin{aligned}\operatorname{Res}[f(z),\ \infty]&=-\operatorname{Res}[f(z),\ i]-\operatorname{Res}[f(z),\ -i]\\&=-\frac{i}{2}(e^{\lambda}-e^{-\lambda})=-i\sinh\lambda.\end{aligned}$$

(2) 因为 $z=-1$ 是 $f(z)$的三阶极点，$z=\infty$ 是 $f(z)$的本性奇点，所以

$$\begin{aligned}\operatorname{Res}[f(z),\ -1]&=\frac{1}{2!}\lim_{z\to -1}\frac{d^2}{dz^2}(\sin 2z)\\&=\frac{1}{2}\lim_{z\to -1}(-4\sin 2z)=2\sin 2,\end{aligned}$$

$$\operatorname{Res}[f(z),\infty]=-\operatorname{Res}[f(z),-1]=-2\sin 2.$$

(3) 因为 $z=1$ 是 $f(z)$ 的一阶极点，$z=0$ 是 $f(z)$ 的本性奇点，$z=\infty$ 是 $f(z)$ 的可去奇点，所以

$$\operatorname{Res}[f(z),1]=\lim_{z\to 1}(z-1)\cdot\frac{e^{\frac{1}{z}}}{1-z}=-e.$$

下面利用定理 5.4 来求 $\operatorname{Res}[f(z),\infty]$.

$$\operatorname{Res}[f(z),\infty]=-\operatorname{Res}\left[\frac{1}{z^2}f\left(\frac{1}{z}\right),0\right]=-\operatorname{Res}\left[\frac{e^z}{z(z-1)},0\right]$$

$$=-\lim_{z\to 0}\frac{e^z}{z-1}=1.$$

$$\operatorname{Res}[f(z),0]=-\operatorname{Res}[f(z),1]-\operatorname{Res}[f(z),\infty]$$
$$=e-1.$$

(4) $z=\alpha$ 和 $z=\beta$ 是 $f(z)$ 的一阶极点，$z=0$ 是 $f(z)$ 的二阶极点，$z=\infty$ 是 $f(z)$ 的可去奇点，因此

$$\operatorname{Res}[f(z),\alpha]=\lim_{z\to\alpha}\frac{(z^2-1)^2}{z^2(z-\beta)}=\frac{(\alpha^2-1)^2}{\alpha^2(\alpha-\beta)}$$

$$=\frac{(\alpha^2-\alpha\beta)^2}{\alpha^2(\alpha-\beta)}=\alpha-\beta.$$

同理可得

$$\operatorname{Res}[f(z),\beta]=\beta-\alpha.$$

$$\operatorname{Res}[f(z),0]=\lim_{z\to 0}\left[\frac{(z^2-1)^2}{(z-\alpha)(z-\beta)}\right]'$$

$$=\lim_{z\to 0}\frac{4z(z^2-1)(z-\alpha)(z-\beta)-(z^2-1)^2(2z-\alpha-\beta)}{(z-\alpha)^2(z-\beta)^2}$$

$$=\frac{\alpha+\beta}{\alpha^2\beta^2}=\alpha+\beta.$$

$$\operatorname{Res}[f(z),\infty]=-\operatorname{Res}[f(z),\alpha]-\operatorname{Res}[f(z),\beta]-\operatorname{Res}[f(z),0]$$

$$=-(\alpha-\beta)-(\beta-\alpha)-(\alpha+\beta)=-(\alpha+\beta).$$

例 5.8 试计算积分

$$I=\oint_c \frac{z^{15}}{(z^2+1)^2(z^4+2)^3}\mathrm{d}z,$$

其中 c 为正向圆周 $|z|=4$.

解 $f(z)=\dfrac{z^{15}}{(z^2+1)^2(z^4+2)^3}$ 除去 $z=\infty$ 外，还有奇点

$$z=\pm\mathrm{i},\ z_k=\sqrt[4]{2}\mathrm{e}^{\frac{\pi+2k\pi}{4}}\quad(k=0,1,2,3).$$

由定理 5.4

$$\mathrm{Res}[f(z),\infty]=-\mathrm{Res}\left[\frac{1}{z^2}f\left(\frac{1}{z}\right),0\right]=-\mathrm{Res}\left[\frac{1}{z(1+z^2)^2(1+2z^4)^3},0\right]$$

$$=-\lim_{z\to 0}\frac{1}{(1+z^2)^2(1+2z^4)^3}=-1,$$

于是由定理 5.3

$$\mathrm{Res}[f(z),\mathrm{i}]+\mathrm{Res}[f(z),-\mathrm{i}]+\sum_{k=0}^{3}\mathrm{Res}[f(z),z_k]$$
$$=-\mathrm{Res}[f(z),\infty]=1,$$

从而

$$I=\oint_c \frac{z^{15}}{(z^2+1)^2(z^4+2)^3}\mathrm{d}z=2\pi\mathrm{i}.$$

从上面这些例子可见，在满足定理 5.3 的条件下，若要计算 $f(z)$ 在各孤立奇点处的留数，则可先求出比较容易计算的留数，然后再利用定理 5.3 求出较难计算的留数.

5.2 留数在定积分计算中的应用

本节主要介绍利用留数来计算某些定积分的方法. 在很多实际问题和理论研究中经常会遇到一些定积分，它们的计算往往比较复杂，有的甚至由于原函数不能用初等函数表示而根本无法计算. 利用留数求这些定积分，方法比较简便. 其要点是将定积分化为围道积分，从而归结为计算留数的问题. 下面我们介绍如何利用留数求某些特殊类型的定积分的值.

5.2.1 计算 $\int_0^{2\pi} R(\cos x, \sin x)\mathrm{d}x$ 型积分

被积函数 $R(\cos x, \sin x)$是 $\cos x$, $\sin x$ 的有理函数,且在$[0, 2\pi]$上连续. 令

$$z = \mathrm{e}^{\mathrm{i}x} = \cos x + \mathrm{i}\sin x,$$

则

$$\cos x = \frac{z + z^{-1}}{2}, \quad \sin x = \frac{z - z^{-1}}{2\mathrm{i}},$$

且

$$\mathrm{d}x = \frac{1}{\mathrm{i}z}\mathrm{d}z.$$

当 x 从 $0 \to 2\pi$ 时, z 沿圆周 $|z| = 1$ 的正向绕行一周,于是有

$$\int_0^{2\pi} R(\cos x, \sin x)\mathrm{d}x = \oint_{|z|=1} R\left(\frac{z + z^{-1}}{2}, \frac{z - z^{-1}}{2\mathrm{i}}\right)\frac{1}{\mathrm{i}z}\mathrm{d}z.$$

设 $f(z) = R\left(\frac{z + z^{-1}}{2}, \frac{z - z^{-1}}{2\mathrm{i}}\right)\frac{1}{\mathrm{i}z}$ 在$|z| < 1$ 内的极点为 $z_k(k=1, 2, \cdots, n)$,则由留数定理,得

$$\int_0^{2\pi} R(\cos x, \sin x)\mathrm{d}x = 2\pi\mathrm{i}\sum_{k=1}^{n}\mathrm{Res}[f(z), z_k].$$

例 5.9 试计算积分

$$I = \int_0^{2\pi} \frac{\sin^2 x}{5 + 3\cos x}\mathrm{d}x.$$

解 令 $z = \mathrm{e}^{\mathrm{i}x} = \cos x + \mathrm{i}\sin x$,则由

$$\sin x = \frac{z - z^{-1}}{2\mathrm{i}}, \quad \cos x = \frac{z + z^{-1}}{2}, \quad \mathrm{d}x = \frac{1}{\mathrm{i}z}\mathrm{d}z,$$

得

$$I = \int_0^{2\pi} \frac{\sin^2 x}{5 + 3\cos x}\mathrm{d}x = \oint_{|z|=1} \frac{\mathrm{i}(z^2 - 1)^2}{2z^2(3z^2 + 10z + 3)}\mathrm{d}z$$

$$= \frac{\mathrm{i}}{6}\oint_{|z|=1} \frac{(z^2 - 1)^2}{z^2\left(z + \frac{1}{3}\right)(z + 3)}\mathrm{d}z.$$

设 $f(z)=\dfrac{(z^2-1)^2}{z^2\left(z+\dfrac{1}{3}\right)(z+3)}$，它在 $|z|<1$ 内有二阶极点 $z=0$，一阶极点 $z=-\dfrac{1}{3}$，其留数分别为

$$\operatorname{Res}[f(z),0]=\lim_{z\to 0}\left[z^2\cdot\frac{(z^2-1)^2}{z^2\left(z+\dfrac{1}{3}\right)(z+3)}\right]'=-\frac{10}{3},$$

$$\operatorname{Res}\left[f(z),-\frac{1}{3}\right]=\lim_{z\to-\frac{1}{3}}\left(z+\frac{1}{3}\right)\cdot\frac{(z^2-1)^2}{z^2\left(z+\dfrac{1}{3}\right)(z+3)}=\frac{8}{3},$$

则

$$I=\frac{\mathrm{i}}{6}\cdot 2\pi\mathrm{i}\left(-\frac{10}{3}+\frac{8}{3}\right)=\frac{2}{9}\pi.$$

例 5.10 试计算积分

$$I=\int_0^{\pi}\frac{\cos mx}{5-4\cos x}\mathrm{d}x\quad(m\text{ 为正整数}).$$

解 $I=\dfrac{1}{2}\displaystyle\int_{-\pi}^{\pi}\frac{\cos mx}{5-4\cos x}\mathrm{d}x$. 对于积分 $\displaystyle\int_{-\pi}^{\pi}\frac{\mathrm{e}^{\mathrm{i}mx}}{5-4\cos x}\mathrm{d}x$，令 $z=\mathrm{e}^{\mathrm{i}x}=\cos x+\mathrm{i}\sin x$，则由

$$\cos x=\frac{z+z^{-1}}{2},\quad \sin x=\frac{z-z^{-1}}{2\mathrm{i}},\quad \mathrm{d}x=\frac{1}{\mathrm{i}z}\mathrm{d}z,$$

得

$$\begin{aligned}\int_{-\pi}^{\pi}\frac{\mathrm{e}^{\mathrm{i}mx}}{5-4\cos x}\mathrm{d}x&=\int_{-\pi}^{\pi}\frac{\cos mx+\mathrm{i}\sin mx}{5-4\cos x}\mathrm{d}x\\&=\frac{1}{\mathrm{i}}\oint_{|z|=1}\frac{z^m}{5z-2(1+z^2)}\mathrm{d}z.\end{aligned}$$

被积函数 $f(z)=\dfrac{z^m}{5z-2(1+z^2)}$ 在 $|z|<1$ 内仅有一个一阶极点 $z=\dfrac{1}{2}$，其留数为

$$\mathrm{Res}\left[f(z),\ \frac{1}{2}\right]=\lim_{x\to\frac{1}{2}}\left(z-\frac{1}{2}\right)\cdot\frac{z^m}{-2\left(z-\frac{1}{2}\right)(z-2)}=\frac{1}{3\times 2^m},$$

因此

$$\int_{-\pi}^{\pi}\frac{e^{imx}}{5-4\cos x}dx=\int_{-\pi}^{\pi}\frac{\cos mx}{5-4\cos x}dx+i\int_{-\pi}^{\pi}\frac{\sin mx}{5-4\cos x}dx$$
$$=\frac{1}{i}\cdot 2\pi i\cdot\frac{1}{3\times 2^m}=\frac{\pi}{3\times 2^{m-1}},$$

从而

$$I=\int_0^{\pi}\frac{\cos mx}{5-4\cos x}dx=\frac{1}{2}\int_{-\pi}^{\pi}\frac{\cos mx}{5-4\cos x}dx=\frac{\pi}{3\times 2^m}.$$

5.2.2 计算$\int_{-\infty}^{+\infty}\frac{P(x)}{Q(x)}dx$型积分

此种类型的被积函数$f(z)=\frac{P(x)}{Q(x)}$为一有理函数，$P(x)$，$Q(x)$为多项式，方程$Q(x)=0$没有实根，即$f(x)$在实轴上没有奇点，且$Q(x)$的次数比$P(x)$的次数至少要高两次.

为介绍这种类型的积分方法，先给出一个引理.

引理 5.1 设c为圆周$|z|=R$的上半圆周，函数$f(z)$在c上连续，且

$$\lim_{z\to\infty}zf(z)=0,$$

则

$$\lim_{|z|=R\to+\infty}\int_c f(z)dz=0.$$

证明 令$z=Re^{i\theta}\quad(0\leqslant\theta\leqslant\pi)$，则

$$\int_c f(z)dz=\int_0^{\pi}f(Re^{i\theta})Rie^{i\theta}d\theta.$$

因为$\lim_{z\to\infty}zf(z)=0$，所以对任给$\varepsilon>0$，当$|z|=R$充分大时，有

$$|zf(z)|=|f(Re^{i\theta})Re^{i\theta}|<\varepsilon,$$

于是

$$\left|\int_c f(z)\mathrm{d}z\right| \leqslant \int_0^{\pi} |f(Re^{i\theta})Rie^{i\theta}| \mathrm{d}\theta < \pi\varepsilon,$$

即

$$\lim_{|z|=R\to+\infty}\int_c f(z)\mathrm{d}z = 0.$$

现在来计算上述类型的积分.

取上半圆周 c_R: $z = Re^{i\theta}(0 \leqslant \theta \leqslant \pi)$, 由实线段$[-R, R]$和 c_R 组成一条封闭曲线 c(图 5-2).

取充分大的R,使 c 所围区域包含 $f(z) = \dfrac{P(z)}{Q(z)}$ 在上半平面的一切孤立奇点 z_1, z_2, …, z_n,因此由留数定理,就得

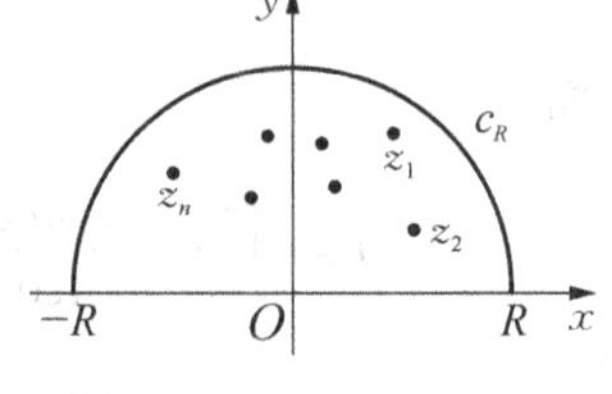

图 5-2

$$\oint_c f(z)\mathrm{d}z = 2\pi i \sum_{k=1}^{n} \mathrm{Res}[f(z), z_k],$$

即

$$\int_{-R}^{R} \frac{P(x)}{Q(x)}\mathrm{d}x + \int_{c_R} f(z)\mathrm{d}z = 2\pi i \sum_{k=1}^{n} \mathrm{Res}[f(z), z_k]. \tag{5-1}$$

因为 $Q(z)$的次数比 $P(z)$的次数至少要高两次,所以

$$\lim_{z\to\infty} zf(z) = \lim_{z\to\infty}\frac{zP(z)}{Q(z)} = 0.$$

于是由引理 5.1,得

$$\lim_{R\to+\infty}\int_{c_R} f(z)\mathrm{d}z = 0.$$

在式(5-1)中令 $R\to+\infty$,两端取极限,即得

$$\int_{-\infty}^{+\infty} \frac{P(x)}{Q(x)}\mathrm{d}x = 2\pi i \sum_{k=1}^{n} \mathrm{Res}[f(z), z_k].$$

例 5.11 试计算积分

$$I = \int_{-\infty}^{+\infty} \frac{x^2 - x + 2}{x^4 + 10x^2 + 9}\mathrm{d}x.$$

解 函数 $f(z) = \dfrac{z^2 - z + 2}{z^4 + 10z^2 + 9}$ 在上半平面内有两个一阶极点 $z = i$ 和 $z =$

3i，且

$$\operatorname{Res}[f(z),\ \mathrm{i}]=\lim_{z\to \mathrm{i}}(z-\mathrm{i})\cdot\frac{z^2-z+2}{(z^2+1)(z^2+9)}=\frac{1-\mathrm{i}}{16\mathrm{i}},$$

$$\operatorname{Res}[f(z),\ 3\mathrm{i}]=\lim_{z\to 3\mathrm{i}}(z-3\mathrm{i})\cdot\frac{z^2-z+2}{(z^2+1)(z^2+9)}=\frac{7+3\mathrm{i}}{48\mathrm{i}},$$

因此

$$I=\int_{-\infty}^{+\infty}\frac{x^2-x+2}{x^4+10x^2+9}\mathrm{d}x=2\pi\mathrm{i}\left(\frac{1-\mathrm{i}}{16\mathrm{i}}+\frac{7+3\mathrm{i}}{48\mathrm{i}}\right)=\frac{5}{12}\pi.$$

例 5.12 试计算积分

$$I=\int_0^{+\infty}\frac{1}{x^4+a^4}\mathrm{d}x\quad (a>0).$$

解 $I=\int_0^{+\infty}\frac{1}{x^4+a^4}\mathrm{d}x=\frac{1}{2}\int_{-\infty}^{+\infty}\frac{1}{x^4+a^4}\mathrm{d}x.$

函数 $f(z)=\dfrac{1}{z^4+a^4}$ 在上半平面内有两个一阶极点 $z_k=a\mathrm{e}^{\frac{\pi+2k\pi}{4}}$ $(k=0,1)$，且

$$\operatorname{Res}[f(z),\ z_k]=\frac{1}{4z^3}\bigg|_{z=z_k}=\frac{1}{4z_k^3}=-\frac{z_k}{4a^4}\quad (k=0,1),$$

因此

$$\begin{aligned}I&=\int_0^{+\infty}\frac{1}{x^4+a^4}\mathrm{d}x=\frac{1}{2}\int_{-\infty}^{+\infty}\frac{1}{x^4+a^4}\mathrm{d}x\\&=\frac{1}{2}\cdot 2\pi\mathrm{i}\cdot\frac{-1}{4a^4}(a\mathrm{e}^{\frac{\pi}{4}\mathrm{i}}+a\mathrm{e}^{\frac{3\pi}{4}\mathrm{i}})=-\frac{\pi\mathrm{i}}{4a^3}(\mathrm{e}^{\frac{\pi}{4}\mathrm{i}}-\mathrm{e}^{-\frac{\pi}{4}\mathrm{i}})\\&=-\frac{\pi\mathrm{i}}{4a^3}\cdot 2\mathrm{i}\sin\frac{\pi}{4}=\frac{\sqrt{2}\pi}{4a^3}.\end{aligned}$$

5.2.3 计算 $\int_{-\infty}^{+\infty}f(x)\mathrm{e}^{\mathrm{i}\lambda x}\mathrm{d}x$ 型积分

此种类型的被积函数中 $f(x)=\dfrac{P(x)}{Q(x)}$，其中 $P(x)$ 和 $Q(x)$ 为多项式，$Q(x)$ 的次数比 $P(x)$ 的次数高，且方程 $Q(x)=0$ 没有实根，即 $f(x)$ 在实轴上没有奇点，

λ 为正实数.

计算这种类型积分的方法与前面所用的方法是相同的，只是前面所用的引理 5.1 需要改成下面的引理 5.2.

引理 5.2 [约当(Jordan)引理] 设 c 为圆周 $|z|=R$ 的上半圆周，函数 $f(z)$ 在 c 上连续，且

$$\lim_{z\to\infty} f(z)=0,$$

则

$$\lim_{|z|=R\to+\infty}\int_c f(z)e^{i\lambda z}dz=0 \quad (\lambda>0).$$

证明 令 $z=Re^{i\theta}\quad(0\leqslant\theta\leqslant\pi)$，则由 $\lim\limits_{z\to\infty}f(z)=0$，即对任意的 $\varepsilon>0$，当 $|z|=R$ 充分大时，有

$$|f(z)|<\varepsilon,$$

于是

$$\begin{aligned}\left|\int_c f(z)e^{i\lambda z}dz\right| &= \left|\int_0^{\pi} f(Re^{i\theta})e^{i\lambda R(\cos\theta+i\sin\theta)}Rie^{i\theta}d\theta\right| \\ &\leqslant R\varepsilon\int_0^{\pi}e^{-\lambda R\sin\theta}d\theta=2R\varepsilon\int_0^{\frac{\pi}{2}}e^{-\lambda R\sin\theta}d\theta \\ &\leqslant 2R\varepsilon\int_0^{\frac{\pi}{2}}e^{-\frac{2}{\pi}\lambda R\theta}d\theta \quad \left(\text{当 } 0\leqslant\theta\leqslant\frac{\pi}{2}\text{ 时}, \sin\theta\geqslant\frac{2}{\pi}\theta\right) \\ &= \frac{\pi}{\lambda}(1-e^{-\lambda R})\varepsilon\leqslant\frac{\pi}{\lambda}\varepsilon,\end{aligned}$$

即

$$\lim_{|z|=R\to+\infty}\int_c f(z)e^{i\lambda z}dz=0.$$

现在来计算这种类型的积分.

取上半圆周 c_R：$z=Re^{i\theta}\quad(0\leqslant\theta\leqslant\pi)$，由实线段 $[-R, R]$ 及 c_R 组成一条封闭曲线 c，取充分大的 R，使 c 所围区域包含 $f(z)=\dfrac{P(z)}{Q(z)}$ 在上半平面内的一切孤立奇点 $z_1, z_2, \cdots, z_n$，因此由留数定理，有

$$\oint_{c} f(z)\mathrm{e}^{\mathrm{i}\lambda z}\mathrm{d}z = 2\pi\mathrm{i}\sum_{k=1}^{n}\mathrm{Res}[f(z)\mathrm{e}^{\mathrm{i}\lambda z}, z_k],$$

即

$$\int_{-R}^{R} f(x)\mathrm{e}^{\mathrm{i}\lambda x}\mathrm{d}x + \int_{c_R} f(z)\mathrm{e}^{\mathrm{i}\lambda z}\mathrm{d}z = 2\pi\mathrm{i}\sum_{k=1}^{n}\mathrm{Res}[f(z)\mathrm{e}^{\mathrm{i}\lambda z}, z_k]. \tag{5-2}$$

因为 $Q(z)$的次数比 $P(z)$的次数高,即 $\lim\limits_{z\to\infty} f(z) = 0$,且 $\lambda > 0$,所以由引理5.2,得

$$\lim_{|z|=R\to+\infty}\int_{c_R} f(z)\mathrm{e}^{\mathrm{i}\lambda z}\mathrm{d}z = 0.$$

在式(5-2)中,令 $R\to+\infty$,两端取极限,即得

$$\int_{-\infty}^{+\infty} f(x)\mathrm{e}^{\mathrm{i}\lambda x}\mathrm{d}x = 2\pi\mathrm{i}\sum_{k=1}^{n}\mathrm{Res}[f(z)\mathrm{e}^{\mathrm{i}\lambda z}, z_k].$$

因为

$$\mathrm{e}^{\mathrm{i}\lambda x} = \cos\lambda x + \mathrm{i}\sin\lambda x,$$

所以

$$\int_{-\infty}^{+\infty} f(x)\mathrm{e}^{\mathrm{i}\lambda x}\mathrm{d}x = \int_{-\infty}^{+\infty} f(x)\cos\lambda x\mathrm{d}x + \mathrm{i}\int_{-\infty}^{+\infty} f(x)\sin\lambda x\mathrm{d}x,$$

于是要计算积分 $\int_{-\infty}^{+\infty} f(x)\cos\lambda x\mathrm{d}x$ 或 $\int_{-\infty}^{+\infty} f(x)\sin\lambda x\mathrm{d}x$,只要求出积分 $\int_{-\infty}^{+\infty} f(x)\mathrm{e}^{\mathrm{i}\lambda x}\mathrm{d}x$ 的实部或虚部即可.

例 5.13 试计算积分

$$I = \int_{-\infty}^{+\infty}\frac{x\cos x}{x^2 - 2x + 10}\mathrm{d}x.$$

解 函数 $f(z)\mathrm{e}^{\mathrm{i}z} = \dfrac{z\mathrm{e}^{\mathrm{i}z}}{z^2 - 2z + 10}$ 在上半平面内有一个一阶极点 $z = 1 + 3\mathrm{i}$,且

$$\mathrm{Res}[f(z)\mathrm{e}^{\mathrm{i}z}, 1 + 3\mathrm{i}] = \frac{z\mathrm{e}^{\mathrm{i}z}}{(z^2 - 2z + 10)'}\bigg|_{z=1+3\mathrm{i}} = \frac{(1 + 3\mathrm{i})\mathrm{e}^{-3+\mathrm{i}}}{6\mathrm{i}},$$

因此

$$\int_{-\infty}^{+\infty}\frac{xe^{ix}}{x^2-2x+10}dx=2\pi i\cdot\frac{(1+3i)e^{-3+i}}{6i}$$

$$=\frac{\pi}{3e^3}(1+3i)(\cos 1+i\sin 1)$$

$$=\frac{\pi}{3e^3}[(\cos 1-3\sin 1)+i(3\cos 1+\sin 1)],$$

从而

$$I=\int_{-\infty}^{+\infty}\frac{x\cos x}{x^2-2x+10}dx=\mathrm{Re}\left[\int_{-\infty}^{+\infty}\frac{xe^{ix}}{x^2-2x+10}dx\right]$$

$$=\frac{\pi}{3e^3}(\cos 1-3\sin 1).$$

例 5.14 试计算积分 $\int_0^{+\infty}\frac{\cos ax}{1+x^2}dx \quad (a>0)$.

解 函数 $f(z)e^{iaz}=\frac{e^{iaz}}{1+z^2}$ 在上半平面内有一个一阶极点 $z=i$，且

$$\mathrm{Res}[f(z)e^{iaz},\ i]=\left.\frac{e^{iaz}}{2z}\right|_{z=i}=\frac{e^{-a}}{2i},$$

因此

$$\int_{-\infty}^{+\infty}\frac{e^{iax}}{1+x^2}dx=2\pi i\cdot\frac{e^{-a}}{2i}=\frac{\pi}{e^a},$$

从而

$$\int_0^{+\infty}\frac{\cos ax}{1+x^2}dx=\frac{1}{2}\int_{-\infty}^{+\infty}\frac{\cos ax}{1+x^2}dx=\frac{1}{2}\mathrm{Re}\left[\int_{-\infty}^{+\infty}\frac{e^{iax}}{1+x^2}dx\right]$$

$$=\frac{\pi}{2e^a}.$$

综合以上 3 种类型积分的计算，大致可分为如下几个步骤：

(1) 对于给定的积分 $\int_a^b f(x)dx$，选取一个相应的函数 $F(z)$，使在区间 $[a,\ b]$ 上，$f(x)$ 与 $F(z)$ 相同，或者与 $F(z)$ 的实部或虚部相同.

(2) 选取一条或几条辅助曲线，使与实线段 $[a,\ b]$ 围成一简单闭曲线 c. 对于无限区间的情形，可由有限的情形逼近.

(3) 计算 $F(z)$ 沿辅助曲线的积分(或求此积分当辅助曲线无限扩张时的极

限值).

(4) 计算 $F(z)$在 c 所围区域内所有奇点处的留数,利用留数定理求出所给的积分值.

在这 4 步中,步骤(3)是很重要的,前面的引理 5.1 和引理 5.2 就是用来计算步骤(3)中 $F(z)$沿辅助曲线的积分值的.

下面再举一例,说明对于被积函数在实轴上有奇点的积分应该如何计算,供读者参考.

为了叙述方便起见,先给出下面的引理.

引理 5.3 设 c 为圆周 $|z|=R$ 的上半圆周, $f(z)$在 c 上连续,且

$$\lim_{z\to 0} zf(z)=0,$$

则

$$\lim_{|z|=R\to 0}\int_c f(z)\mathrm{d}z=0.$$

这个引理的证法与引理 5.1 相同.

例 5.15 试计算积分 $\int_0^{+\infty}\frac{\sin x}{x}\mathrm{d}x$.

解 $\int_0^{+\infty}\frac{\sin x}{x}\mathrm{d}x=\frac{1}{2}\int_{-\infty}^{+\infty}\frac{\sin x}{x}\mathrm{d}x.$

令函数 $f(z)=\frac{\mathrm{e}^{\mathrm{i}z}}{z}$,并取积分路线如图 5-3 所示,其中 c_R: $z=R\mathrm{e}^{\mathrm{i}\theta}$, c_r: $z=r\mathrm{e}^{\mathrm{i}\theta}$ $(0\leqslant\theta\leqslant\pi,\ r<R)$, 则由柯西定理,有

$$\int_{-R}^{-r}\frac{\mathrm{e}^{\mathrm{i}x}}{x}\mathrm{d}x+\int_{c_r}\frac{\mathrm{e}^{\mathrm{i}z}}{z}\mathrm{d}z+\int_r^R\frac{\mathrm{e}^{\mathrm{i}x}}{x}\mathrm{d}x+\int_{c_R}\frac{\mathrm{e}^{\mathrm{i}z}}{z}\mathrm{d}z=0 \tag{5-3}$$

对于积分 $\int_{c_R}\frac{\mathrm{e}^{\mathrm{i}z}}{z}\mathrm{d}z$, 由引理 5.2,得

$$\lim_{R\to+\infty}\int_{c_R}\frac{\mathrm{e}^{\mathrm{i}z}}{z}\mathrm{d}z=0.$$

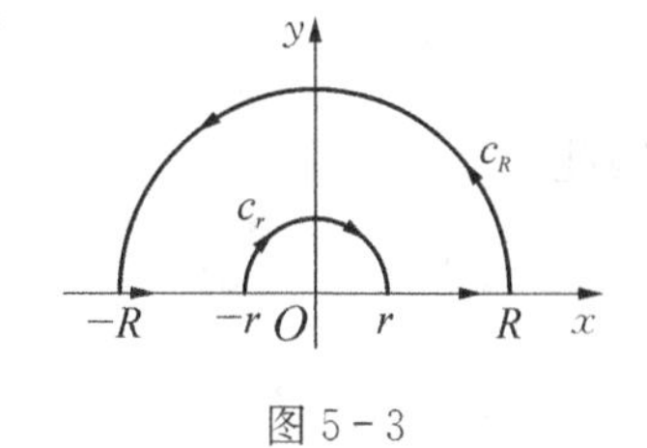

图 5-3

对于积分 $\int_{c_r}\frac{\mathrm{e}^{\mathrm{i}z}}{z}\mathrm{d}z$, 因为

$$\frac{\mathrm{e}^{\mathrm{i}z}}{z}=\frac{1}{z}+\mathrm{i}-\frac{z}{2!}-\frac{\mathrm{i}z^2}{3!}+\cdots=\frac{1}{z}+p(z),$$

其中 $p(z)$ 在 $z=0$ 的邻域内是解析的，所以

$$\lim_{z\to 0} zp(z)=0.$$

于是由引理 5.3，得

$$\lim_{r\to 0}\int_{c_r} p(z)\mathrm{d}z=0,$$

从而

$$\begin{aligned}\lim_{r\to 0}\int_{c_r}\frac{\mathrm{e}^{\mathrm{i}z}}{z}\mathrm{d}z&=\lim_{r\to 0}\int_{c_r}\frac{1}{z}\mathrm{d}z+\lim_{r\to 0}\int_{c_r}p(z)\mathrm{d}z\\&=\lim_{r\to 0}\int_{\pi}^{0}\frac{1}{r\mathrm{e}^{\mathrm{i}\theta}}r\mathrm{i}\mathrm{e}^{\mathrm{i}\theta}\mathrm{d}\theta=-\pi\mathrm{i}.\end{aligned}$$

对于积分 $\int_{-R}^{-r}\frac{\mathrm{e}^{\mathrm{i}x}}{x}\mathrm{d}x$，令 $x=-t$，则

$$\int_{-R}^{-r}\frac{\mathrm{e}^{\mathrm{i}x}}{x}\mathrm{d}x=\int_{R}^{r}\frac{\mathrm{e}^{-\mathrm{i}t}}{t}\mathrm{d}t=-\int_{r}^{R}\frac{\mathrm{e}^{-\mathrm{i}x}}{x}\mathrm{d}x.$$

这样，式(5－3)变为

$$\int_{r}^{R}\frac{\mathrm{e}^{\mathrm{i}x}-\mathrm{e}^{-\mathrm{i}x}}{x}\mathrm{d}x+\int_{c_r}\frac{\mathrm{e}^{\mathrm{i}z}}{z}\mathrm{d}z+\int_{c_R}\frac{\mathrm{e}^{\mathrm{i}z}}{z}\mathrm{d}z=0,$$

即

$$2\mathrm{i}\int_{r}^{R}\frac{\sin x}{x}\mathrm{d}x+\int_{c_r}\frac{\mathrm{e}^{\mathrm{i}z}}{z}\mathrm{d}z+\int_{c_R}\frac{\mathrm{e}^{\mathrm{i}z}}{z}\mathrm{d}z=0.$$

在上式中令 $r\to 0$，$R\to+\infty$，两端取极限，就得

$$2\mathrm{i}\int_{0}^{+\infty}\frac{\sin x}{x}\mathrm{d}x-\pi\mathrm{i}=0,$$

因此

$$\int_{0}^{+\infty}\frac{\sin x}{x}\mathrm{d}x=\frac{\pi}{2}.$$

5.3* 对数留数与辐角原理

本节要介绍留数的另一个重要应用，即借助对数留数来计算积分

$\int_c \frac{f'(z)}{f(z)}dz$，并由此推出一个重要的原理——辐角原理. 利用辐角原理，可以研究在一个区域中函数 $f(z)$零点个数的问题.

5.3.1 对数留数

因为 $\frac{d}{dz}[\ln f(z)] = \frac{f'(z)}{f(z)}$，所以称数

$$\frac{1}{2\pi i}\oint_c \frac{f'(z)}{f(z)}dz$$

为 $f(z)$的对数留数. 下面的引理说明了 $f(z)$的零点和奇点与$\frac{f'(z)}{f(z)}$的关系.

引理 5.4 若 $z=a$ 是函数 $f(z)$的 n 阶零点，则 $z=a$ 是函数$\frac{f'(z)}{f(z)}$的一阶极点，且留数为 n；若 $z=b$ 是函数 $f(z)$的 m 阶极点，则 $z=b$ 是函数$\frac{f'(z)}{f(z)}$的一阶极点，且留数为$-m$.

证明 若 $z=a$ 为 $f(z)$的 n 阶零点，则在 $z=a$ 的邻域内 $f(z)$可表示为

$$f(z) = (z-a)^n\varphi(z),$$

其中 $\varphi(z)$在 $z=a$ 的邻域内是解析的，且 $\varphi(a)\neq 0$，于是

$$f'(z) = n(z-a)^{n-1}\varphi(z) + (z-a)^n\varphi'(z),$$

从而

$$\frac{f'(z)}{f(z)} = \frac{n}{z-a} + \frac{\varphi'(z)}{\varphi(z)}.$$

因为$\frac{\varphi'(z)}{\varphi(z)}$在 $z=a$ 的邻域内解析，所以 $z=a$ 为$\frac{f'(z)}{f(z)}$的一阶极点，且留数为 n.

若 $z=b$ 为 $f(z)$的 m 阶极点，则在 $z=b$ 的邻域内(除 b 点外)$f(z)$可表示为

$$f(z) = \frac{1}{(z-b)^m}\psi(z),$$

其中 $\psi(z)$在 $z=b$ 的邻域内是解析的，且 $\psi(b)\neq 0$，于是

$$f'(z)=\frac{(z-b)^m\psi'(z)-m(z-b)^{m-1}\psi(z)}{(z-b)^{2m}},$$

从而

$$\frac{f'(z)}{f(z)}=-\frac{m}{z-b}+\frac{\psi'(z)}{\psi(z)}.$$

因为$\frac{\psi'(z)}{\psi(z)}$在 $z=b$ 的邻域内解析,所以 $z=b$ 为$\frac{f'(z)}{f(z)}$的一阶极点,且留数为$-m$.

关于对数留数,有如下一个重要定理.

定理 5.5 设 c 为一闭曲线. 若函数 $f(z)$在 c 上解析且不为零,在 c 所围区域内除去有限个极点外处处解析,则 $f(z)$的对数留数为

$$\frac{1}{2\pi i}\oint_c\frac{f'(z)}{f(z)}dz=N-P,$$

其中 N 与 P 分别表示 $f(z)$在 c 所围区域内的零点个数与极点个数(一个 n 阶零点或极点算作 n 个零点或极点).

证明 设 $f(z)$在 c 所围区域内的零点为 $z=a_k(k=1, 2, \cdots, p)$,其阶数相应地为 n_k, $f(z)$在 c 所围区域内的极点为 $z=b_l(l=1, 2, \cdots, q)$,其阶数相应地为 m_l,则由引理 5.4 可知,$\frac{f'(z)}{f(z)}$在 c 所围区域内及 c 上除去一阶极点 $z=a_k(k=1, 2, \cdots, p)$和 $z=b_l(l=1, 2, \cdots, q)$外处处解析,于是由留数定理及引理 5.4,有

$$\begin{aligned}\oint_c\frac{f'(z)}{f(z)}dz&=2\pi i\left\{\sum_{k=1}^{p}\operatorname{Res}\left[\frac{f'(z)}{f(z)}, a_k\right]+\sum_{l=1}^{q}\operatorname{Res}\left[\frac{f'(z)}{f(z)}, b_l\right]\right\}\\&=2\pi i\left[\sum_{k=1}^{p}n_k+\sum_{l=1}^{q}(-m_l)\right]=2\pi i(N-P),\end{aligned}$$

即

$$\frac{1}{2\pi i}\oint_c\frac{f'(z)}{f(z)}dz=N-P.$$

5.3.2 辐角原理

现在我们将上式左端的形式改变一下,就可看出 $f(z)$的对数留数的简单

意义.

$$\frac{1}{2\pi i}\oint_c \frac{f'(z)}{f(z)}dz = \frac{1}{2\pi i}\oint_c d[\ln f(z)]$$

$$= \frac{1}{2\pi i}\left[\oint_c d\ln|f(z)| + i\oint_c d\arg f(z)\right].$$

当 z 从 c 上一点 z_0 出发，沿 c 的正向绕行一周回到 z_0 时，$\ln f(z)$的实部从 $\ln|f(z_0)|$起连续地变化，最终又回到 $\ln|f(z_0)|$，没有发生变化；而其虚部 $\arg f(z)$ 经如此绕行一周后，发生了变化. 若令 $\arg f(z_0)=\theta_0$，θ_1 为其绕行后的值（图 5-4），且引入记号 $\Delta_c \arg f(z)$，表示 z 沿 c 的正向绕行一周后 $\arg f(z)$的增量，它是 2π 的正整数倍，则上式为

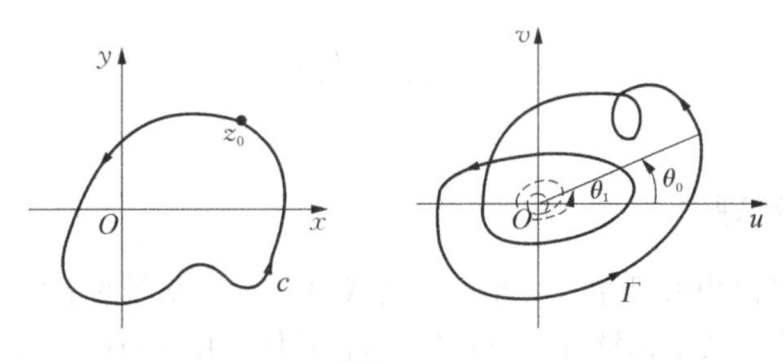

图 5-4

$$\frac{1}{2\pi i}\oint_c \frac{f'(z)}{f(z)}dz = \frac{1}{2\pi i}[(\ln|f(z_0)|+i\theta_1)-(\ln|f(z_0)|+i\theta_0)]$$

$$= \frac{\theta_1-\theta_0}{2\pi} = \frac{\Delta_c \arg f(z)}{2\pi}.$$

其几何意义为：映射 $w=f(z)$ 把 Z 平面上的曲线 c 映射为 W 平面上的曲线 Γ，因为 $f(z)\neq 0$，$z\in c$，所以 Γ 不过原点. 因此，积分 $\frac{1}{2\pi i}\oint_\Gamma \frac{dw}{w}$ 等于 Γ 绕原点的圈数（环绕次数），即当 w 沿 Γ 连续变化时，$\frac{1}{2\pi i}\oint \frac{dw}{w}$ 等于 w 的辐角的增量除以 2π.

根据定理 5.5，显然有

$$\frac{\Delta_c \arg f(z)}{2\pi} = N-P,$$

由此便得辐角原理.

定理 5.6（辐角原理） 设 c 为一闭曲线. 若函数 $f(z)$ 在 c 上解析且不为零，在 c 所围区域内除去有限个极点外处处解析，则

$$N - P = \frac{\Delta_c \arg f(z)}{2\pi},$$

其中 N，P 分别为 $f(z)$ 在 c 所围区域内的零点个数与极点个数.

特别地，若 $f(z)$ 在 c 所围区域内及 c 上均解析，且 $f(z)$ 在 c 上不等于零，即 $f(z)$ 在 c 所围区域内无极点，则

$$N = \frac{\Delta_c \arg f(z)}{2\pi};$$

若 $f(z)$ 在 c 所围区域内无零点，则

$$P = -\frac{\Delta_c \arg f(z)}{2\pi}.$$

5.3.3 儒歇定理

辐角原理可以用来研究函数在某一区域内零点与极点的个数之差. 下面我们从辐角原理推出重要的儒歇(Rouche)定理，在具体应用时，这个定理更为方便.

定理 5.7（儒歇定理） 设 c 为一闭曲线. 若函数 $f(z)$ 和 $g(z)$ 在 c 所围区域内及 c 上均解析，且在 c 上有 $|f(z)| > |g(z)|$，则函数 $f(z)$ 与 $f(z)+g(z)$ 在 c 所围区域内的零点个数相同.

证明 因为在 c 上有

$$|f(z)| > |g(z)| \geqslant 0,$$

$$|f(z)+g(z)| \geqslant |f(z)| - |g(z)| > 0,$$

所以在 c 上

$$f(z) \neq 0, \quad f(z)+g(z) \neq 0.$$

这两个函数都满足定理 5.6 的条件，于是由定理 5.6，可知它们在 c 所围区域内的零点个数分别为

$$\frac{1}{2\pi}\Delta_c \arg f(z) \text{ 与 } \frac{1}{2\pi}\Delta_c \arg[f(z)+g(z)].$$

因为在 c 上 $f(z) \neq 0$，所以

$$f(z)+g(z)=f(z)\left[1+\frac{g(z)}{f(z)}\right].$$

于是

$$\Delta_c \arg[f(z)+g(z)]=\Delta_c \arg f(z)+\Delta_c \arg\left[1+\frac{g(z)}{f(z)}\right].$$

根据所给条件,当 z 沿 c 变动时,令 $w=1+\frac{g(z)}{f(z)}$,则

$$|w-1|=\left|\frac{g(z)}{f(z)}\right|<1,$$

可见点 w 落在圆域 $|w-1|<1$ 内,因此点 $w=1+\frac{g(z)}{f(z)}$ 不会围绕原点 $w=0$ 变动,从而

$$\Delta_c \arg\left[1+\frac{g(z)}{f(z)}\right]=0,$$

$$\Delta_c \arg[f(z)+g(z)]=\Delta_c \arg f(z).$$

定理得证.

例 5.16 试求方程 $z^4-6z+3=0$ 在 $|z|<1$ 与 $1<|z|<2$ 内根的个数.

解 设 $f(z)=-6z$, $g(z)=z^4+3$,则因为在圆周 $|z|=1$ 上,

$$|-6z|>|z^4+3|,$$

即

$$|f(z)|>|g(z)|,$$

所以由儒歇定理知 $f(z)$ 与 $f(z)+g(z)$ 在 $|z|<1$ 内的零点个数相同. 因为 $f(z)=-6z$ 在 $|z|<1$ 内只有一个零点,所以 $f(z)+g(z)$ 在 $|z|<1$ 内也只有一个零点,即方程 $z^4-6z+3=0$ 在 $|z|<1$ 内只有一个根.

另设 $f(z)=z^4$, $g(z)=z^4-6z+3$,则因为在圆周 $|z|=2$ 上

$$|z^4|>|-6z+3|,$$

即

$$|f(z)|>|g(z)-f(z)|,$$

所以由儒歇定理知 $f(z)$ 与 $f(z)+g(z)-f(z)=g(z)$ 在 $|z|<2$ 内的零点个数相

同. 因为 $f(z)=z^4$ 在 $|z|<2$ 内有 4 个零点（$z=0$ 为 4 阶零点），所以 $g(z)=z^4-6z+3$ 在 $|z|<2$ 内也有 4 个零点.

因为方程 $z^4-6z+3=0$ 在 $|z|<1$ 内只有一个根，而在圆周 $|z|=1$ 上

$$|-6z+3|>|z^4|,$$

即

$$|g(z)-f(z)|>|f(z)|,$$

所以在圆周 $|z|=1$ 上，$g(z)\neq 0$，从而知 $g(z)=z^4-6z+3$ 在 $1<|z|<2$ 有 3 个零点，即方程 $z^4-6z+3=0$ 在 $1<|z|<2$ 内有 3 个根.

例 5.17 试用儒歇定理证明代数基本定理：n 次方程

$$a_0z^n+a_1z^{n-1}+\cdots+a_{n-1}z+a_n=0 \quad (a_0\neq 0)$$

有 n 个根.

证明 设 $f(z)=a_0z^n$，$g(z)=a_1z^{n-1}+a_2z^{n-2}+\cdots+a_{n-1}z+a_n$，令 R 充分大，不妨取

$$R=\frac{|a_1|+|a_2|+\cdots+|a_{n-1}|+|a_n|}{|a_0|},$$

则因为在圆周 $|z|=R$ 上，有

$$\begin{aligned}|f(z)|&=|a_0z^n|=|a_0|R^n\\&=(|a_1|+|a_2|+\cdots+|a_n|)R^{n-1}\\&>|a_1|R^{n-1}+|a_2|R^{n-2}+\cdots+|a_{n-1}|R+|a_n|\\&\geqslant|g(z)|,\end{aligned}$$

所以由儒歇定理可知，函数 $f(z)$ 与 $f(z)+g(z)$ 在 $|z|<R$ 内的零点个数相同. 因为 $f(z)=a_0z^n$ 在 $|z|<R$ 内有一个 n 阶零点，所以

$$f(z)+g(z)=a_0z^n+a_1z^{n-1}+\cdots+a_{n-1}z+a_n$$

在 $|z|<R$ 内有 n 个零点.

又因为当 $|z|\geqslant R$ 时，有

$$|f(z)|>|g(z)|,$$

所以当 $|z|\geqslant R$ 时，有

$$f(z)+g(z)\neq 0,$$

否则,将有

$$|f(z)|=|g(z)|,$$

就会与上述关系 $|f(z)|>|g(z)|$ 相矛盾.因此方程

$$a_0z^n+a_1z^{n-1}+\cdots+a_{n-1}z+a_n=0$$

只有 n 个根.

例 5.18 试求函数 $f(z)=\dfrac{\sin\pi z}{(1+z^2)^2}$ 关于圆周 $|z|=\pi$ 的对数留数.

解 因为 $\sin\pi z=0$, $z=n(n=0,\pm 1,\pm 2,\cdots)$, $(\sin\pi z)'|_{z=n}=(-1)^n\pi\neq 0$,所以 $z=n$ 为 $f(z)$的一阶零点. $z=\pm\mathrm{i}$ 是 $f(z)$的二阶极点.

在圆周 $|z|=\pi$ 内 $f(z)$有 7 个一阶零点和 2 个二阶极点,故所求对数留数为

$$\frac{1}{2\pi\mathrm{i}}\oint_{|z|=\pi}\frac{f'(z)}{f(z)}\mathrm{d}z=7-2\times 2=3.$$

习 题 5

1. 求下列函数在孤立奇点(包括无穷远点)处的留数:

(1) $\dfrac{1}{1+z^4}$.

(2) $\dfrac{1}{1-\mathrm{e}^z}$.

(3) $\dfrac{z}{(z-1)(z+1)^2}$.

(4) $\dfrac{1-\mathrm{e}^{2z}}{z^4}$.

(5) $\dfrac{1}{\mathrm{e}^{1-z}}$.

(6) $\dfrac{1}{z(\mathrm{e}^z-1)}$.

(7) $\dfrac{1}{(\mathrm{e}^z-1)^2}$.

(8) $\dfrac{1}{(z-1)(z-2)^{100}}$.

(9) $z^n\sin\dfrac{1}{z}$.

(10) $\dfrac{z^{2n}}{1+z^n}$.

(11) $\dfrac{1}{(z-a)^n(z-b)}$ $(a\neq b)$.

(12) $\sin\dfrac{1}{z}$.

2. 计算下列积分,c 为正向圆周:

(1) $\oint_c \frac{1}{z\sin z}\mathrm{d}z$,其中 c：$|z|=1$.

(2) $\oint_c z\mathrm{e}^{\frac{1}{z}}\mathrm{d}z$,其中 c：$|z|=1$.

(3) $\oint_c \frac{1}{(z-1)^2(z^3-1)}\mathrm{d}z$,其中 c：$|z|=r>1$.

(4) $\oint_c \frac{1}{(z-a)^n(z-b)^n}\mathrm{d}z$ （n 为正整数,且 $|a|<|b|$，$|a|\neq 1$，$|b|\neq 1$），其中 c：$|z|=1$.

(5) $\oint_c \frac{\mathrm{e}^{zt}}{1+z^2}\mathrm{d}z$,其中 c：$|z|=2$.

(6) $\frac{2}{\pi\mathrm{i}}\oint_c \frac{1}{(z-1)^2(z^2+1)}\mathrm{d}z$,其中 c：$x^2+y^2=2(x+y)$.

(7) $\oint_c \tanh z\mathrm{d}z$,其中 c：$|z-2\mathrm{i}|=1$.

(8) $\oint_c \tan \pi z\mathrm{d}z$,其中 c：$|z|=3$.

3. 计算下列积分，c 为正向圆周：

(1) $\oint_c \frac{z^3}{1+z}\mathrm{e}^{\frac{1}{z}}\mathrm{d}z$,其中 c：$|z|=2$.

(2) $\oint_c \frac{z^{2n}}{1+z^n}\mathrm{d}z$ （n 为正整数),其中 c：$|z|=r>1$.

4. 计算下列积分：

(1) $\int_0^{2\pi}\frac{1}{5+3\cos x}\mathrm{d}x$.

(2) $\int_0^{2\pi}\frac{1}{1+a\sin x}\mathrm{d}x$ （$a^2<1$).

(3) $\int_0^{\frac{\pi}{2}}\frac{1}{2+\cos 2x}\mathrm{d}x$.

(4) $\int_0^{2\pi}\tan(x+a\mathrm{i})\mathrm{d}x$ （$a\neq 0$ 为实数).

(5) $\int_0^{2\pi}\frac{\sin^2 x}{a+b\cos x}\mathrm{d}x$ （$a>b>0$).

5. 计算下列积分：

(1) $\int_{-\infty}^{+\infty}\frac{1}{(x^2+1)^2}\mathrm{d}x$.

(2) $\int_0^{+\infty}\frac{x^2}{(x^2+1)(x^2+4)}\mathrm{d}x$.

(3) $\int_{-\infty}^{+\infty} \frac{x^2}{(x^2+a^2)^2} dx \quad (a>0)$. (4) $\int_{-\infty}^{+\infty} \frac{dx}{(x^2+1)^n}$ （n 为正整数）.

6. 计算下列积分：

(1) $\int_{-\infty}^{+\infty} \frac{\cos x}{(x^2+1)(x^2+9)} dx$. (2) $\int_{-\infty}^{+\infty} \frac{x\sin x}{x^2+4x+20} dx$.

(3) $\int_{-\infty}^{+\infty} \frac{x\sin bx}{x^4+a^4} dx$ （$a>0$，$b>0$ 为实数）.

7*. 计算下列积分：

(1) $\int_{0}^{+\infty} \frac{\sin x}{x(x^2+a^2)} dx$. (2) $\int_{0}^{+\infty} \frac{\sin x}{x(x^2+1)^2} dx$.

8*. 求下列方程在圆域 $|z|<1$ 内根的个数：

(1) $z^5-5z^3-2=0$. (2) $e^{z-\lambda}=z \ (\lambda>1)$.

9*. 求下列方程在圆域 $|z|<\frac{3}{2}$ 内根的个数：

(1) $z^2-3z+2=0$. (2) $z^7-5z^4+z^2-2=0$.

10*. 设函数 $f(z)$在 $|z|<1$ 内解析，且 $|f(z)|<1$，试证方程 $f(z)=z$ 在 $|z|<1$ 内有且只有一个根.

11*. 求方程 $z^4-8z+10=0$ 在$|z|<1$ 和 $1<|z|<3$ 内根的个数.

第6章　保 角 映 射

我们已经知道，从几何的观点来看，一个定义在某区域上的复变函数 $w=f(z)$ 可以认为是从 Z 平面到 W 平面的一个映射或变换. 本章将研究解析函数所实现的映射，这种映射能把区域映射成区域，且在其导数不为零的点的邻域上，具有伸缩率及旋转角不变的特性，因此称为保角映射. 反过来，若给出了两个区域，则在一定条件下，必可找到一个解析函数，实现这两个区域的一一对应的映射. 这样，就可以把在比较复杂的区域上的问题转化到比较简单的区域上加以研究. 因此，保角映射在数学上以及物理学的各个领域里有着非常广泛的应用，用它成功地解决了许多重要的实际问题.

在这一章里，我们首先介绍保角映射的概念，然后进一步研究常用的分式线性函数和几个初等函数所构成的保角映射.

6.1　保角映射的概念

6.1.1　导数的几何意义

若函数 $w=f(z)$ 在区域 D 内解析，z_0 为 D 内的任意一点，且 $f'(z_0)\neq 0$，则 $f'(z_0)$ 的模与辐角有重要的几何意义.

设 c 是一条由点 z_0 出发的连续曲线，其方程为

$$z=z(t)\quad(\alpha\leqslant t\leqslant\beta),\text{且 } z_0=z(t_0).$$

若 $z'(t_0)$ 存在且 $z'(t_0)\neq 0$，则曲线 c 在点 z_0 有确定的切线，其倾角 $\varphi=\arg z'(t_0)$（图 6-1）. 经过 $w=f(z)$ 映射以后，曲线 c 的像为从点 $w_0=f(z_0)$ 出发的连续曲线 Γ，其方程为

$$w=f(z)=f[z(t)]=w(t)\quad(\alpha\leqslant t\leqslant\beta)\text{ 且 } w_0=w(t_0).$$

由于 $w'(t_0)=f'(z_0)z'(t_0)\neq 0$，因此曲线 Γ 在点 w_0 处也有确定的切线，其倾角（图 6-1）为

$$\Phi=\arg w'(t_0)=\arg f'(z_0)+\arg z'(t_0)=\arg f'(z_0)+\varphi,$$

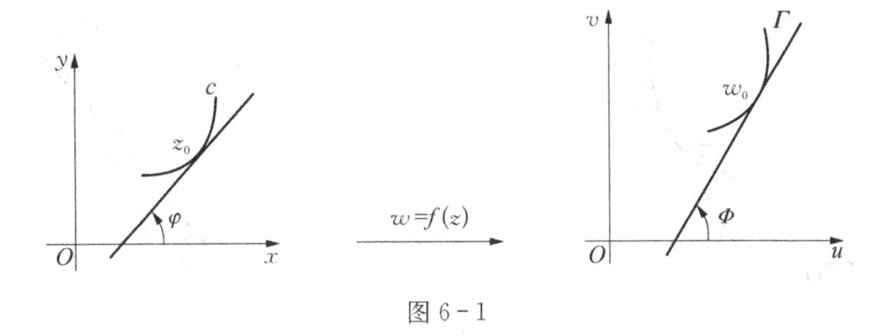

图 6-1

于是

$$\arg f'(z_0) = \Phi - \varphi.$$

这个式子表明,像曲线 Γ 在 $w = f(z_0)$ 处的切线方向,可以由曲线 c 在 z_0 处的切线方向旋转一个角度 $\arg f'(z_0)$ 得出. $\arg f'(z_0)$ 称为 $w = f(z)$ 在点 z_0 的旋转角. $\arg f'(z_0)$ 只与点 z_0 有关,而与过 z_0 的曲线 c 的形状无关,这一性质通常称为旋转角不变性.

设从点 z_0 出发有两条连续曲线 c_1 和 c_2,它们在点 z_0 处切线的倾角分别为 φ_1 和 φ_2, c_1 与 c_2 在映射 $w = f(z)$ 下的像分别为从 $w_0 = f(z_0)$ 出发的两条连续曲线 Γ_1 与 Γ_2,它们在 w_0 处的切线倾角分别为 Φ_1 与 Φ_2,则由旋转角不变性,有

$$\arg f'(z_0) = \Phi_1 - \varphi_1 = \Phi_2 - \varphi_2,$$

即

$$\varphi_2 - \varphi_1 = \Phi_2 - \Phi_1.$$

这里 $\varphi_2 - \varphi_1$ 表示 c_1 与 c_2 在 z_0 处的夹角, $\Phi_2 - \Phi_1$ 表示 Γ_1 与 Γ_2 在 w_0 处的夹角. 因此,上述式子表明,在解析函数 $w = f(z)$ 的映射下,若 $f'(z_0) \neq 0$,则过点 z_0 的任意两条连续曲线之间的夹角,与其像曲线在 $w_0 = f(z_0)$ 处的夹角大小相等且方向相同(图 6-2). 这个性质称为保角性.

现在说明 $|f'(z_0)|$ 的几何意义.

由

$$f'(z_0) = \lim_{\Delta z \to 0} \frac{\Delta w}{\Delta z},$$

得

$$|f'(z_0)| = \lim_{\Delta z \to 0} \left| \frac{\Delta w}{\Delta z} \right| = \lim_{\Delta z \to 0} \frac{\Delta s}{\Delta \sigma} = \frac{\mathrm{d}s}{\mathrm{d}\sigma},$$

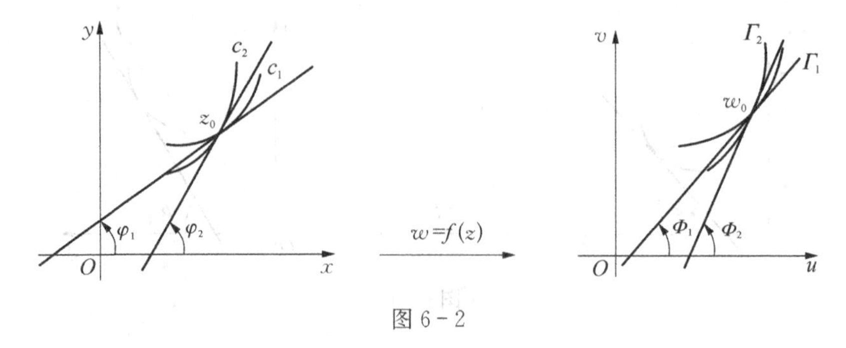

图 6-2

其中 Δs 和 $\Delta\sigma$ 分别表示曲线 Γ 和 c 上弧长的增量(图 6-3),即

$$\mathrm{d}s = |f'(z_0)|\mathrm{d}\sigma.$$

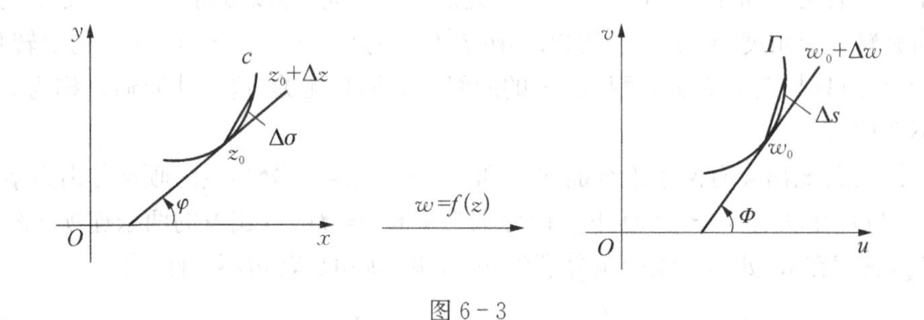

图 6-3

这个式子表明,像点间的无穷小距离与原像点间的无穷小距离之比的极限为 $|f'(z_0)|$,或者说像曲线 Γ 在 w_0 处的弧微分等于原像曲线 c 在 z_0 处的弧微分与 $|f'(z_0)|$ 之积. $|f'(z_0)|$ 称为映射 $w=f(z)$ 在点 z_0 的伸缩率. $|f'(z_0)|$ 只与点 z_0 有关,而与过 z_0 的曲线 c 的形状无关,这一性质通常称为伸缩率不变性.

综上所述,我们给出下面的定理:

定理 6.1 设函数 $w=f(z)$ 在区域 D 内解析,z_0 为 D 内一点,且 $f'(z_0)\neq 0$,则映射 $w=f(z)$ 在点 z_0 具有:

(1) 保角性——在点 z_0 处两条曲线的夹角与映射后两条像曲线在像点 w_0 处的夹角保持大小和方向不变.

(2) 伸缩率不变性——过点 z_0 的任意一条曲线的伸缩率均为 $|f'(z_0)|$.

6.1.2 保角映射的概念

定义 6.1 若函数 $w=f(z)$ 在点 z_0 具有保角性和伸缩率不变性,则称映射 $w=f(z)$ 在点 z_0 是保角的.若映射 $w=f(z)$ 在区域 D 内的每一点都是保角的,则

称 $w=f(z)$ 是 D 内的保角映射，或称为第一类保角映射.

定理 6.2 若函数 $w=f(z)$ 在点 z_0 解析，且 $f'(z_0)\neq 0$，则映射 $w=f(z)$ 在点 z_0 是保角的.

若函数 $w=f(z)$ 在区域 D 内解析且处处有 $f'(z)\neq 0$，则 $w=f(z)$ 在区域 D 内是一个保角映射.

若映射仅保持夹角大小不变，但方向相反，则该保角映射称为第二类保角映射.

一般地，若 $w=f(z)$ 是第一类保角映射，则 $w=\overline{f(z)}$ 就是第二类保角映射，反之亦然.

例如，函数 $w=z^n$($n\geqslant 2$ 为自然数)除了 $z=0$ 以外都是保角映射. $w=\bar{z}$ 在全平面上都是第二类保角映射.

事实上，对于 $w=z^n$，当 $z\neq 0$ 时，$w'=nz^{n-1}\neq 0$，保角性由定理 6.2 即得. 当 $z=0$ 时，若在点 $z=0$ 处两条射线的夹角为 $\beta-\alpha$，则在像点 $w=0$ 处两条像曲线的夹角为 $n(\beta-\alpha)$，因此 $w=z^n$ 在 $z=0$ 处不具有保角性.

保角映射在应用上是十分重要的. 为使读者更好地理解这一概念和掌握这种方法，这里再简要地叙述几个定理来说明保角映射的一些特点，证明则从略.

定理 6.3 若函数 $w=f(z)$ 把区域 D 保角地、一一对应地映射成区域 G，则 $w=f(z)$ 在 D 上是单值且解析的函数，其导数在 D 上必不为零，且其反函数 $z=g(w)$ 在 G 上也是单值且解析的函数，它把 G 保角地、一一对应地映射成 D.

这个定理是定理 6.2 的逆定理.

根据定理 6.2 与定理 6.3，一个单值且解析的函数可以实现一一对应的保角映射. 在实际应用中，往往是给出了两个区域 D 和 G，要求找出一个解析函数，它将区域 D 保角映射成区域 G. 这样就提出了保角映射理论中的一个基本问题：在扩充复平面上任给两个单连通区域 D 和 G，是否存在一个 D 内的单值解析函数，把 D 保角地映射成 G 呢？事实上，我们只要能将 D 与 G 分别一一对应且保角地映射成某一标准形式的区域(例如单位圆)就行了，因为将这些映射复合起来，就可得到将 D 映射成 G 的解析函数了. 下面的定理肯定地回答了这个问题.

定理 6.4（黎曼定理） 设有两个单连通区域 D 和 G(它们的边界至少包含两点)，z_0 与 w_0 分别是 D 和 G 中的任意两点，θ_0 是任一实数 $(0\leqslant\theta_0\leqslant 2\pi)$，则总存在一个函数 $w=f(z)$，它把 D 一一对应地保角地映射成 G，使得

$$f(z_0)=w_0,\quad \arg f'(z_0)=\theta_0,$$

并且这样的保角映射是唯一的.

容易看出，仅仅满足条件 $f(z_0)=w_0$ 的函数 $w=f(z)$ 不是唯一的，条件

$\arg f'(z_0)=\theta_0$ 保证了函数 $f(z)$的唯一性. 这两个条件在几何上可解释为：对 D 中某一点 z_0 指出它在 G 中的像 w_0，并给出在映射 $w=f(z)$ 下点 z_0 的无穷小邻域所转过的角度 θ_0.

黎曼定理虽然并没有给出寻求函数 $w=f(z)$ 的方法，但是它从理论上指出了这种函数的存在性与唯一性. 下面的边界对应原理则更有效地指出了如何去寻找实现保角映射的函数的方法.

定理 6.5（边界对应原理） 设单连通区域 D 和 G 的边界分别为简单闭曲线 c 和 Γ，若能找到一个在 D 内解析、在 c 上连续的函数 $w=f(z)$，它将 c 一一对应地映射成 Γ，且当原像点 z 和像点 w 在边界上绕行方向一致时，D 和 G 在边界的同一侧，则 $w=f(z)$ 将 D 一一对应地保角映射成 G.

6.2 分式线性映射

分式线性映射是一类比较简单而又重要的保角映射，在研究各种特殊形式的区域的映射时，它能起重要的作用. 这一节专门讨论分式线性映射的特性.

6.2.1 分式线性映射

函数 $w=\dfrac{az+b}{cz+d}$（$a,\ b,\ c,\ d$ 是常数，且 $ad-bc\neq 0$）称为分式线性映射.

$ad-bc\neq 0$ 的限制是为了保证映射的保角性，否则，由

$$\frac{\mathrm{d}w}{\mathrm{d}z}=\frac{ad-bc}{(cz+d)^2},$$

将有 $\dfrac{\mathrm{d}w}{\mathrm{d}z}=0$，这时 $w\equiv$ 常数，它将整个 Z 平面映射成 W 平面上的一点.

现在扩充复平面上补充定义如下：

当 $c\neq 0$ 时，在 $z=-\dfrac{d}{c}$ 处定义 $w=\infty$；在 $z=\infty$ 处定义 $w=\dfrac{a}{c}$.

当 $c=0$ 时，在 $z=\infty$ 处定义 $w=\infty$.

这样，分式线性映射就在整个扩充复平面上有定义了.

分式线性映射 $w=\dfrac{az+b}{cz+d}$ 的逆映射.

$$z=\frac{dw-b}{-cw+a}$$

是单值的，且

$$da-(-b)(-c)=ad-bc\neq 0,$$

因此，分式线性映射 $w=\dfrac{az+b}{cz+d}$ 将扩充复平面（Z 平面）一一对应地映射成扩充复平面（W 平面）.

分式线性映射 $w=\dfrac{az+b}{cz+d}$ 可以分解为如下一些简单映射：

当 $c=0$ 时，$w=\dfrac{a}{d}z+\dfrac{b}{d}$.

当 $c\neq 0$ 时，$w=\dfrac{a}{c}+\dfrac{bc-ad}{c}\cdot\dfrac{1}{cz+d}$，

即分式线性映射 $w=\dfrac{az+b}{cz+d}$ 是由以下 3 个简单映射复合而成的：

$$w_1=cz+d,\quad w_2=\frac{1}{w_1},\quad w=\frac{a}{c}+\frac{bc-ad}{c}w_2.$$

整线性映射 $w=cz+d$ 是一种相似变换，它在整个复平面上是保角的、一一对应的，且能将圆周变为圆周，即具有保圆性.

映射 $w=\dfrac{1}{z}$ 可以分解为

$$w_1=\frac{1}{\bar{z}},\quad w=\overline{w_1}.$$

前者为关于单位圆周的对称变换，后者为关于实轴的对称变换（图 6-4）.

值得注意的是，这两个变换都是由解析函数的共轭函数构成的变换，因此它们都是第二类保角映射. $w=\dfrac{1}{z}$ 称为反演变换.

A，B 两点关于圆周对称是指，若点 A 和 B 在由圆心 O 出发的同一射线上，且它们到圆心的距离之积等于半径的平方，即

$$OA\cdot OB=R^2,$$

则称点 A 和 B 是关于圆周对称的（图 6-5）.

若规定：两条曲线在 $z=\infty$ 处的夹角用通过变换 $w=\dfrac{1}{z}$ 以后所得到的像曲线在 $w=0$ 处的夹角来定义，则映射 $w=\dfrac{1}{z}$ 在扩充复平面上也是处处保角的、一

一对应的，且具有保圆性.

综合上述的讨论，现在可以研究分式线性映射在扩充复平面上的一些性质了.

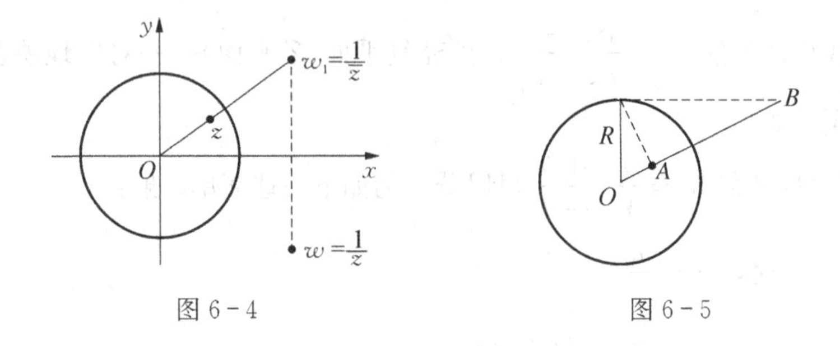

图 6-4　　　　图 6-5

6.2.2 分式线性映射的性质

6.2.2.1 分式线性映射的保角性

$w=cz+d$ 和 $w=\frac{1}{z}$ 在扩充复平面上都是保角的、一一对应的，这样，由分式线性映射的单值解析性，可得下面的定理：

定理 6.6 分式线性映射 $w=\frac{az+b}{cz+d}$ 是两个扩充复平面之间一一对应的保角映射.

6.2.2.2 分式线性映射的保圆性

我们知道，$w=cz+d$ 是一种相似变换，显然，它具有保圆性，即把圆周变为圆周. $w=\frac{1}{z}$ 也具有保圆性. 事实上，令

$$z=x+\mathrm{i}y,\quad w=u+\mathrm{i}v,$$

则有

$$u+\mathrm{i}v=\frac{1}{x+\mathrm{i}y},$$

即

$$x+\mathrm{i}y=\frac{1}{u+\mathrm{i}v}=\frac{u-\mathrm{i}v}{u^2+v^2},$$

于是

$$x=\frac{u}{u^2+v^2},\quad y=\frac{-v}{u^2+v^2},$$

从而,当 Z 平面上任意圆周的方程为

$$A(x^2+y^2)+Bx+Cy+D=0$$

(当 $A=0$ 时为直线.在扩充复平面上,直线可视为经过无穷远点半径为无穷大的圆周)时,便得变换后曲线的方程

$$\frac{A}{u^2+v^2}+\frac{Bu}{u^2+v^2}-\frac{Cv}{u^2+v^2}+D=0,$$

即

$$D(u^2+v^2)+Bu-Cv+A=0,$$

它仍然是一个圆的方程(当 $D=0$ 时为直线),因此保圆性成立.反之亦然.因而分式线性映射具有保圆性.我们给出下面的定理:

定理 6.7 分式线性映射 $w=\dfrac{az+b}{cz+d}$ 将扩充复平面(Z 平面)上的圆周一一对应地保角映射成扩充复平面(W 平面)上的圆周.

由分式线性映射的保圆性,容易得出下列推论:

推论 6.1 在分式线性映射下,若给定的圆周或直线上有一点变为无穷远点,则它就映射成直线,否则,它就映射成半径为有限的圆周.

6.2.2.3 分式线性映射的保对称点性

分式线性映射还有一个重要的性质,就是保持对称点的不变性.

定理 6.8 若分式线性映射 $w=\dfrac{az+b}{cz+d}$ 将圆周 c 映射成圆周 Γ,则它将关于 c 对称的点 z_1 和 z_2 映射成关于 Γ 对称的点 w_1 和 w_2.

证明从略.

6.2.2.4 分式线性映射的保交比性

定义 6.2 由扩充复平面上 4 个有序的相异点 z_1, z_2, z_3, z_4 构成的比式

$$\frac{z_4-z_1}{z_4-z_2}:\frac{z_3-z_1}{z_3-z_2}$$

称为它们的交比,记为(z_1, z_2, z_3, z_4).

若 4 点中有一点为∞,则应将包含此点的分子或分母用 1 代替.例如当 $z_1=\infty$ 时,就有

$$(\infty,\ z_2,\ z_3,\ z_4)=\frac{1}{z_4-z_2}:\frac{1}{z_3-z_2}.$$

对于$w=cz+d$和$w=\dfrac{1}{z}$来说,设$w_i=cz_i+d$和$w_i=\dfrac{1}{z_i}$ $(i=1,\ 2,\ 3,\ 4)$,可以验证交比的不变性,即

$$\frac{w_4-w_1}{w_4-w_2}:\frac{w_3-w_1}{w_3-w_2}=\frac{z_4-z_1}{z_4-z_2}:\frac{z_3-z_1}{z_3-z_2}.$$

因此可知分式线性映射具有保交比性,即在分式线性映射下,4 对对应点的交比不变.

分式线性映射$w=\dfrac{az+b}{cz+d}$虽然形式上含有 4 个常数a, b, c, d,但实质上只有 3 个独立的常数.因此,要确定一个分式线性映射,只要确定 3 个常数.通常,在Z平面上任意指定 3 点z_1, z_2和z_3,相应地在W平面上找 3 个像点w_1, w_2和w_3,这 3 对对应点就唯一确定了一个分式线性映射.

下面的定理阐述了这一性质:

定理 6.9 设扩充复平面(Z平面)上 3 个相异点z_1, z_2, z_3在分式线性映射下依次映射成扩充复平面(W平面)上的 3 点w_1, w_2, w_3,则此分式线性映射唯一确定:

$$\frac{w-w_1}{w-w_2}:\frac{w_3-w_1}{w_3-w_2}=\frac{z-z_1}{z-z_2}:\frac{z_3-z_1}{z_3-z_2}. \tag{6-1}$$

证明 式(6-1)实际上就是一个分式线性映射$w=L(z)$,且使z_1, z_2, z_3分别变为w_1, w_2, w_3.

反过来,设所求的分式线性映射存在,在它的映射下,z对应于w,则由分式线性映射的保交比性,即得

$$(w_1,\ w_2,\ w_3,\ w)=(z_1,\ z_2,\ z_3,\ z),$$

此即式(6-1).

因为分式线性映射具有上述这些性质,所以它在处理边界由两个圆弧(或直线段)所围成的区域的保角映射问题时起着非常重要的作用.

一般地,在分式线性映射下:

若两个圆弧上没有点变为无穷远点,则两个圆弧所围成的区域映射成两个圆弧所围成的区域;

若两个圆弧上有一个点变为无穷远点,则两个圆弧所围成的区域映射成一圆

弧与一直线所围成的区域；

若两个圆弧有一个交点变为无穷远点，则两个圆弧所围成的区域映射成角形区域.

6.2.3 3类典型的分式线性映射

现在我们要介绍3类典型区域的映射特征，即把上半平面映射成上半平面，把上半平面映射成单位圆内部，把单位圆内部映射成单位圆内部的映射特征. 在处理边界为圆弧或直线的区域时，它们将起很大的作用.

6.2.3.1 把上半平面映射成上半平面的分式线性映射

设分式线性映射 $w=\dfrac{az+b}{cz+d}\ (ad-bc\neq 0)$ 把上半平面映射成上半平面，则根据边界对应原理，它必把实轴映射成实轴，因而 $a,\ b,\ c,\ d$ 必为实数，且在此映射下，Z 平面的实轴上的3点 $x_1,\ x_2,\ x_3(x_1<x_2<x_3)$ 映射成 W 平面的实轴上的3点 $u_1,\ u_2,\ u_3(u_1<u_2<u_3)$，即保持正实轴的方向不变. 由此可知，当 z 为实数 x 时，w 在 $z=x$ 处的旋转角为零，即

$$\operatorname{Arg} w'=0 \quad 或 \quad \frac{\mathrm{d}w}{\mathrm{d}z}=\frac{ad-bc}{(cz+d)^2}>0,$$

因而有

$$ad-bc>0.$$

反之，对任意一个分式线性映射 $w=\dfrac{az+b}{cz+d}$，其中 $a,\ b,\ c,\ d$ 是实数，只要 $ad-bc>0$，它必然把上半平面映射成上半平面.

综合上面的讨论，分式线性映射 $w=\dfrac{az+b}{cz+d}\ (ad-bc\neq 0)$ 把上半平面映射成上半平面的充分必要条件是：$a,\ b,\ c,\ d$ 为实数，且 $ad-bc>0$.

例 6.1 求把上半平面映射成上半平面且把 $z=0,\ z=\mathrm{i}$ 分别映射成 $w=0,\ w=1+\mathrm{i}$ 的分式线性映射.

解 设所求的分式线性映射为 $w=\dfrac{az+b}{cz+d}$，其中 $a,\ b,\ c,\ d$ 为实数，则由 $z=0$ 映射成 $w=0$，可得 $b=0$. 于是再由 $z=\mathrm{i}$ 映射成 $w=1+\mathrm{i}$，代入 $w=\dfrac{az}{cz+d}$ 中，得

$$1+\mathrm{i}=\frac{a\mathrm{i}}{c\mathrm{i}+d},$$

解得

$$c=d=\frac{1}{2}a,$$

从而所求的分式线性映射

$$w=\frac{2z}{z+1}.$$

因为 $ad-bc=1\cdot\frac{1}{2}-\frac{1}{2}\cdot 0=\frac{1}{2}>0$,所以 $w=\frac{2z}{z+1}$ 能把上半平面映射成上半平面.

6.2.3.2 把上半平面映射成单位圆内部的分式线性映射

设分式线性映射 $w=\frac{az+b}{cz+d}$ 把上半平面 $\mathrm{Im}\,z>0$ 映射成单位圆内部 $|w|<1$,则由边界对应原理,它必把实轴 $\mathrm{Im}\,z=0$ 映射成单位圆周 $|w|=1$,且把点 $z=a$ $(\mathrm{Im}\,a>0)$ 映射成 $w=0$. 根据分式线性映射的保对称点性可知,点 $z=a$ 关于实轴的对称点 $z=\bar{a}$ 应该映射成点 $w=0$ 关于单位圆周对称的点 $w=\infty$, 因此

$$w=k\cdot\frac{z-a}{z-\bar{a}},$$

其中 $k=\frac{a}{c}$ 为一复常数. 因为 $\mathrm{Im}\,z=0$ 映射成 $|w|=1$,所以若取 $z=x$(实数),则由

$$|w|=\left|k\cdot\frac{x-a}{x-\bar{a}}\right|=|\,k\,|=1,$$

得

$$k=\mathrm{e}^{\mathrm{i}\theta}\quad(\theta\text{ 为实数}).$$

因此所求的分式线性映射

$$w=\mathrm{e}^{\mathrm{i}\theta}\,\frac{z-a}{z-\bar{a}}\quad(\theta\text{ 为实数},\ \mathrm{Im}\,a>0).$$

反之,这个分式线性映射也必把 $\mathrm{Im}\,z>0$ 映射成 $|w|<1$. 事实上,当 $z=x$

(实数)时,有

$$|w| = \left| e^{i\theta} \cdot \frac{x-a}{x-\bar{a}} \right| = 1,$$

即它把实轴映射成单位圆周,且把上半平面的点 $z=a$ 映射成圆心 $w=0$,因此由边界对应原理,它必将 $\mathrm{Im}z>0$ 映射成 $|w|<1$.

综合上面的讨论,分式线性映射把上半平面映射成单位圆内部的充分必要条件是:

$$w = e^{i\theta} \frac{z-a}{z-\bar{a}} \quad (\theta \text{为实数}, \mathrm{Im}a>0).$$

必须注意,在上式中,即使 a 给定了,w 也不是唯一的. 要唯一确定 w,还需要确定实参数 θ. 为了确定 θ,必须给出相应的对应关系或指出映射在点 $z=a$ 处的旋转角才行.

例 6.2 试求一分式线性映射,它把上半平面 $\mathrm{Im}z>0$ 保角映射成单位圆内部 $|w|<1$,并且:

(1) 把点 $z=i$ 映射成 $w=0$.

(2) 从点 $z=i$ 出发平行于正实轴的方向,对应着从点 $w=0$ 出发的虚轴正向.

解 由条件(1),设 $w=e^{i\theta}\frac{z-i}{z+i}$,则因为

$$w'\Big|_{z=i} = e^{i\theta}\frac{(z+i)-(z-i)}{(z+i)^2}\Bigg|_{z=i} = \frac{1}{2}e^{i\left(\theta-\frac{\pi}{2}\right)},$$

所以由条件(2),得

$$\theta - \frac{\pi}{2} = \frac{\pi}{2},$$

即

$$\theta = \pi,$$

于是所求的分式线性映射

$$w = e^{i\pi}\frac{z-i}{z+i} = -\frac{z-i}{z+i}.$$

6.2.3.3 把单位圆内部映射成单位圆内部的分式线性映射

设分式线性映射 $w=\frac{az+b}{cz+d}$ 把单位圆内部 $|z|<1$ 映射成单位圆内部

$|w|<1$,则它必把$|z|<1$内某一点$z=\alpha(|\alpha|<1)$映射成$w=0$,于是由分式线性映射的保对称点性,点$z=\alpha$关于单位圆周$|z|=1$的对称点$z=\dfrac{1}{\bar{\alpha}}$应该映射成点$w=0$关于单位圆周$|w|=1$的对称点$w=\infty$,因此

$$w=\frac{a}{c}\cdot\frac{z-\alpha}{z-\dfrac{1}{\bar{\alpha}}}=-\frac{a}{c}\bar{\alpha}\cdot\frac{z-\alpha}{1-\bar{\alpha}z}=k\cdot\frac{z-\alpha}{1-\bar{\alpha}z}.$$

因为边界$|z|=1$映射成边界$|w|=1$,所以若取$z=1$,则由

$$|w|=\left|K\cdot\frac{1-\alpha}{1-\bar{\alpha}}\right|=|k|=1,$$

得

$$k=\mathrm{e}^{\mathrm{i}\theta}\quad(\theta\text{为实数}).$$

反之,这个分式线性映射也必把$|z|<1$映射成$|w|<1$.因为当$z=\mathrm{e}^{\mathrm{i}\varphi}$($\varphi$为实数)时,有

$$|w|=\left|\mathrm{e}^{\mathrm{i}\theta}\cdot\frac{\mathrm{e}^{\mathrm{i}\varphi}-\alpha}{1-\bar{\alpha}\mathrm{e}^{\mathrm{i}\varphi}}\right|=\left|\frac{\mathrm{e}^{\mathrm{i}\varphi}-\alpha}{1-\bar{\alpha}\mathrm{e}^{\mathrm{i}\varphi}}\right|=\left|\frac{\mathrm{e}^{\mathrm{i}\varphi}-\alpha}{\mathrm{e}^{-\mathrm{i}\varphi}-\bar{\alpha}}\right|=1,$$

即它把$|z|=1$映射成$|w|=1$,且把单位圆内一点$z=\alpha(|\alpha|<1)$映射成$w=0$,所以由边界对应原理,它必把$|z|<1$映射成$|w|<1$.

综合上面的讨论,分式线性映射把单位圆内部映射成单位圆内部的充分必要条件是:

$$w=\mathrm{e}^{\mathrm{i}\theta}\frac{z-a}{1-\bar{a}z}\quad(\theta\text{为实数},\ |a|<1).$$

必须注意,如6.2.3.2中所说的那样,θ的确定还需要附加条件.

例6.3 试求一分式线性映射$w=f(z)$,它把单位圆内部$|z|<1$映射成单位圆内部$|w|<1$,把$z=\dfrac{1}{2}$映射成$w=0$,并满足$f'\left(\dfrac{1}{2}\right)>0$.

解 设所求的映射为

$$w=f(z)=\mathrm{e}^{\mathrm{i}\theta}\frac{z-\dfrac{1}{2}}{1-\dfrac{1}{2}z}\quad(\theta\text{为实数}),$$

则由

$$f'\left(\frac{1}{2}\right)=\mathrm{e}^{\mathrm{i}\theta}\frac{\left(1-\frac{1}{2}z\right)+\frac{1}{2}\left(z-\frac{1}{2}\right)}{\left(1-\frac{1}{2}z\right)^2}\Bigg|_{z=\frac{1}{2}}=\frac{4}{3}\mathrm{e}^{\mathrm{i}\theta}>0,$$

得

$$\theta=2k\pi\quad(k\text{ 为整数}).$$

于是所求的分式线性映射为

$$w=\frac{z-\frac{1}{2}}{1-\frac{1}{2}z}=\frac{2z-1}{2-z}.$$

例 6.4 试求一分式线性映射 $w=f(z)$，它把单位圆内部 $|z|<1$ 映射成单位圆内部 $|w|<1$，把 $z=\frac{1}{2}$ 映射成 $w=\frac{\mathrm{i}}{2}$，并满足 $f'\left(\frac{1}{2}\right)>0$.

解 本例可分 3 步完成. 首先求出把 $|z|<1$ 映射成 $|\zeta|<1$，把 $z=\frac{1}{2}$ 映射成 $\zeta=0$，并满足 $g'\left(\frac{1}{2}\right)>0$ 的分式线性映射 $\zeta=g(z)$. 由例 6.3 可知，这个映射为

$$\zeta=g(z)=\frac{2z-1}{2-z}.$$

其次求出把 $|w|<1$ 映射成 $|\zeta|<1$，把 $w=\frac{\mathrm{i}}{2}$ 映射成 $\zeta=0$，并满足 $\varphi'\left(\frac{\mathrm{i}}{2}\right)>0$ 的分式线性映射 $\zeta=\varphi(w)$.

设所求的映射

$$\zeta=\varphi(w)=\mathrm{e}^{\mathrm{i}\theta}\frac{w-\frac{\mathrm{i}}{2}}{1+\frac{\mathrm{i}}{2}w},$$

则由

$$\varphi'\left(\frac{\mathrm{i}}{2}\right)=\mathrm{e}^{\mathrm{i}\theta}\left.\frac{\left(1+\frac{\mathrm{i}}{2}w\right)-\frac{\mathrm{i}}{2}\left(w-\frac{\mathrm{i}}{2}\right)}{\left(1+\frac{\mathrm{i}}{2}w\right)^2}\right|_{w=\frac{\mathrm{i}}{2}}=\frac{4}{3}\mathrm{e}^{\mathrm{i}\theta}>0,$$

得

$$\theta=2k\pi\quad(k\ 为整数).$$

于是所求的分式线性映射

$$\zeta=\varphi(w)=\frac{w-\frac{\mathrm{i}}{2}}{1+\frac{\mathrm{i}}{2}w}=\frac{2w-\mathrm{i}}{2+\mathrm{i}w}.$$

最后由 $\varphi(w)=g(z)$，得

$$\frac{2w-\mathrm{i}}{2+\mathrm{i}w}=\frac{2z-1}{2-z},$$

解得

$$w=f(z)=\frac{2(\mathrm{i}-1)+(4-\mathrm{i})z}{(4+\mathrm{i})-2(1+\mathrm{i})z}.$$

事实上，因为 $\zeta=g(z)$ 把 $|z|<1$ 映射成 $|\zeta|<1$，而 $\zeta=\varphi(w)$ 的反函数 $w=\psi(\zeta)$ 又把 $|\zeta|<1$ 映射成 $|w|<1$，所以 $w=\psi(\zeta)=\psi[g(z)]=f(z)$ 把 $|z|<1$ 映射成 $|w|<1$. 另外，$\psi\left[g\left(\frac{1}{2}\right)\right]=\psi(0)=\frac{\mathrm{i}}{2}$，且

$$\begin{aligned}f'\left(\frac{1}{2}\right)&=\{\psi[g(z)]\}'\,|_{z=\frac{1}{2}}=\psi'\left[g\left(\frac{1}{2}\right)\right]g'\left(\frac{1}{2}\right)\\&=\psi'(0)g'\left(\frac{1}{2}\right)=\frac{1}{\varphi'\left(\frac{\mathrm{i}}{2}\right)}\cdot g'\left(\frac{1}{2}\right)>0,\end{aligned}$$

因此 $w=f(z)$ 满足全部要求，即为所求的映射.

6.3 几个初等函数所构成的映射

这一节主要讨论幂函数、根式函数、指数函数及对数函数等初等函数所构成的映射的特性.

6.3.1 幂函数与根式函数

幂函数 $w=z^n$ (n 是大于 1 的自然数)在 Z 平面上处处可导,且除去原点外导数不为零,因此,由幂函数 $w=z^n$ 所构成的映射在除去原点的 Z 平面上处处是保角的.

若令 $z=re^{i\theta}$, $w=\rho e^{i\varphi}$, 则由

$$\rho e^{i\varphi}=r^n e^{in\theta},$$

得

$$\rho=r^n, \quad \varphi=n\theta.$$

可知,在 $w=z^n$ 的映射下, Z 平面上的圆周 $|z|=r$ 映射成 W 平面上的圆周 $|w|=r^n$,射线 $\theta=\arg z=\theta_0$ 映射成射线 $\varphi=\arg w=n\theta_0$,正实轴 $\theta=0$ 映射成正实轴 $\varphi=0$,角形域 $0<\theta<\theta_0\left(\theta_0<\dfrac{2\pi}{n}\right)$映射成角形域 $0<\varphi<n\theta_0$ (图 6-6).

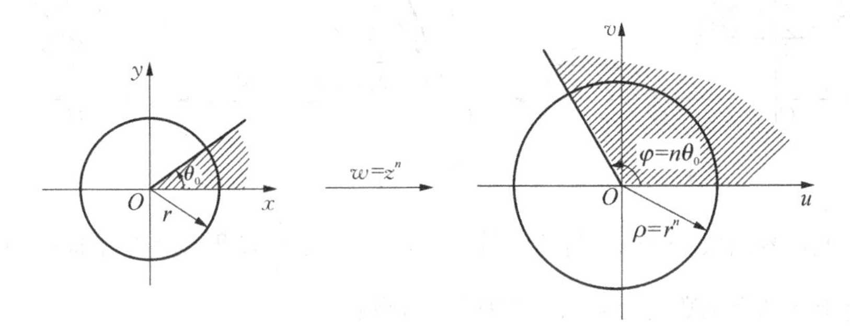

图 6-6

因此,由幂函数 $w=z^n$ 所构成的映射的特点是:把以 $z=0$ 为顶点的角形域映射成以 $w=0$ 为顶点的角形域,且映射后的张角是原张角的 n 倍. 特别地, $w=z^n$ 把 Z 平面上的角形域 $0<\theta<\dfrac{\pi}{n}$ 映射成 W 平面上的上半平面 $0<\varphi<\pi$. 幂函数 $w=z^n$ 常用来把角形域映射成角形域.

根式函数 $w=\sqrt[n]{z}$ 是幂函数 $z=w^n$ 的反函数. 它所构成的映射把角形域映射成角形域,但张角缩小到$\dfrac{1}{n}$,特别地,它把上半平面 $0<\theta<\pi$ 映射成角形域 $0<\varphi<\dfrac{\pi}{n}$.

例 6.5 求一函数，它把半月形域：$|z|<2$, $\operatorname{Im}z>1$ 保角映射成上半平面.

解 由 $|z|=2$ 和 $\operatorname{Im}z=1$ 求得交点 $z_1=-\sqrt{3}+\mathrm{i}$, $z_2=\sqrt{3}+\mathrm{i}$，且在点 z_1 处 $|z|=2$ 与 $\operatorname{Im}z=1$ 的交角为$\dfrac{\pi}{3}$.

先设法将圆弧和直线映射成从原点出发的两条射线，将半月形域映射成角形域. 为此，作分式线性映射

$$w_1=k\frac{z-z_1}{z-z_2}=k\frac{z-(-\sqrt{3}+\mathrm{i})}{z-(\sqrt{3}+\mathrm{i})}\quad(k\text{ 为常数})$$

使 z_1, z_2分别映射成 $w_1=0$ 和 $w_1=\infty$. 若选取 $k=-1$, 则可以使半月形域保角映射成角形域 $0<\arg w_1<\dfrac{\pi}{3}$.

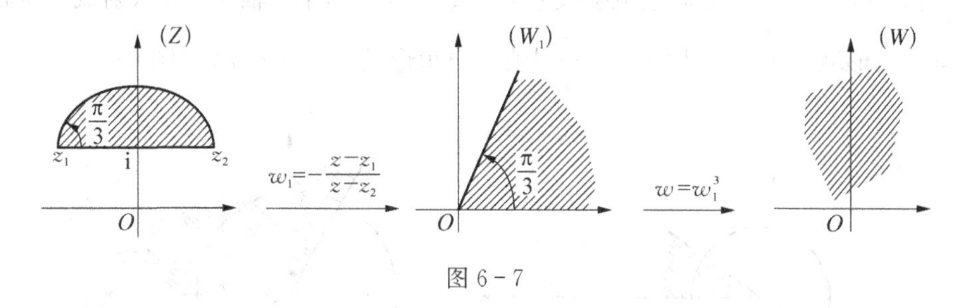

图 6-7

再通过幂函数 $w=w_1^3$ 将角形域 $0<\arg w_1<\dfrac{\pi}{3}$ 映射成上半平面(图 6-7), 最后将上述两个函数复合起来，便得所求的函数

$$w=-\left(\frac{z+\sqrt{3}-\mathrm{i}}{z-\sqrt{3}-\mathrm{i}}\right)^3.$$

例 6.6 求一函数，它把割去 i 到 3i 的线段的全平面保角映射成上半平面.

解 作分式线性映射

$$w_1=k\frac{z-\mathrm{i}}{z-3\mathrm{i}}\quad(k\text{ 为常数})$$

使 $z=\mathrm{i}$, $z=3\mathrm{i}$分别映射成 $w_1=0$ 和 $w_1=\infty$. 选取 $k=-1$, 就可以使 i 到 3i 的线段充满 W_1平面的正实轴. 再通过根式函数 $w=\sqrt{w_1}$ 把上述去掉正实轴的平面映射成上半平面(图 6-8). 最后将上述两个函数复合起来，便得所求的函数

$$w=\sqrt{-\frac{z-\mathrm{i}}{z-3\mathrm{i}}}.$$

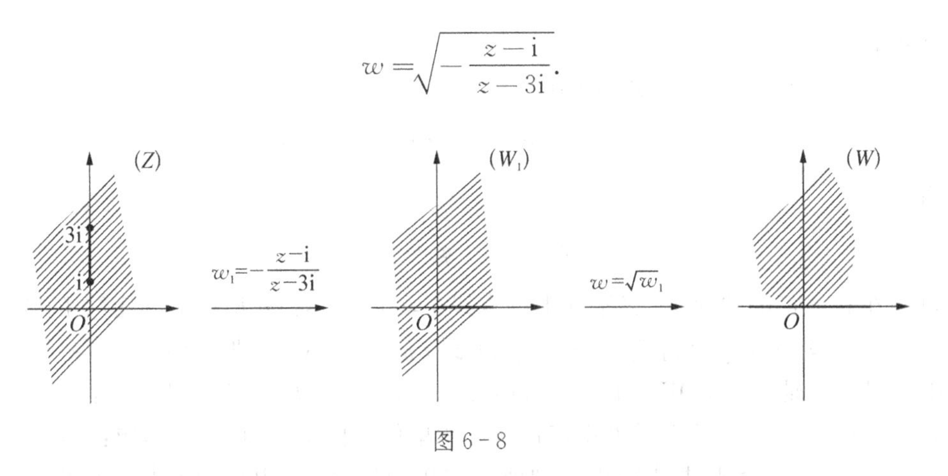

图 6-8

例 6.7 求一函数,它把割去 0 到 1 的半径的单位圆域保角映射成上半平面.

解 先作映射 $w_1=\sqrt{z}$, 它把单位圆域映射成上半单位圆域,且割去的线段充满-1到 1 的直径.

其次作分式线性映射 $w_2=k\dfrac{w_1+1}{w_1-1}$ (k 为常数),使 $w_1=-1$, $w_1=1$ 分别映射成 $w_2=0$ 与 $w_2=\infty$. 选取 $k=-1$, 就可以使上半单位圆域映射成 W_2平面的第Ⅰ像限,且使割去的线段充满 W_2平面的正实轴. 再通过幂函数 $w=w_2^2$ 把上述第Ⅰ像限映射成上半平面,割去的线段位于 W 平面的正实轴上(图 6-9). 最后将上述函数复合起来,便得所求的函数

$$w=\left(\frac{\sqrt{z}+1}{\sqrt{z}-1}\right)^2.$$

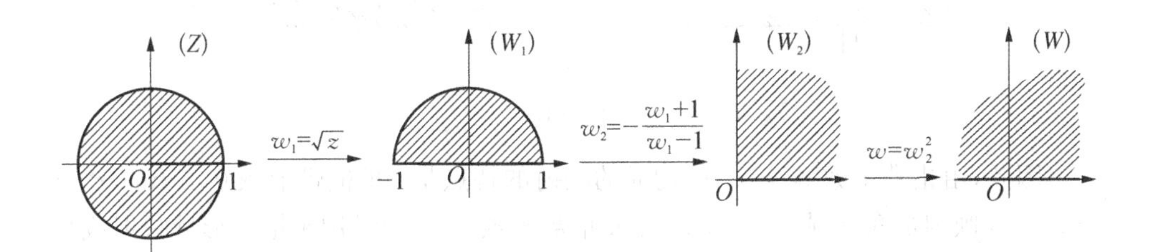

图 6-9

6.3.2 指数函数与对数函数

指数函数 $w=\mathrm{e}^z$ 在全平面上解析,且 $(\mathrm{e}^z)'=\mathrm{e}^z\neq0$, 因此它在全平面上都是

保角的.

令 $z = x + \mathrm{i}y$, $w = \rho \mathrm{e}^{\mathrm{i}\varphi}$, 则由

$$\rho \mathrm{e}^{\mathrm{i}\varphi} = \mathrm{e}^{x} \cdot \mathrm{e}^{\mathrm{i}y}$$

得

$$\rho = \mathrm{e}^{x}, \quad \varphi = y,$$

可知在 $w = \mathrm{e}^{z}$ 的映射下, Z 平面上的直线 $x = x_0$ (常数)映射成 W 平面上的圆周 $\rho = \mathrm{e}^{x_0}$,直线 $y = y_0$ (常数)映射成射线 $\varphi = \arg w = y_0$,横带形域 $0 < y < 2\pi$ 映射成沿正实轴剪开的 W 平面 $0 < \arg w < 2\pi$. 特别地,它把半带形域: $-\infty < x < 0$, $0 < y < 2\pi$ 映射成沿正实轴剪开的单位圆内部,而把半带形域: $0 < x < +\infty$, $0 < y < 2\pi$ 映射成沿正实轴剪开的单位圆外部. 由指数函数的周期性易知,横带形域 $2k\pi < y < 2(k+1)\pi$ (k 为整数)均映射成沿正实轴剪开的 W 平面(图 6-10).

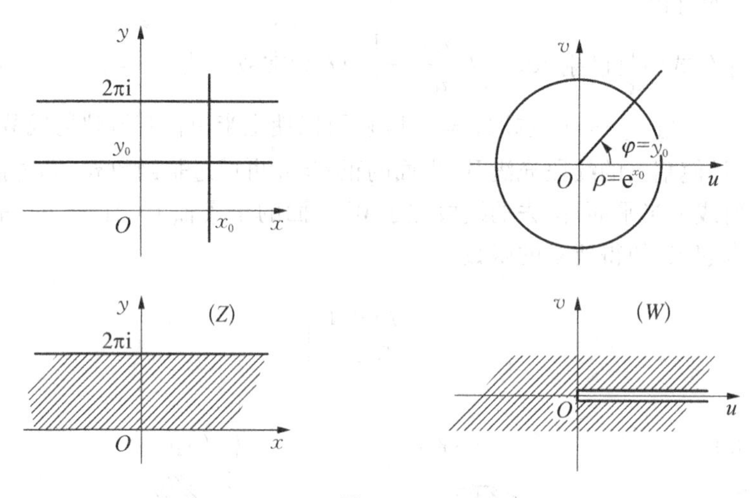

图 6-10

因此,由指数函数 $w = \mathrm{e}^{z}$ 所构成的映射的特点是: 把横带形域 $0 < \mathrm{Im}\,z < a$ ($a \leqslant 2\pi$) 映射成角形域 $0 < \arg w < a$. 指数函数 $w = \mathrm{e}^{z}$ 常用来把带形域映射成角形域.

对数函数 $w = \ln z$ 是指数函数 $z = \mathrm{e}^{w}$ 的反函数. 它所构成的映射把圆周: $|z| = r$, $0 \leqslant \arg z < 2\pi$ 映射成直线段 $\mathrm{Re}\,w = \ln r$, $2k\pi \leqslant \mathrm{Im}\,w < 2(k+1)\pi$,把区域 $0 < \arg z < 2\pi$ 映射成横带形域 $2k\pi < \mathrm{Im}\,w < 2(k+1)\pi$. 特别地,它把 Z 平面上的角形域 $0 < \arg z < \alpha$ ($\alpha \leqslant 2\pi$) 保角映射成 W 平面上的横带形域 $0 <$

$\operatorname{Im} w < \alpha$(这里 $\ln z$ 是 $0 < \arg z < 2\pi$ 内的一个单值解析分支)(图 6-11).

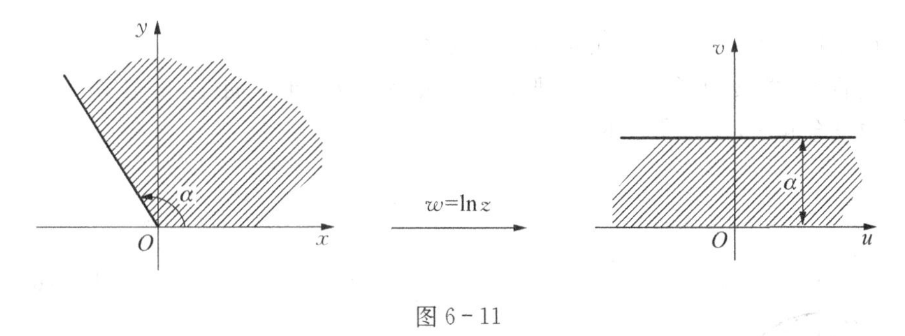

图 6-11

例 6.8 求一函数,它把横带形域 $0 < \operatorname{Im} z < \pi$ 保角映射成 $|w| < 1$.

解 先作指数函数 $w_1 = e^z$,它把横带形域 $0 < \operatorname{Im} z < \pi$ 映射成上半平面 $\operatorname{Im} w_1 > 0$.

再作分式线性映射 $w = \dfrac{w_1 - i}{w_1 + i}$,它把上半平面 $\operatorname{Im} w_1 > 0$ 映射成单位圆内部 $|w| < 1$ (图 6-12). 最后将上述两个函数复合起来,便得所求的函数

$$w = \frac{e^z - i}{e^z + i}.$$

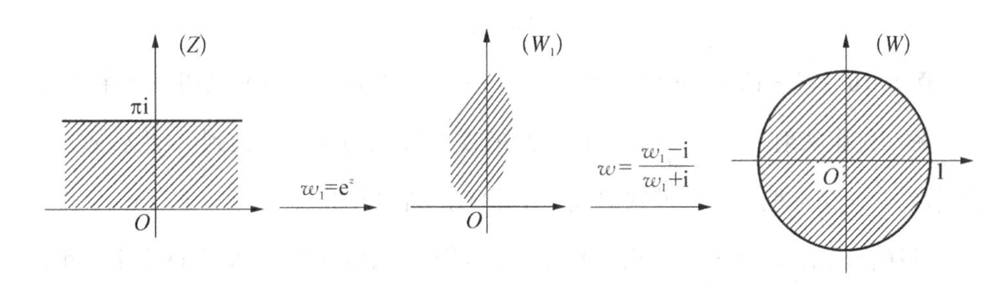

图 6-12

例 6.9 求一函数,它把新月形域: $|z| < 1$, $\left|z - \dfrac{i}{2}\right| > \dfrac{1}{2}$ 保角映射成上半平面.

解 先作分式线性映射 $w_1 = \dfrac{z}{z - i}$,把 $z = 0$, $z = i$ 和 $z = -i$ 分别映射成 $w_1 = 0$, $w_1 = \infty$ 和 $w_1 = \dfrac{1}{2}$, 它把新月形域映射成竖带形域,带宽为$\dfrac{1}{2}$.

其次作映射 $w_2 = e^{\frac{\pi}{2}i}w_1 = iw_1$，它把竖带形域逆时针旋转$\frac{\pi}{2}$，映射成横带形域.

再作映射 $w_3 = 2\pi w_2$，把带宽放大到 π.

最后通过指数函数 $w = e^{w_3}$ 把横带形域映射成上半平面(图 6-13). 因此将上述函数复合起来，便得所求的函数

$$w = e^{2\pi i \cdot \frac{z}{z-i}}.$$

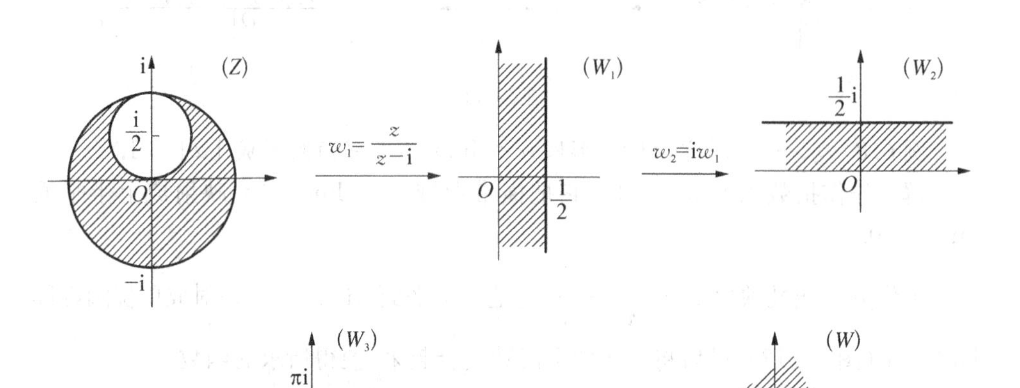

图 6-13

例 6.10 求一函数，它把区域：$\mathrm{Re}\,z > 0,\ 0 < \mathrm{Im}\,z < \alpha$ 保角映射成上半平面.

解 先作映射 $w_1 = \frac{\pi}{\alpha}z$，它把所给的横带形域的宽度放大到 π，然后通过指数函数 $w_2 = e^{w_1}$ 把上述区域映射成上半个单位圆的外部：$|w_2| > 1,\ \mathrm{Im}\,w_2 > 0$.

其次作映射 $w_3 = \frac{1}{w_2}$，它把 W_2 平面上的区域映射成 W_3 平面上的下半个单位圆的内部：$|w_3| < 1,\ \mathrm{Im}\,w_3 < 0$.

再作分式线性映射 $w_4 = -\frac{w_3 - 1}{w_3 + 1}$，它把 W_3 平面上的区域映射成 W_4 平面的第Ⅰ像限.

最后通过幂函数 $w = w_4^2$ 把上述区域映射成上半平面(图 6-14). 因此将上述函数复合起来，便得所求的函数

$$w = \left(\frac{e^{-\frac{\pi}{\alpha}z} - 1}{e^{-\frac{\pi}{\alpha}z} + 1}\right)^2.$$

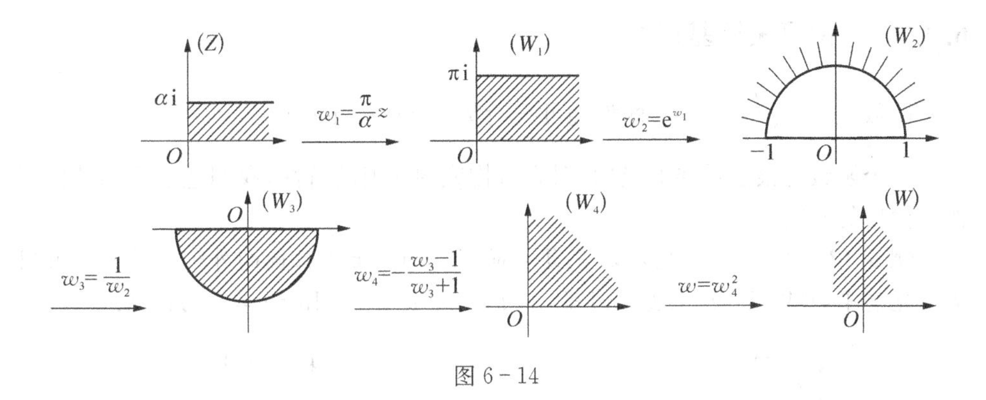

图 6 - 14

例 6.11 求一函数,它把去掉两条线段: $x\leqslant -a$, $y=0$ 和 $x\geqslant a$, $y=0$ $(a>0)$ 的全平面保角映射成带形域 $0<v<H$,并使左右两边的线段分别映射成带形域的下边界和上边界.

解 先作分式线性映射 $w_1=\dfrac{z+a}{z-a}$,使 $z=-a$ 和 $z=\infty$ 分别映射成 $w_1=0$ 和 $w_1=1$,它把左边的一条线段映射成直线段: $0\leqslant \mathrm{Re}\,w_1\leqslant 1$, $\mathrm{Im}\,w_1=0$,把右边的一条线段映射成射线: $1\leqslant \mathrm{Re}\,w_1<+\infty$, $\mathrm{Im}\,w_1=0$. 两条线段合并为一条,即为 W_1 平面的正实轴.

然后作函数 $w_2=\sqrt{w_1}$,它把去掉正实轴的全平面映射成上半平面,原来的左线段映射成直线段: $-1\leqslant \mathrm{Re}\,w_2\leqslant 1$, $\mathrm{Im}\,w_2=0$,原来的右线段映射成两条射线: $\mathrm{Re}\,w_2\leqslant -1$, $\mathrm{Im}\,w_2=0$ 和 $\mathrm{Re}\,w_2\geqslant 1$, $\mathrm{Im}\,w_2=0$.

其次作分式线性映射 $w_3=-\dfrac{w_2+1}{w_2-1}$,它把上半平面映射成上半平面,且使原来的左线段映射成 W_3 平面的正实轴,原来的右线段映射成直线段: $-1\leqslant \mathrm{Re}\,w_3\leqslant 0$, $\mathrm{Im}\,w_3=0$ 和 $-\infty<\mathrm{Re}\,w_3\leqslant -1$, $\mathrm{Im}\,w_3=0$,合起来即为负实轴.

再通过对数函数 $w_4=\ln w_3$ 把上半平面映射成横带形域,带宽为 π,且使左线段映射成区域的下边界,右线段映射成区域的上边界.

最后作函数 $w=\dfrac{H}{\pi}w_4$ 把带宽变为 H(图 6 - 15). 因此将上述函数复合起来,便得所求的函数

$$w=\frac{H}{\pi}\ln\left(-\frac{z+\sqrt{z^2-a^2}}{a}\right).$$

6.3.3* 儒可夫斯基函数

函数 $w=\frac{1}{2}\left(z+\frac{1}{z}\right)$ 称为儒可夫斯基(Жуковский)函数.

这个函数有很多重要的应用.对它所构成的映射的特性,我们通过下面的例子作一简单的介绍.

例 6.12 求一函数,它把扩充复平面(Z 平面)上单位圆的外部 $|z|>1$ 映射成扩充复平面(W 平面)上去掉线段:$-1\leqslant \mathrm{Re}w\leqslant 1$, $\mathrm{Im}w=0$ 的区域.

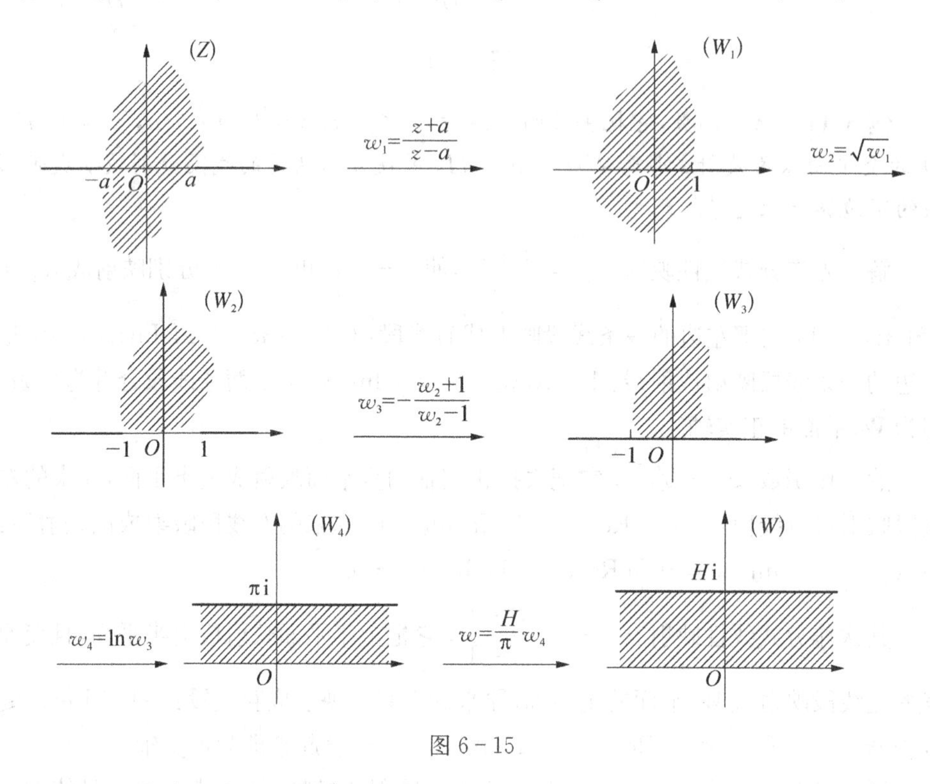

图 6-15

解 先作分式线性映射

$$t=\frac{w+1}{w-1}, \tag{6-2}$$

使 $w=-1$, $w=0$ 及 $w=1$ 分别映射成 $t=0$, $t=-1$ 及 $t=\infty$. 因此,它把实轴映射成实轴,且把 W 平面上的裂缝:$-1\leqslant \mathrm{Re}w\leqslant 1$, $\mathrm{Im}w=0$ 映射成 T 平面上的负实轴:$\mathrm{Re}t\leqslant 0$, $\mathrm{Im}t=0$. 这样,映射式(6-2)把扩充的 W 平面上的已给区域保角地映射成 T 平面上除去负实轴的区域.

再作分式线性映射

$$\zeta=\frac{z+1}{z-1},\tag{6-3}$$

它把 Z 平面上的单位圆周 $|z|=1$ 映射成 ζ 平面的虚轴. 根据边界对应原理,可知映射式(6-2)把扩充的 Z 平面上单位圆的外部 $|z|>1$ 映射成 ζ 平面的右半平面: $\mathrm{Re}\,\zeta>0$.

最后作映射

$$t=\zeta^2,\tag{6-4}$$

把 $\zeta=\pm\mathrm{i}$ 映射成 $t=-1$. 因此,它把 ζ 平面的虚轴映射成 T 平面的负实轴,且把 ζ 平面的右半平面 $-\frac{\pi}{2}<\arg\zeta<\frac{\pi}{2}$ 映射成 T 平面上的区域 $-\pi<\arg t<\pi$. 于是,映射式(6-4)把 ζ 平面的右半平面映射成 T 平面上除去负实轴的区域. 因此将映射式(6-2)、式(6-3)、式(6-4)复合起来,由等式

$$\frac{w+1}{w-1}=\left(\frac{z+1}{z-1}\right)^2$$

所确定的函数

$$w=\frac{1}{2}\left(z+\frac{1}{z}\right)$$

就是所求的函数,即儒可夫斯基函数.

由例 6.12 可见,儒可夫斯基函数把扩充的 Z 平面上单位圆的外部 $|z|>1$ 一一对应地保角地映射成扩充的 W 平面上除去直线段[-1, 1]以外的区域.

若作变换 $z^*=\frac{1}{z}$, 则 $|z|>1$ 被保角地映射成 $|z^*|<1$, 且 $w=\frac{1}{2}\left(z+\frac{1}{z}\right)$变为$w=\frac{1}{2}\left(z^*+\frac{1}{z^*}\right)$. 可见儒可夫斯基函数把 $|z|<1$ 也一一对应地保角地映射成扩充复平面上除去直线段[-1, 1]以外的区域.

用类似例 6.12 的解法,可以证明,儒可夫斯基函数可以把 Z 平面上过 $z=1$ 与 $z=-1$ 两点的圆周 c(圆心在上半虚轴上)一一对应地保角地映射成 W 平面上过 $w=1$ 与 $w=-1$ 两点的圆弧 AB(圆心在下半虚轴上). 于是 Z 平面上围绕圆周 c 且与其相切于 $z=1$ 的任一圆周 c^* 的外部,可以通过儒可夫斯基函数 $w=\frac{1}{2}\left(z+\frac{1}{z}\right)$, 映射成 W 平面上包含 AB 弧在内的某一闭曲线的外部,且这条闭曲

线在点 $w=1$ 处有一尖点(图 6-16). 这种闭曲线就是一种特殊的机翼横截面的边界曲线. 儒可夫斯基就是以这个结果为基础,提出了求各种机翼截面的方法. 儒可夫斯基函数因此而得名.

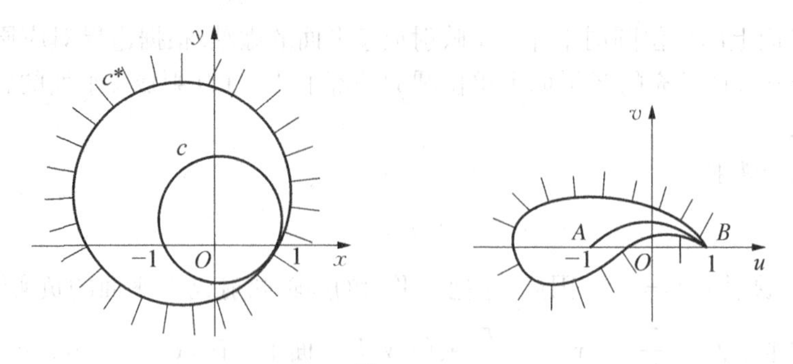

图 6-16

作为儒可夫斯基函数的一个应用,最后再举一例.

例 6.13 求一函数,它把 Z 平面上上半个单位圆的内部: $\operatorname{Im} z>0$, $|z|<1$ 一一对应地保角地映射成 W 平面上单位圆的内部 $|w|<1$.

解 先作儒可夫斯基函数

$$w_1=\frac{1}{2}\left(z+\frac{1}{z}\right),$$

把 Z 平面上上半个单位圆内部: $\operatorname{Im} z>0$, $|z|<1$ 映射成 W_1 平面的下半平面 $\operatorname{Im} w_1<0$.

其次通过映射

$$w_2=-w_1,$$

把下半平面 $\operatorname{Im} w_1<0$ 映射成上半平面 $\operatorname{Im} w_2>0$.

再由 6.2 节,作分式线性映射

$$w=\frac{w_2-\mathrm{i}}{w_2+\mathrm{i}},$$

把上半平面 $\operatorname{Im} w_2>0$ 映射成单位圆内部 $|w|<1$ (图 6-17). 因此将上述函数复合起来,便得所求函数

$$w=\frac{-\frac{1}{2}\left(z+\frac{1}{z}\right)-\mathrm{i}}{-\frac{1}{2}\left(z+\frac{1}{z}\right)+\mathrm{i}}=\frac{z^2+2\mathrm{i}z+1}{z^2-2\mathrm{i}z+1}.$$

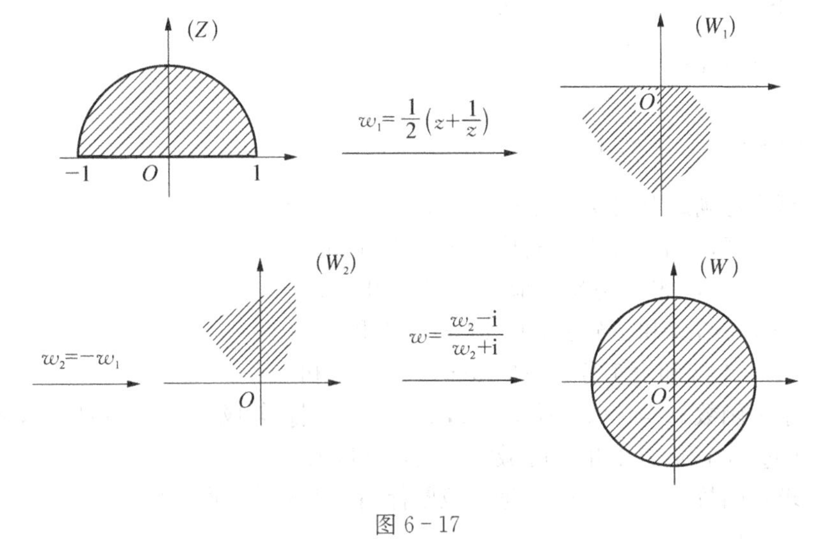

图 6 - 17

习　题　6

1. 求下列各解析函数所构成的映射在指定点处的伸缩率和旋转角：

(1) $w=z^3$，在 $z_1=-\frac{1}{4}$ 和 $z_2=\sqrt{3}-\mathrm{i}$ 处.

(2) $w=(1+\sqrt{3}\mathrm{i})z+(2-\mathrm{i})$，在 $z_1=1$ 和 $z_2=-3+2\mathrm{i}$ 处.

(3) $w=\mathrm{e}^z$，在 $z_1=\frac{\pi}{2}\mathrm{i}$ 和 $z_2=2-\pi\mathrm{i}$ 处.

2. 设映射由下列函数所构成，试阐明在 Z 平面上哪一部分被放大了，哪一部分被压缩了：

(1) $w=z^2+2z$.

(2) $w=\mathrm{e}^z$.

3. 求出以 $z_1=-\mathrm{i}$，$z_2=2-\mathrm{i}$，$z_3=1+\mathrm{i}$，$z_4=\mathrm{i}$ 为顶点的梯形内部在映射 $w=2\mathrm{i}z+1+\mathrm{i}$ 下的像区域.

4. 求一函数 $w=f(z)$，它把顶点为 $z_1=0$，$z_2=-1$，$z_3=-1-4\mathrm{i}$，$z_4=-4\mathrm{i}$ 的矩形内部映射成顶点为 $w_1=2-\mathrm{i}$，$w_2=1$，$w_3=-3-4\mathrm{i}$，$w_4=-2-5\mathrm{i}$ 的矩形内部.

5. 求出下列区域在指定的映射下的像：

(1) $\operatorname{Re} z>0$，$w=\mathrm{i}z+\mathrm{i}$.

(2) $\operatorname{Im} z > 0$, $w = (1+\mathrm{i})z$.

(3) $0 < \operatorname{Im} z < \dfrac{1}{2}$, $w = \dfrac{1}{z}$.

(4) $\operatorname{Re} z > 0$, $0 < \operatorname{Im} z < 1$, $w = \dfrac{\mathrm{i}}{z}$.

6. 试决定满足下列要求的分式线性映射 $w = f(z)$：

(1) $z = 2$, i 和 -2 分别对应 $w = -1$, i 和 1.

(2) $z = \infty$, i 和 0 分别对应 $w = 0$, i 和 ∞.

(3) $z = \infty$, 0 和 1 分别对应 $w = 0$, 1 和 ∞.

(4) $z = 1$, i 和 -1 分别对应 $w = \infty$, -1 和 0.

7. 求一函数 $w = f(z)$，使 $z = 1$, i 和 $-\mathrm{i}$ 分别映射成 $w = 1$, 0 和 -1，并指出此映射把过 1, i 和 $-\mathrm{i}$ 的单位圆域映射成什么区域.

8. 求一函数 $w = f(z)$，它把单位圆保角映射成单位圆，并使：

(1) $f\left(\dfrac{1}{2}\right) = 0$, $\arg f'\left(\dfrac{1}{2}\right) = 0$.

(2) $f(0) = 0$, $\arg f'(0) = -\dfrac{\pi}{2}$.

9. 求把上半平面 $\operatorname{Im} z > 0$ 映射成圆域 $|w| < R$ 的函数 $w = f(z)$，它使 $f(\mathrm{i}) = 0$, $f'(\mathrm{i}) = 1$，并计算 R 的值.

10. 求一函数 $w = f(z)$，它把圆域 $|z - z_0| < r$ 保角映射成圆域 $|w - w_0| < R$.

11. 求一函数，它把第Ⅰ像限 $0 < \arg z < \dfrac{\pi}{2}$ 映射成单位圆 $|w| < 1$，并使 $z = 1 + \mathrm{i}$, 0 分别映射成 $w = 0$, 1.

12. 求函数 $w = f(z)$，它把下列各区域(阴影部分)保角映射成上半平面：

(1) $|z| < 1$, $|z + \mathrm{i}| > 1$(图 6-18).

(2) $0 < \arg z < \dfrac{\pi}{3}$, $|z| < 1$(图 6-19).

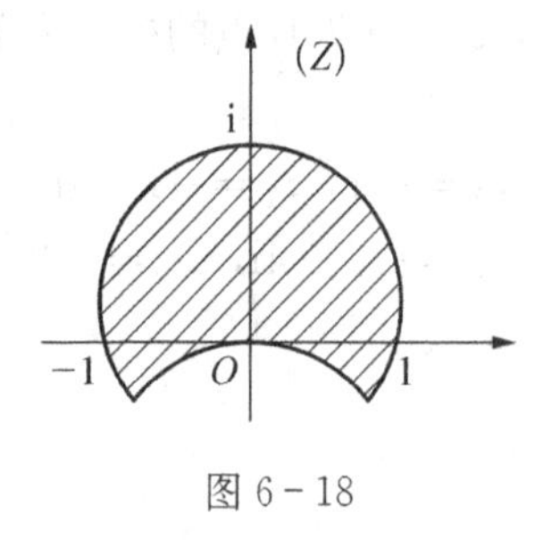

图 6-18

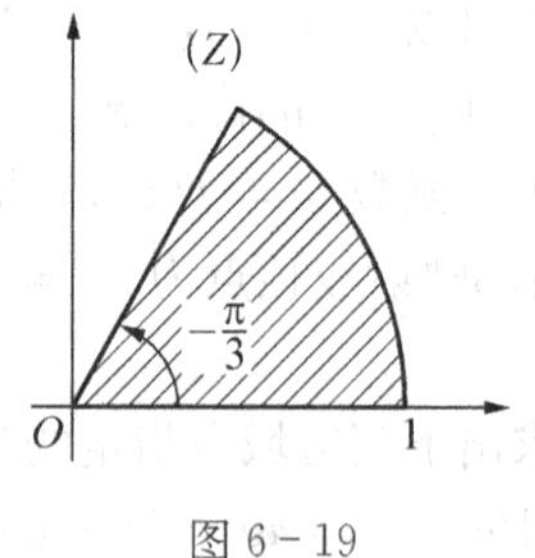

图 6-19

(3) $|z+\mathrm{i}|<2$, $\mathrm{Im}\,z>0$(图 6 - 20).

(4) $|z|<2$, $|z-1|>1$(图 6 - 21).

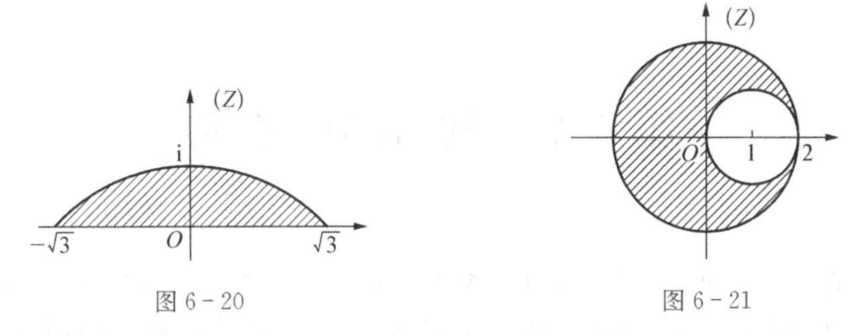

图 6 - 20　　　　图 6 - 21

13. 求一函数,它把区域:$|z|>2$, $|z-3|>1$ 映射成上半平面(图 6 - 22).

14. 求一函数,它把割去 $1+\mathrm{i}$ 到 $2+2\mathrm{i}$ 的直线段的全平面映射成上半平面(图 6 - 23).

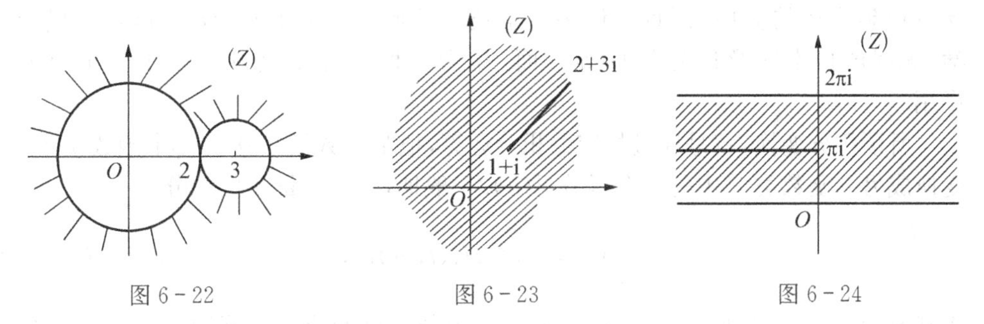

图 6 - 22　　　　图 6 - 23　　　　图 6 - 24

15. 求一函数,它把带形域:$a<\mathrm{Re}\,z<b$, $-\infty<\mathrm{Im}\,z<+\infty$ 映射成上半平面.

16. 求一函数,它把割去射线:$-\infty<\mathrm{Re}\,z\leqslant 0$, $\mathrm{Im}\,z=\pi$ 的带形域 $0<\mathrm{Im}\,z<2\pi$ 保角映射成带形域 $0<\mathrm{Im}\,w<2\pi$ (图 6 - 24).

第 2 篇　积分变换

第 7 章　傅里叶变换

在自然科学和工程技术中为把复杂的运算转化为较简单的运算，人们常采用变换的方法来达到目的. 例如，在初等数学中，数量的乘积和商可以通过对数变换化为较简单的加法和减法运算. 在工程数学中，积分变换能将分析运算(如微分、积分)转化为代数运算，正是积分变换的这一特性，使得它成为求解微分方程、积分方程的重要的方法之一. 积分变换理论不仅在数学的诸多分支中得到广泛的应用，而且在许多科学技术领域中，例如物理学、力学、现代光学、无线电技术以及信号处理等方面，作为一种研究工具发挥着十分重要的作用.

所谓积分变换，就是通过特定的积分运算，把某函数类 $\mathscr{D}$ 中的一个函数 $f(t)$，变换成另一函数类 $\mathscr{R}$ 中的一个函数 $F(\omega)$. 一般地，含参变量 ω 的积分

$$F(\omega)=\int_a^b f(t)K(t,\ \omega)\mathrm{d}t, \tag{7-1}$$

将某函数类 $\mathscr{D}$ 中的函数 $f(t)$，通过上述的积分运算变成另一函数类 $\mathscr{R}$ 中的函数 $F(\omega)$ 就称为一个积分变换，其中：$K(t,\ \omega)$ 为一确定的二元函数，称为积分变换的核. 当选取不同的积分变换核和积分域时，就可以得到不同的积分变换. 特别地，当积分核 $K(t,\ \omega)=\mathrm{e}^{-\mathrm{i}\omega t}$，且 $a=-\infty$, $b=+\infty$ 时，称式(7-1)中 $F(\omega)$ 为函数 $f(t)$ 的傅里叶(Fourier)变换，同时，称 $f(t)$ 为 $F(\omega)$ 的傅里叶逆变换. 如果取 $K(t,\ \omega)=\mathrm{e}^{-\omega t}$，且 $a=0$, $b=+\infty$，称式(7-1)中的 $F(\omega)$ 为函数 $f(t)$ 的拉普拉斯(Laplace)变换，相应地，称 $f(t)$ 为 $F(\omega)$ 的拉普拉斯逆变换. 如果取 $K(t,\ \omega)=\sin\omega t$，且 $a=0$, $b=+\infty$，称式(7-1)中的 $F(\omega)$ 为函数 $f(t)$ 的正弦变换，相应地，称 $f(t)$ 为 $F(\omega)$ 的正弦逆变换. 取 $K(t,\ \omega)=\cos\omega t$，且 $a=0$, $b=+\infty$，称式(7-1)中的 $F(\omega)$ 为函数 $f(t)$ 的余弦变换，相应地，称 $f(t)$ 为 $F(\omega)$ 的余弦逆变换.

7.1 傅里叶积分公式

7.1.1 傅里叶级数

在工程计算中，常用到随时间而变的周期函数 $f_T(t)$. 最常用的周期函数为三角函数. 人们发现，周期函数均可以用一系列的三角函数的线性组合来逼近. 由于研究周期函数实际上只须研究其中一个周期内的情况，因此，通常研究在闭区间 $\left[-\frac{T}{2}, \frac{T}{2}\right]$ 内函数变化的情况即可. 设 $f_T(t)$ 为以 T 为周期的周期函数，且在 $\left[-\frac{T}{2}, \frac{T}{2}\right]$ 满足狄利赫莱(Dirichlet)条件：① $f_T(t)$ 连续或仅有有限个第一类间断点；② $f_T(t)$ 仅有有限个极值点. 则 $f_T(t)$ 可展开为傅里叶级数，且在连续点 t 处有

$$f_T(t) = \frac{a_0}{2} + \sum_{n=1}^{\infty}(a_n \cos n\omega t + b_n \sin n\omega t), \tag{7-2}$$

其中

$$\begin{cases} \omega = 2\pi/T, \\ a_n = \dfrac{2}{T}\displaystyle\int_{-\frac{T}{2}}^{\frac{T}{2}} f_T(t)\cos n\omega t\,\mathrm{d}t \quad (n = 0, 1, \cdots), \\ b_n = \dfrac{2}{T}\displaystyle\int_{-\frac{T}{2}}^{\frac{T}{2}} f_T(t)\sin n\omega t\,\mathrm{d}t \quad (n = 1, 2, \cdots). \end{cases} \tag{7-3}$$

在间断点 t 处有

$$\frac{f_T(t+0) + f_T(t-0)}{2} = \frac{a_0}{2} + \sum_{n=1}^{\infty}(a_n \cos n\omega t + b_n \sin n\omega t). \tag{7-4}$$

利用三角函数的复数表示

$$\cos n\omega t = \frac{\mathrm{e}^{\mathrm{i}n\omega t} + \mathrm{e}^{-\mathrm{i}n\omega t}}{2}, \ \sin n\omega t = \frac{\mathrm{e}^{\mathrm{i}n\omega t} - \mathrm{e}^{-\mathrm{i}n\omega t}}{2\mathrm{i}},$$

式(7-2)右端可化为

$$\frac{a_0}{2} + \sum_{n=1}^{\infty}\left(a_n \frac{\mathrm{e}^{\mathrm{i}n\omega t} + \mathrm{e}^{-\mathrm{i}n\omega t}}{2} + b_n \frac{\mathrm{e}^{\mathrm{i}n\omega t} - \mathrm{e}^{-\mathrm{i}n\omega t}}{2\mathrm{i}}\right) = \frac{a_0}{2} + \sum_{n=1}^{\infty}\left(\frac{a_n - \mathrm{i}b_n}{2}\mathrm{e}^{\mathrm{i}n\omega t} + \frac{a_n + \mathrm{i}b_n}{2}\mathrm{e}^{-\mathrm{i}n\omega t}\right).$$

令

$$c_0=\frac{a_0}{2},\ c_n=\frac{a_n-\mathrm{i}b_n}{2},\ d_n=\frac{a_n+\mathrm{i}b_n}{2},$$

则

$$c_0=\frac{1}{T}\int_{-\frac{T}{2}}^{\frac{T}{2}}f_T(t)\mathrm{d}t,$$

$$c_n=\frac{1}{T}\int_{-\frac{T}{2}}^{\frac{T}{2}}[\cos n\omega t-\mathrm{i}\sin n\omega t]\mathrm{d}t=\frac{1}{T}\int_{-\frac{T}{2}}^{\frac{T}{2}}f_T(t)\mathrm{e}^{-\mathrm{i}n\omega t}\mathrm{d}t,$$

$$d_n=\frac{1}{T}\int_{-\frac{T}{2}}^{\frac{T}{2}}[\cos n\omega t+\mathrm{i}\sin n\omega t]\mathrm{d}t=\frac{1}{T}\int_{-\frac{T}{2}}^{\frac{T}{2}}f_T(t)\mathrm{e}^{\mathrm{i}n\omega t}\mathrm{d}t.$$

由于

$$d_n=c_{-n}=\overline{c_n},$$

级数式(7-2)可表示为

$$f_T(t)=\frac{1}{T}\sum_{n=-\infty}^{+\infty}\left[\int_{-\frac{T}{2}}^{\frac{T}{2}}f_T(t)\mathrm{e}^{-\mathrm{i}n\omega\tau}\mathrm{d}\tau\right]\mathrm{e}^{\mathrm{i}n\omega t}.\qquad(7-5)$$

称式(7-5)为傅里叶级数的复数形式.其物理意义为:周期为 T 的周期函数 $f_T(t)$,可以分解为频率为$\frac{2n\pi}{T}$,复振幅为 c_n 的复简谐波的叠加.称 c_n 为 $f_T(t)$的离散频谱;$|c_n|$为 $f_T(t)$的离散振幅频谱;$\arg c_n$ 为 $f_T(t)$的离散相位频谱.若以 $f_T(t)$描述某种信号,则 c_n 可以刻画 $f_T(t)$的频率特征.

例 7.1 求周期方波 $f(t)=\begin{cases}A & \left(0<t<\frac{T_0}{2}\right),\\ -A & \left(-\frac{T_0}{2}<t<0\right),\end{cases}$ $f(t)=f(t+T_0)$ 的傅里叶级数.

解

$$c_0=\frac{1}{T_0}\int_{\frac{-T_0}{2}}^{\frac{T_0}{2}}f(t)\mathrm{d}t=0,$$

$$c_n=\frac{1}{T_0}\int_{\frac{-T_0}{2}}^{\frac{T_0}{2}}f(t)\mathrm{e}^{-\mathrm{i}n\omega t}\mathrm{d}t$$

$$= \frac{1}{T_0}\int_{-\frac{T_0}{2}}^{0}(-A)\mathrm{e}^{-\mathrm{i}n\omega t}\,\mathrm{d}t + \frac{1}{T_0}\int_{0}^{\frac{T_0}{2}}A\mathrm{e}^{-\mathrm{i}n\omega t}\,\mathrm{d}t$$

$$= \frac{A}{\mathrm{i}n\pi}(1-\cos n\pi) \quad (n \neq 0)$$

$$= \begin{cases} 0 \ (n \neq \pm 2, \pm 4, \cdots), \\ -\mathrm{i}\,\dfrac{2A}{n\pi} \quad (n \neq \pm 1, \pm 3, \cdots). \end{cases}$$

从而

$$f(t) = \sum_{n=-\infty}^{+\infty}\left(-\mathrm{i}\,\frac{2A}{n\pi}\right)\mathrm{e}^{\mathrm{i}n\omega t} \quad (n = \pm 1, \pm 3, \pm 5, \cdots)$$

$$|c_n| = \frac{2A}{n\pi},\ \arg c_n = \begin{cases} -\dfrac{\pi}{2} \quad (n>0), \\ \dfrac{\pi}{2} \quad (n<0). \end{cases}$$

7.1.2 傅里叶积分公式

对任何一个非周期函数 $f(t)$,都可以看成是由某个周期函数 $f_T(t)$ 当周期 $T\to+\infty$ 时极限. 事实上,作周期为 T 的周期函数 $f_T(t)$,使其在 $[-T/2, T/2]$ 之内等于 $f(t)$,在 $[-T/2, T/2]$ 之外按周期 T 延拓至整个数轴上,则 T 越大,$f_T(t)$ 与 $f(t)$ 相等的范围也越大,这就说明当 $T\to+\infty$ 时,周期函数 $f_T(t)$ 便可转化为 $f(t)$,即有

$$\lim_{T\to+\infty} f_T(t) = f(t).$$

因此,非周期函数 $f(t)$ 的傅里叶展开式可以看成周期函数 $f_T(t)$ 的傅里叶展开式当 $T\to+\infty$ 的极限形式,即

$$f(t) = \lim_{T\to+\infty} f_T(t) = \lim_{T\to+\infty}\frac{1}{T}\sum_{n=-\infty}^{+\infty}\left[\int_{-\frac{T}{2}}^{\frac{T}{2}} f_T(\tau)\mathrm{e}^{-\mathrm{i}n\omega\tau}\,\mathrm{d}\tau\right]\mathrm{e}^{\mathrm{i}n\omega t}. \qquad (7-6)$$

令

$$\omega_n = n\omega,\ \Delta\omega = \omega_n - \omega_{n-1} = \frac{2\pi}{T},$$

当 n 取一切整数时,ω_n 所对应的点便均匀地分布在整个数轴上(图 7-1). 由于 $\Delta\omega\to 0$ 等价于 $T\to+\infty$,此时,可视 ω_n 为连续变量 ω. 由式(7-6)得

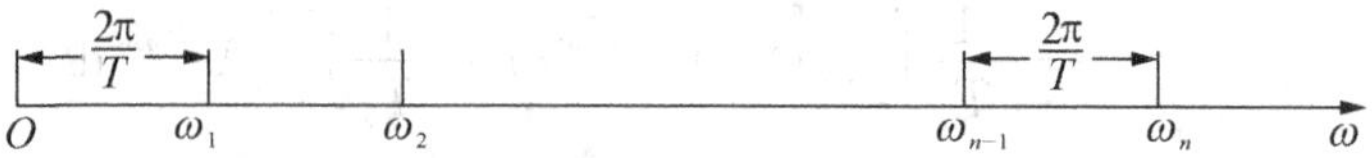

图 7 - 1

$$f(t)=\lim_{T\to+\infty}\frac{1}{T}\sum_{n=-\infty}^{+\infty}\left[\int_{-\frac{T}{2}}^{\frac{T}{2}}f_T(\tau)\mathrm{e}^{-\mathrm{i}\omega_n\tau}\mathrm{d}\tau\right]\mathrm{e}^{\mathrm{i}\omega_n t} \tag{7-7}$$

$$=\lim_{\Delta\omega_n\to 0}\frac{1}{2\pi}\sum_{n=-\infty}^{+\infty}\left[\int_{-\frac{T}{2}}^{\frac{T}{2}}f_T(\tau)\mathrm{e}^{-\mathrm{i}\omega_n\tau}\mathrm{d}\tau\right]\mathrm{e}^{\mathrm{i}\omega_n t}\Delta\omega_n. \tag{7-8}$$

令

$$F_T(\omega_n)=\int_{-\frac{T}{2}}^{\frac{T}{2}}f_T(\tau)\mathrm{e}^{-\mathrm{i}\omega_n\tau}\mathrm{d}\tau,$$

则

$$\lim_{T\to+\infty}F_T(\omega_n)=\int_{-\infty}^{+\infty}f(\tau)\mathrm{e}^{-\mathrm{i}\omega\tau}\mathrm{d}\tau,$$

由定积分定义及式(7 - 7)得

$$f(t)=\frac{1}{2\pi}\int_{-\infty}^{+\infty}\left[\int_{-\infty}^{+\infty}f(\tau)\mathrm{e}^{-\mathrm{i}\omega\tau}\mathrm{d}\tau\right]\mathrm{e}^{\mathrm{i}\omega t}\mathrm{d}\omega. \tag{7-9}$$

称式(7 - 9)为非周期函数 $f(t)$的傅里叶积分公式.

将上述推导归纳为如下定理:

定理 7.1(傅里叶积分定理) 若函数 $f(t)$在任一有限区间上满足狄利赫莱条件,且在区间$(-\infty,+\infty)$上绝对可积,则 $f(t)$可表示傅里叶积分(7 - 9)的形式,且当 t 为 $f(t)$的连续点时

$$\frac{1}{2\pi}\int_{-\infty}^{+\infty}\left[\int_{-\infty}^{+\infty}f(\tau)\mathrm{e}^{-\mathrm{i}\omega\tau}\mathrm{d}\tau\right]\mathrm{e}^{\mathrm{i}\omega t}\mathrm{d}\omega=f(t), \tag{7-10}$$

当 t 为 $f(t)$的间断点时

$$\frac{1}{2\pi}\int_{-\infty}^{+\infty}\left[\int_{-\infty}^{+\infty}f(\tau)\mathrm{e}^{-\mathrm{i}\omega\tau}\mathrm{d}\tau\right]\mathrm{e}^{\mathrm{i}\omega t}\mathrm{d}\omega=\frac{f(t+0)+f(t-0)}{2}. \tag{7-11}$$

$f(t)$的傅里叶积分公式也可以转化为三角形式. 由式(7 - 9)得

$$f(t)=\frac{1}{2\pi}\int_{-\infty}^{+\infty}\left[\int_{-\infty}^{+\infty}f(\tau)\mathrm{e}^{-\mathrm{i}\omega\tau}\mathrm{d}\tau\right]\mathrm{e}^{\mathrm{i}\omega t}\mathrm{d}\omega=\frac{1}{2\pi}\int_{-\infty}^{+\infty}\left[\int_{-\infty}^{+\infty}f(\tau)\mathrm{e}^{\mathrm{i}\omega(t-\tau)}\mathrm{d}\tau\right]\mathrm{d}\omega$$

$$= \frac{1}{2\pi}\int_{-\infty}^{+\infty}\left[\int_{-\infty}^{+\infty} f(\tau)\cos\omega(t-\tau)\,\mathrm{d}\tau + \mathrm{i}\int_{-\infty}^{+\infty} f(\tau)\sin\omega(t-\tau)\,\mathrm{d}\tau\right]\mathrm{d}\omega.$$

由于$\int_{-\infty}^{+\infty} f(\tau)\sin\omega(t-\tau)\,\mathrm{d}\tau$是$\omega$的奇函数，$\int_{-\infty}^{+\infty} f(\tau)\cos\omega(t-\tau)\,\mathrm{d}\tau$为$\omega$的偶函数，从而上式可化为

$$f(t) = \frac{1}{\pi}\int_{0}^{+\infty}\left[\int_{-\infty}^{+\infty} f(\tau)\cos\omega(t-\tau)\,\mathrm{d}\tau\right]\mathrm{d}\omega, \tag{7-12}$$

称式(7-12)为$f(t)$的傅里叶积分的三角表示式.

利用余弦函数的和差化积公式,式(7-12)可化为

$$\begin{aligned} f(t) &= \frac{1}{\pi}\int_{0}^{+\infty}\left[\int_{-\infty}^{+\infty} f(\tau)\cos\omega\tau\,\mathrm{d}\tau\right]\cos\omega t\,\mathrm{d}\omega + \int_{0}^{+\infty}\left[\int_{-\infty}^{+\infty} f(\tau)\cos\omega\tau\,\mathrm{d}\tau\right]\sin\omega t\,\mathrm{d}\omega \\ &= \int_{0}^{+\infty}[A(\omega)\cos\omega t + B(\omega)\sin\omega t]\,\mathrm{d}\omega, \end{aligned} \tag{7-13}$$

其中

$$A(\omega) = \frac{1}{\pi}\int_{-\infty}^{+\infty} f(\tau)\cos\omega\tau\,\mathrm{d}\tau,$$

$$B(\omega) = \frac{1}{\pi}\int_{-\infty}^{+\infty} f(\tau)\sin\omega\tau\,\mathrm{d}\tau.$$

特别地,当$f(t)$为偶函数时

$$A(\omega) = \frac{2}{\pi}\int_{0}^{+\infty} f(\tau)\cos\omega\tau\,\mathrm{d}\tau,$$

$$B(\omega) = 0.$$

此时

$$f(t) = \int_{0}^{+\infty} A(\omega)\cos\omega t\,\mathrm{d}\omega = \frac{2}{\pi}\int_{0}^{+\infty}\left[\int_{0}^{+\infty} f(\tau)\cos\omega\tau\,\mathrm{d}\tau\right]\cos\omega t\,\mathrm{d}\omega, \tag{7-14}$$

称式(7-14)为余弦傅里叶积分公式.

同理,当$f(t)$为奇函数时

$$A(\omega) = 0,$$

$$B(\omega) = \frac{2}{\pi}\int_{0}^{+\infty} f(\tau)\sin\omega\tau\,\mathrm{d}\tau,$$

此时

$$f(t)=\int_0^{+\infty}B(\omega)\sin\omega t\,\mathrm{d}\omega=\frac{2}{\pi}\int_0^{+\infty}\left[\int_0^{+\infty}f(\tau)\sin\omega\tau\,\mathrm{d}\tau\right]\sin\omega t\,\mathrm{d}\omega,\tag{7-15}$$

称式(7-15)为正弦傅里叶积分公式.

当 $f(t)$定义在$(0, +\infty)$时,可作奇延拓或偶延拓到$(-\infty, +\infty)$,从而得到正弦或余弦傅里叶积分公式.

例 7.2 求 $f(t)=\mathrm{e}^{-\beta|t|}\ (\beta>0)$ 的傅里叶积分.

解 由于 $f(t)$是偶函数,故

$$f(t)=\frac{2}{\pi}\int_0^{+\infty}[f(\tau)\cos\omega\tau\,\mathrm{d}\tau]\cos\omega t\,\mathrm{d}\omega=\frac{2}{\pi}\int_0^{+\infty}[\mathrm{e}^{-\beta\tau}\cos\omega\tau\,\mathrm{d}\tau]\cos\omega t\,\mathrm{d}\omega.$$

记: $I=\int_0^{+\infty}\mathrm{e}^{-\beta\tau}\cos\omega\tau\,\mathrm{d}\tau$, 经两次分部积分得

$$I=\frac{\beta}{\omega^2+\beta^2},$$

从而

$$f(t)=\frac{2\beta}{\pi}\int_0^{+\infty}\frac{\cos\omega t}{\omega^2+\beta^2}\mathrm{d}\omega,$$

由此可得

$$\int_0^{+\infty}\frac{\cos\omega t}{\omega^2+\beta^2}\mathrm{d}\omega=\frac{\pi}{2\beta}\mathrm{e}^{-\beta|t|}.$$

7.2 傅里叶变换

7.2.1 傅里叶变换的定义

在傅里叶积分公式中,如果记

$$F(\omega)=\int_{-\infty}^{+\infty}f(t)\mathrm{e}^{-\mathrm{i}\omega t}\mathrm{d}t,\ \omega\in(-\infty, +\infty),\tag{7-16}$$

则

$$f(t)=\frac{1}{2\pi}\int_{-\infty}^{+\infty}F(\omega)\mathrm{e}^{\mathrm{j}\omega t}\,\mathrm{d}\omega. \tag{7-17}$$

定义 7.1 设 $f(t)$和 $F(\omega)$分别定义在 $\mathbf{R}$ 上的实值和复值函数，称它们为一组傅里叶变换对. $F(\omega)$为 $f(t)$的像函数或傅里叶变换，记为 $\mathscr{F}[f(t)]$；$f(t)$为$F(\omega)$的像原函数或傅里叶逆变换，记为 $\mathscr{F}^{-1}[F(\omega)]$.

记

$$\mathscr{D}=\{f(t)\mid f(t)=\mathscr{F}^{-1}[F(\omega)]\},$$

$$\mathscr{R}=\{F(\omega)\mid F(\omega)=\mathscr{F}[f(t)]\},$$

称 $\mathscr{D}$ 为原像空间，$\mathscr{R}$ 为像空间. 因此，傅里叶变换与逆变换建立了原像空间与像空间之间的一一对应.

在频谱分析中，傅里叶变换的物理意义是将连续信号从时间域(time domain)表达式 $f(t)$变换到频率域(frequency domain)表达式 $F(\omega)$；而傅里叶逆变换将连续信号的频域表达式 $F(\omega)$求得时域表达式 $f(t)$. 因此，傅里叶变换对是一个信号的时域表达式 $f(t)$和频域表达式 $F(\omega)$之间的一一对应关系. 时域表达式 $f(t)$是一个关于时间的函数，表达的是在不同时间点函数幅度值的不同；频域表达式 $F(\omega)$ 表达的是把信号分解为不同频率的指数信号的组合(只不过这些指数信号的频率变化是连续的)，这些不同频率的指数信号在总信号中所占分量的大小，自变量为 ω. 两者并非是不同的信号，而是同一信号的不同表示.

傅里叶变换 $F(\omega)$又称为 $f(t)$的频谱函数，而它的模$|F(\omega)|$称为 $f(t)$的振幅频谱(简称为频谱). 由于 ω 是连续变化的，我们称之为连续频谱. 对一个时间函数 $f(t)$作傅里叶变换，就是求这个时间函数 $f(t)$的频谱. 而 $\arg F(\omega)$称为 $f(t)$的相位频谱. 不难证明，频谱为偶函数，即：$|F(\omega)|=|F(-\omega)|$.

由于傅里叶变换定义在傅里叶积分基础上，因此，傅里叶积分存在定理，即为 $f(t)$的傅里叶变换存在的条件. 其含义是：非周期信号的总能量(即时域绝对值平方积分)有限则该信号傅里叶变换存在. 但是，此条件仅为充分条件. 满足傅里叶积分存在定理条件的 $f(t)$，仅当还满足条件

$$f(t)=\frac{1}{2}[f(t+0)+f(t-0)]$$

时，有 $f(t)\in\mathscr{D}$，但在间断点处，上述条件并不影响 $F(\omega)$的值. 因此约定：满足傅里叶积分存在定理条件的函数 $f(t)$与 $g(t)$，只要在连续点处有 $f(t)=g(t)$，则认为它们是同一函数.

例 7.3 求矩形脉冲函数(图 7-2) $f(t)=\begin{cases}1, & |t|\leqslant 1\\ 0, & |t|>1\end{cases}$ 的傅里叶变换及其积分表达式.

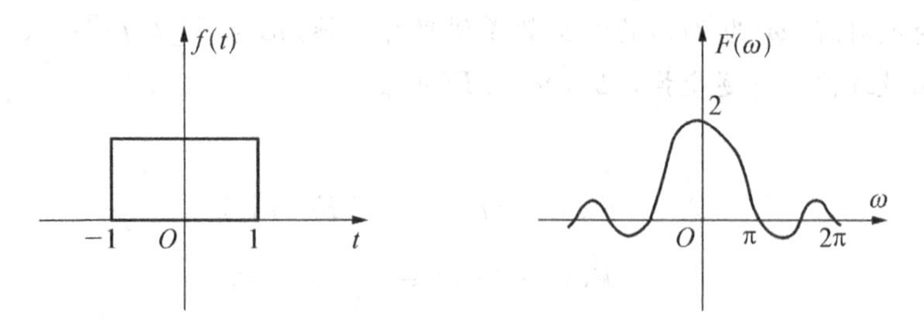

图 7-2 矩形脉冲函数及傅里叶变换

解

$$F(\omega)=\mathscr{F}[f(t)]=\int_{-\infty}^{+\infty}f(t)\mathrm{e}^{-\mathrm{i}\omega t}\mathrm{d}t=\int_{-1}^{+1}\mathrm{e}^{-\mathrm{i}\omega t}\mathrm{d}t=\frac{\mathrm{e}^{-\mathrm{i}\omega t}}{-\mathrm{i}\omega}\bigg|_{-1}^{+1}$$

$$=-\frac{1}{\mathrm{i}\omega}(\mathrm{e}^{-\mathrm{i}\omega}-\mathrm{e}^{\mathrm{i}\omega})=\frac{2\sin\omega}{\omega},$$

$$f(t)=\mathscr{F}^{-1}[F(\omega)]=\frac{1}{2\pi}\int_{-\infty}^{+\infty}F(\omega)\mathrm{e}^{\mathrm{i}\omega t}\mathrm{d}\omega=\frac{1}{\pi}\int_{0}^{+\infty}F(\omega)\cos\omega t\,\mathrm{d}\omega$$

$$=\frac{1}{\pi}\int_{0}^{+\infty}\frac{2\sin\omega}{\omega}\cos\omega t\,\mathrm{d}\omega=\frac{2}{\pi}\int_{0}^{+\infty}\frac{\sin\omega\cos\omega t}{\omega}\mathrm{d}\omega.$$

由此可得

$$\int_{0}^{+\infty}\frac{\sin\omega\cos\omega t}{\omega}\mathrm{d}\omega=\begin{cases}\dfrac{\pi}{2} & (|t|<1),\\ \dfrac{\pi}{4} & (|t|=1),\\ 0 & (|t|>1).\end{cases}$$

当 $t=0$ 时,有

$$\int_{0}^{+\infty}\frac{\sin x}{x}\mathrm{d}x=\frac{\pi}{2},\tag{7-18}$$

上述积分称为狄利赫莱积分.

例 7.4 求指数衰减函数(图 7-3)

$$f(t)=\begin{cases}0 & (t<0),\\ e^{-\beta t} & (t\geqslant 0)\end{cases}$$

的傅里叶变换及其积分表达式. 其中, $\beta>0$.

解

$$F(\omega)=\mathscr{F}[f(t)]=\int_0^{+\infty}e^{-\beta t}e^{-i\omega t}dt=\frac{-1}{\beta+i\omega}e^{-(\beta+i\omega)t}\Big|_0^{+\infty}$$

$$=\frac{1}{\beta+i\omega}=\frac{\beta-i\omega}{\beta^2+\omega^2},$$

$$f(t)=\mathscr{F}^{-1}[F(\omega)]=\frac{1}{2\pi}\int_{-\infty}^{+\infty}\frac{\beta-i\omega}{\beta^2+\omega^2}e^{i\omega t}d\omega$$

$$=\frac{1}{\pi}\int_0^{+\infty}\frac{\beta\cos\omega t+\omega\sin\omega t}{\beta^2+\omega^2}d\omega.$$

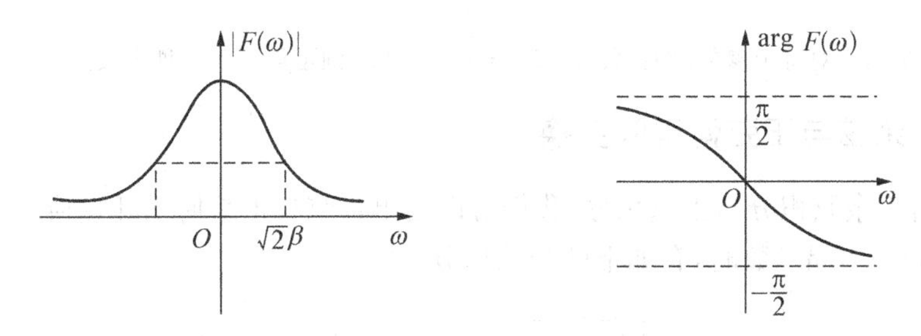

图 7-3　指数衰减函数的频谱图

注: (1) 在 n 维情况下,完全可以类似地定义函数 $f(t_1, t_2, \cdots, t_n)$的傅里叶变换

$$F(\omega_1, \omega_2, \cdots, \omega_n)=\mathscr{F}[f(t_1, t_2, \cdots, t_n)]$$
$$=\int_{-\infty}^{+\infty}\cdots\int_{-\infty}^{+\infty}f(t_1, t_2, \cdots, t_n)e^{-i(\omega_1t_1+\omega_2t_2+\cdots+\omega_nt_n)}dt_1dt_2\cdots dt_n. \quad (7-19)$$

它的逆变换为

$$f(t_1, t_2, \cdots, t_n)=\mathscr{F}^{-1}[F(\omega_1, \omega_2, \cdots, \omega_n)]$$
$$=\frac{1}{(2\pi)^n}\int_{-\infty}^{+\infty}\cdots\int_{-\infty}^{+\infty}F(\omega_1, \omega_2, \cdots, \omega_n)e^{i(\omega_1t_1+\omega_2t_2+\cdots+\omega_nt_n)}d\omega_1d\omega_2\cdots d\omega_n.$$
$$(7-20)$$

(2) 在实际应用中,为了保持傅里叶变换及逆变换的对称性,常采用如下两种定义式:

$$F(\omega)=\frac{1}{\sqrt{2\pi}}\int_{-\infty}^{+\infty}f(t)e^{-i\omega t}dt, \quad (7-21)$$

$$f(t)=\frac{1}{\sqrt{2\pi}}\int_{-\infty}^{+\infty}F(\omega)e^{i\omega t}d\omega, \tag{7-22}$$

和

$$F(\omega)=\int_{-\infty}^{+\infty}f(t)e^{-i2\pi\omega t}dt, \tag{7-23}$$

$$f(t)=\int_{-\infty}^{+\infty}F(\omega)e^{i2\pi\omega t}d\omega. \tag{7-24}$$

采用不同的定义时,将得出不同的结果.

(3) 傅里叶变换及其逆变换的三种不同定义式可归结为如下统一形式:

$$F(\omega)=\sqrt{\frac{|b|}{(2\pi)^{1-a}}}\int_{-\infty}^{+\infty}f(t)e^{ib\omega t}dt, \tag{7-25}$$

$$f(t)=\sqrt{\frac{|b|}{(2\pi)^{1+a}}}\int_{-\infty}^{+\infty}F(\omega)e^{-ib\omega t}d\omega, \tag{7-26}$$

其中,(a, b)为一对待定参数. 如:取 $(a, b)=(1, -1)$,则可得到第一种定义式.

7.2.2 余弦与正弦傅里叶变换

相对于余弦积分与正弦积分,我们可以给出余弦与正弦傅里叶变换.

当 $f(t)$为偶函数时,有如下的余弦积分公式

$$f(t)=\frac{2}{\pi}\int_{0}^{+\infty}\left[\int_{0}^{+\infty}f(\tau)\cos\omega\tau d\tau\right]\cos\omega t d\omega.$$

记

$$\mathscr{F}_c[f(t)]=F_c(\omega)=\int_{0}^{+\infty}f(t)\cos\omega t dt, \tag{7-27}$$

则

$$\mathscr{F}_c^{-1}[F_c(\omega)]=f(t)=\frac{2}{\pi}\int_{0}^{+\infty}F_c(\omega)\cos\omega t d\omega. \tag{7-28}$$

定义 7.2 称 $\mathscr{F}_c[f(t)]$和 $\mathscr{F}_c^{-1}[F_c(\omega)]$为余弦傅里叶变换和余弦傅里叶逆变换.

同理,当 $f(t)$为奇函数时,利用正弦积分公式

$$f(t)=\frac{2}{\pi}\int_{0}^{+\infty}\left[\int_{0}^{+\infty}f(\tau)\sin\omega\tau d\tau\right]\sin\omega t d\omega.$$

记

$$\mathscr{F}_s[f(t)] = F_s(\omega) = \int_0^{+\infty} f(t)\sin\omega t\,dt, \tag{7-29}$$

则

$$\mathscr{F}_s^{-1}[F_s(\omega)] = f(t) = \frac{2}{\pi}\int_0^{+\infty} F_s(\omega)\sin\omega t\,d\omega. \tag{7-30}$$

定义 7.3 称 $\mathscr{F}_s[f(t)]$和 $\mathscr{F}_s^{-1}[F_s(\omega)]$为正弦傅里叶变换和正弦傅里叶逆变换.

不难证明：当 $f(t)$为偶函数时

$$F(\omega) = \mathscr{F}[f(t)] = 2\mathscr{F}_c[f(t)] = 2F_c(\omega);$$

当 $f(t)$为奇函数时

$$F(\omega) = \mathscr{F}[f(t)] = -2i\mathscr{F}_s[f(t)] = -2iF_s(\omega).$$

7.3 广义傅里叶变换

在物理学和工程技术中，有许多重要函数不满足傅里叶积分定理中的绝对可积条件，即不满足条件

$$\int_{-\infty}^{+\infty} |f(t)|\,dt < +\infty,$$

例如常数、符号函数、单位阶跃函数以及正弦函数、余弦函数等，都无法确定其傅里叶变换. 这无疑限制了傅里叶变换的应用范围. 引入单位脉冲函数及其傅里叶变换后，可以扩充原像空间与像空间. 我们引入的广义傅里叶变换概念是指 δ 函数及其相关函数的傅里叶变换. 所谓广义是相对于古典意义而言的，在广义意义下，同样可以说，原像函数 $f(t)$和像函数 $F(\omega)$构成一个傅里叶变换对.

7.3.1 δ 函数

在物理和工程技术中，除了用到指数衰减函数外，还常常会碰到单位脉冲函数. 因为许多物理现象，除了有连续分布的物理量外，还会有集中于一点的量（点源），例如：单位质点的质量密度、单位点电荷的电荷密度、集中于一点的单位磁通的磁感强度等等. 或者具有脉冲性质的量，如：瞬间作用的冲击力、电脉冲等. 在电学中，我们要研究受具有脉冲性质的电势作用后所产生的电流；在力学中，要研究

机械系统受冲击力作用后的运动情况等. 研究这类问题就会产生我们要介绍的脉冲函数. 有了这种函数,对于许多集中在一点或一瞬间的量,例如点电荷、点热源、集中于一点的质量以及脉冲技术中的非常狭窄的脉冲等,就能够像处理连续分布的量那样,用统一的方式来加以解决.

考虑原电流为零的电路中,在某一瞬时(设为 $t=0$)输入一单位电量的脉冲,现在要确定电路上的电流 $i(t)$. 以 $q(t)$表示上述电路中的电荷函数,则

$$q(t)=\begin{cases}0 & (t\neq 0),\\ 1 & (t=0),\end{cases}$$

$$i(t)=\frac{\mathrm{d}q(t)}{\mathrm{d}t}=\lim_{\Delta t\to 0}\frac{q(t+\Delta t)-q(t)}{\Delta t}.$$

当 $t\neq 0$ 时, $i(t)=0$. 由于 $q(t)$在 $t=0$ 这点不连续,从而在普通导数意义下,$q(t)$在这一点不可导的. 如果我们形式地计算此导数,则

$$i(0)=\lim_{\Delta t\to 0}\frac{q(0+\Delta t)-q(0)}{\Delta t}=\lim_{\Delta t\to 0}\left(-\frac{1}{\Delta t}\right)=\infty,$$

这表明在通常意义下的函数类中找不到一个函数能够表示这样的电流强度. 为了确定这样的电流强度,引进一个称为狄拉克(Dirac)的函数,简单记为 δ 函数:

$$\delta(t-t_0)=\begin{cases}0 & (t\neq t_0),\\ \infty & (t=t_0).\end{cases}$$

定义 7.4 如果函数 $\delta(t-t_0)$满足下列条件:

(1) $\delta(t-t_0)=\begin{cases}0 & (t\neq t_0),\\ \infty & (t=t_0).\end{cases}$

(2) $\int_{-\infty}^{+\infty}\delta(t-t_0)\mathrm{d}t=1$. 则称函数 $\delta(t-t_0)$为 δ 函数.

可以将 δ 函数作为脉冲函数的极限来理解. 给定函数序列

$$\delta_\varepsilon(t-t_0)=\begin{cases}\dfrac{1}{2\varepsilon} & (|t-t_0|<\varepsilon),\\ 0 & (|t-t_0|>\varepsilon).\end{cases}$$

它描述了在 $t=t_0$ 处的矩形脉冲函数. 直接计算可知

$$\lim_{\varepsilon\to 0}\int_{-\infty}^{+\infty}\delta_\varepsilon(t-t_0)\mathrm{d}t=\lim_{\varepsilon\to 0}\int_{-\varepsilon}^{\varepsilon}\frac{1}{2\varepsilon}\mathrm{d}t=1,$$

$$\lim_{\varepsilon\to 0}\delta_\varepsilon(t-t_0)=\begin{cases}0 & (t\neq t_0),\\ \infty & (t=t_0).\end{cases}$$

因此,δ 函数也可由矩形脉冲函数序列 $\delta_\varepsilon(t-t_0)$的极限来定义.

δ 函数不是古典意义下的函数,而是一个广义函数. 由 $\delta_\varepsilon(x-x_0)$的定义知,对任意在 $t=t_0$ 处连续的函数 $\phi(t)$,有

$$\int_{-\infty}^{+\infty}\delta(t-t_0)\phi(t)=\lim_{\varepsilon\to 0}\int_{-\infty}^{+\infty}\delta_\varepsilon(t-t_0)\phi(t)\mathrm{d}t=\lim_{\varepsilon\to 0}\int_{t_0-\varepsilon}^{t_0+\varepsilon}\frac{1}{2\varepsilon}\phi(t)\mathrm{d}t=\phi(t_0).$$

因此,δ 函数常以广义函数形式定义.

定义 7.5 对任意在 $t=t_0$ 处连续的函数 $\phi(t)$,如果

$$\int_{-\infty}^{+\infty}\phi(t)\delta(t-t_0)\mathrm{d}t=\phi(t_0),$$

则称 $\delta(t-t_0)$为 δ 函数.

利用 δ 函数的广义函数定义,可以定义 δ 函数的导数.

定义 7.6 对任何在 $t=t_0$ 处具有任意阶导数的函数 $\phi(t)$,如果

$$\int_{-\infty}^{+\infty}f(t)\phi(t)\mathrm{d}t=(-1)^k\phi^{(k)}(t_0),$$

则称 $f(t)$为 δ 函数 $\delta(t-t_0)$ 在 $t=t_0$ 处的 k 阶导数,记为 $\delta^{(k)}(t-t_0)$.

由于

$$\int_{-\infty}^{t}\delta(t-c)\mathrm{d}t=\begin{cases}1 & (t>c),\\ 0 & (t<c).\end{cases}$$

两边关于 t 求导得

$$\frac{\mathrm{d}}{\mathrm{d}t}\mathrm{u}(t-c)=\delta(t-c),$$

其中 $\mathrm{u}(t)$为单位阶跃函数,即

$$\mathrm{u}(t)=\begin{cases}0 & (t<0)\\ 1 & (t>0).\end{cases}$$

因此,δ 函数可作为单位阶跃函数的导数(广义).

7.3.2 δ 函数的性质

利用 δ 函数的定义,直接验算可得:

性质 7.1 积分运算性质：

(1) 线性性：对任意实数 a, b 和复数 α, β, 有

$$\begin{aligned}&\int_{-\infty}^{+\infty}[\alpha f(t)\delta(t-a)+\beta g(t)\delta(t-b)]\mathrm{d}t\\&=\alpha\int_{-\infty}^{+\infty}f(t)\delta(t-a)\mathrm{d}t+\beta\int_{-\infty}^{+\infty}g(t)\delta(t-b)\mathrm{d}t.\end{aligned} \tag{7-31}$$

(2) 迭加性：设 $-\infty<t_1<t_2<\cdots<t_n<+\infty$, 则

$$\int_{-\infty}^{+\infty}f(t)\delta(t-a)\mathrm{d}t=\left(\int_{-\infty}^{t_1}+\int_{t_1}^{t_2}+\cdots+\int_{t_n}^{+\infty}\right)f(t)\delta(t-a)\mathrm{d}t. \tag{7-32}$$

(3) 线性代换：设 $k\neq 0$, $s=kt+c$, 则

$$\int_{-\infty}^{+\infty}f(t)\delta(kt+c-a)\mathrm{d}t=\frac{1}{|k|}\int_{-\infty}^{+\infty}f\left(\frac{s}{k}-\frac{c}{k}\right)\delta(s-a)\mathrm{d}s. \tag{7-33}$$

性质 7.2 筛选性：

$$\int_a^b f(t)\delta(t-c)\mathrm{d}t=\begin{cases}f(c) & (a<c<b),\\0 & (\text{否则}).\end{cases} \tag{7-34}$$

证明 当 $a<c<b$ 时，

$$\begin{aligned}\int_a^b f(t)\delta(t-c)\mathrm{d}t&=\left(\int_{-\infty}^{a}+\int_a^b+\int_b^{+\infty}\right)f(t)\delta(t-c)\mathrm{d}t\\&=\int_{-\infty}^{+\infty}f(t)\delta(t-c)\mathrm{d}t=f(c).\end{aligned}$$

当 $c<a$ 或 $c>b$ 时，$t-c\neq 0$, 从而 $\delta(t-c)=0$. 由此可得

$$\int_a^b f(t)\delta(t-c)\mathrm{d}t=0.$$

性质 7.3 时间尺度变换：对任意常数 c 和 $k\neq 0$, 有

$$\delta(kt-c)=\frac{1}{|k|}\delta\left(t-\frac{c}{k}\right). \tag{7-35}$$

证明 当 $kt-c=0$ 时，结论显然成立.

当 $kt-c\neq 0$, 且 $k>0$ 时，对任意连续的函数 $f(t)$, 令 $\tau=kt-c$, 则

$$\int_{-\infty}^{+\infty}f(t)\delta(kt-c)\mathrm{d}t=\frac{1}{k}\int_{-\infty}^{+\infty}f\left(\frac{\tau+c}{k}\right)\delta(\tau)\mathrm{d}\tau=\frac{1}{k}f\left(\frac{c}{k}\right),$$

$$\int_{-\infty}^{+\infty} \frac{1}{k} f(t) \delta\left(t-\frac{c}{k}\right) \mathrm{d}t = \frac{1}{k} f\left(\frac{c}{k}\right),$$

从而

$$\delta(kt-c) = \frac{1}{k} \delta\left(t-\frac{c}{k}\right).$$

同理可得,当 $k<0$ 时

$$\delta(kt-c) = -\frac{1}{k} \delta\left(t-\frac{c}{k}\right).$$

推论 7.1 相似性:

$$\delta(kt) = \frac{1}{|k|} \delta(t) \quad (k \neq 0). \tag{7-36}$$

推论 7.2 $\delta(t)$为偶函数,即

$$\delta(-t) = \delta(t). \tag{7-37}$$

性质 7.4 设 $g(t)$在 $t=t_0$ 处连续,则

$$g(t)\delta(t-t_0) = g(t_0)\delta(t-t_0). \tag{7-38}$$

证明 对任意连续的函数 $f(t)$,由于

$$\int_{-\infty}^{+\infty} g(t)\delta(t-t_0) f(t) \mathrm{d}t = g(t_0) f(t_0) = g(t_0) \int_{-\infty}^{+\infty} f(t)\delta(t-t_0) \mathrm{d}t,$$

从而

$$g(t)\delta(t-t_0) = g(t_0)\delta(t-t_0).$$

推论 7.3 若 $g(t_0)=0$,则

$$g(t)\delta(t-t_0) = 0. \tag{7-39}$$

性质 7.5 设 $\delta^{(k)}(t)$为 $\delta(t)$的 k 阶导数,则

$$\int_{-\infty}^{+\infty} \delta^{(k)}(t-c) \mathrm{d}t = 0. \tag{7-40}$$

证明 对任意 $f(t) \in C^k(-\infty, +\infty)$,有

$$\int_{-\infty}^{+\infty} \delta^{(k)}(t-c) f(t) \mathrm{d}t = (-1)^k f^{(k)}(c),$$

在上式中，令 $f(t)\equiv 1$ 即可得结论.

性质 7.6 设 $\delta'(t)$ 为 $\delta(t)$ 的导数，$a\neq 0$，则

$$\delta'(at)=\frac{1}{a\,|\,a\,|}\delta'(t). \tag{7-41}$$

证明 对任意 $f(t)\in C^1(-\infty,+\infty)$，有

$$\begin{aligned}\int_{-\infty}^{+\infty}\delta'(at)f(t)\mathrm{d}t&=\frac{1}{|\,a\,|}\int_{-\infty}^{+\infty}\delta'(u)f\left(\frac{u}{a}\right)\mathrm{d}u\\&=-\frac{1}{a\,|\,a\,|}f'(0)\\&=\int_{-\infty}^{+\infty}\frac{1}{a\,|\,a\,|}\delta'(t)f(t)\mathrm{d}t,\end{aligned}$$

从而有

$$\delta'(at)=\frac{1}{a\,|\,a\,|}\delta'(t).$$

推论 7.4

$$\delta^{(k)}(at)=\frac{1}{a^k\,|\,a\,|}\delta^{(k)}(t).$$

如果取 $a=-1$，则有 $\delta^{(k)}(-t)=(-1)^k\delta^{(k)}(t)$. 因此，当 k 为偶数时，$\delta^{(k)}(t)$ 为偶函数；当 k 为奇数时，$\delta^{(k)}(t)$ 为奇函数.

7.3.3 基本函数的广义傅里叶变换

例 7.5 求 δ 函数的傅里叶变换，并求积分 $\int_{-\infty}^{+\infty}\mathrm{e}^{\mathrm{i}\omega t}\mathrm{d}\omega$.

解

$$\mathscr{F}[\delta(t)]=\int_{-\infty}^{+\infty}\delta(t)\mathrm{e}^{-\mathrm{i}\omega t}\mathrm{d}t=\mathrm{e}^{-\mathrm{i}\omega t}\,\big|_{t=0}=1,$$

于是 $\delta(t)$ 与常数 1 构成一傅氏变换对.

$$\delta(t)=\mathscr{F}^{-1}[1]=\frac{1}{2\pi}\int_{-\infty}^{+\infty}\mathrm{e}^{\mathrm{i}\omega t}\mathrm{d}\omega,$$

从而得

$$\int_{-\infty}^{+\infty} e^{i\omega t} d\omega = 2\pi\delta(t).$$

同理可得 $\delta(t-t_0)$的傅里叶变换

$$\mathscr{F}[\delta(t-t_0)] = \int_{-\infty}^{+\infty} \delta(t-t_0) e^{-i\omega t} dt = e^{-i\omega t} \Big|_{t=t_0} = e^{-i\omega t_0},$$

$$\delta(t-t_0) = \mathscr{F}^{-1}[e^{-i\omega t_0}] = \frac{1}{2\pi}\int_{-\infty}^{+\infty} e^{i\omega(t-t_0)} d\omega,$$

从而得

$$\int_{-\infty}^{+\infty} e^{i\omega(t-t_0)} d\omega = 2\pi\delta(t-t_0).$$

例 7.6 证明：单位阶跃函数 $u(t)$的傅里叶变换为 $F(\omega) = \frac{1}{i\omega} + \pi\delta(\omega)$.

证明

$$\begin{aligned} f(t) = \mathscr{F}^{-1}[F(\omega)] &= \frac{1}{2\pi}\int_{-\infty}^{+\infty} \left[\frac{1}{i\omega} + \pi\delta(\omega)\right] e^{i\omega t} d\omega \\ &= \frac{1}{2\pi}\int_{-\infty}^{+\infty} \pi\delta(\omega) e^{i\omega t} d\omega + \frac{1}{2\pi}\int_{-\infty}^{+\infty} \frac{1}{i\omega} e^{i\omega t} d\omega \\ &= \frac{1}{2}\int_{-\infty}^{+\infty} \delta(\omega) e^{i\omega t} d\omega + \frac{1}{2\pi}\int_{-\infty}^{+\infty} \frac{\cos\omega t + i\sin\omega t}{i\omega} d\omega \\ &= \frac{1}{2} e^{i\omega t} \Big|_{\omega=0} + \frac{1}{2\pi}\int_{-\infty}^{+\infty} \frac{\sin\omega t}{\omega} d\omega \\ &= \frac{1}{2} + \frac{1}{\pi}\int_{0}^{+\infty} \frac{\sin\omega t}{\omega} d\omega, \end{aligned}$$

由于

$$\int_{0}^{+\infty} \frac{\sin\omega t}{\omega} d\omega = \begin{cases} \frac{\pi}{2} & (t>0), \\ -\frac{\pi}{2} & (t<0), \end{cases}$$

从而可得 $f(t) = u(t)$，即

$$f(t) = \begin{cases} \frac{1}{2} + \frac{1}{\pi}\left(-\frac{\pi}{2}\right) = 0 & (t<0), \\ \frac{1}{2} + \frac{1}{\pi}\left(-\frac{\pi}{2}\right) = 1 & (t>0), \end{cases}$$

例 7.7 证明：常数 1 与 $2\pi\delta(\omega)$ 构成傅氏变换对.

证明 令 $s=-t$，则

$$\mathscr{F}[1]=\int_{-\infty}^{+\infty}\mathrm{e}^{-\mathrm{i}\omega t}\,\mathrm{d}t=\int_{-\infty}^{+\infty}\mathrm{e}^{\mathrm{i}\omega s}\,\mathrm{d}s=2\pi\delta(\omega),$$

$$\mathscr{F}^{-1}[2\pi\delta(\omega)]=\frac{1}{2\pi}\int_{-\infty}^{+\infty}2\pi\delta(\omega)\mathrm{e}^{\mathrm{i}\omega t}\,\mathrm{d}\omega=\mathrm{e}^{\mathrm{i}\omega t}\,\big|_{\omega=0}=1.$$

例 7.8 证明 $\mathrm{e}^{\mathrm{i}\omega_0 t}$ 与 $2\pi\delta(\omega-\omega_0)$ 构成一个傅氏变换对.

证明

$$\begin{aligned}\mathscr{F}^{-1}[2\pi\delta(\omega-\omega_0)]&=\int_{-\infty}^{+\infty}\delta(\omega-\omega_0)\mathrm{e}^{\mathrm{i}\omega t}\,\mathrm{d}\omega\\&=\mathrm{e}^{\mathrm{i}\omega t}\,\big|_{\omega=\omega_0}=\mathrm{e}^{\mathrm{i}\omega_0 t}.\end{aligned}$$

例 7.9 求正弦函数 $\sin\omega_0 t$ 与余弦函数 $\cos\omega_0 t$ 的傅里叶变换.

解

$$\begin{aligned}\mathscr{F}[\sin\omega_0 t]&=\int_{-\infty}^{+\infty}\sin\omega_0 t\mathrm{e}^{-\mathrm{i}\omega t}\,\mathrm{d}t=\frac{1}{2\mathrm{i}}\int_{-\infty}^{+\infty}(\mathrm{e}^{-\mathrm{i}(\omega-\omega_0)t}-\mathrm{e}^{-\mathrm{i}(\omega+\omega_0)t})\,\mathrm{d}t\\&=\frac{1}{2\mathrm{i}}[2\pi\delta(\omega-\omega_0)-2\pi\delta(\omega+\omega_0)]=\mathrm{i}\pi[\delta(\omega+\omega_0)-\delta(\omega-\omega_0)].\end{aligned}$$

同理可得

$$\begin{aligned}\mathscr{F}[\cos\omega_0 t]&=\int_{-\infty}^{+\infty}\cos\omega_0 t\mathrm{e}^{-\mathrm{i}\omega t}\,\mathrm{d}t=\frac{1}{2}\int_{-\infty}^{+\infty}(\mathrm{e}^{-\mathrm{i}(\omega-\omega_0)t}+\mathrm{e}^{-\mathrm{i}(\omega+\omega_0)t})\,\mathrm{d}t\\&=\frac{1}{2}[2\pi\delta(\omega-\omega_0)+2\pi\delta(\omega+\omega_0)]=\pi[\delta(\omega+\omega_0)+\delta(\omega-\omega_0)].\end{aligned}$$

7.4 傅里叶变换与逆变换的性质

本节介绍傅里叶变换的几个重要性质，为了叙述方便起见，假定在这些性质中，凡是需要求傅氏变换的函数都满足傅氏积分定理中的条件，而在证明这些性质时，不再重述. 在实际应用时，只要记住基本函数的傅里叶变换，则常见函数的傅里叶变换都无须用公式直接计算而可由傅里叶变换的性质导出. 本节还介绍傅里叶变换的卷积与卷积定理.

7.4.1 傅里叶变换的基本性质

性质 7.7 线性性质：设 α，β 为任意的常数，$F(\omega)=\mathscr{F}[f(t)]$，$G(\omega)=$

$\mathscr{F}[g(t)]$，则

$$\mathscr{F}[\alpha f(t)+\beta g(t)]=\alpha F(\omega)+\beta G(\omega), \tag{7-42}$$

$$\mathscr{F}^{-1}[\alpha F(\omega)+\beta G(\omega)]=\alpha f(t)+\beta g(t). \tag{7-43}$$

证明 直接由傅氏变换和逆变换的定义可得

$$\begin{aligned}\mathscr{F}[\alpha f(t)+\beta g(t)]&=\int_{-\infty}^{+\infty}[\alpha f(t)+\beta g(t)]\mathrm{e}^{-\mathrm{i}\omega t}\,\mathrm{d}t\\&=\alpha\int_{-\infty}^{+\infty}\mathrm{e}^{-\mathrm{i}\omega t}\,\mathrm{d}t+\beta\int_{-\infty}^{+\infty}g(t)\mathrm{e}^{-\mathrm{i}\omega t}\,\mathrm{d}t\\&=\alpha F(\omega)+\beta G(\omega),\end{aligned}$$

$$\begin{aligned}\mathscr{F}^{-1}[\alpha F(\omega)+\beta G(\omega)]&=\frac{1}{2\pi}\int_{-\infty}^{+\infty}[\alpha F(\omega)+\beta G(\omega)]\mathrm{e}^{\mathrm{i}\omega t}\,\mathrm{d}\omega\\&=\frac{\alpha}{2\pi}\int_{-\infty}^{+\infty}F(\omega)\mathrm{e}^{\mathrm{i}\omega t}\,\mathrm{d}\omega+\frac{\beta}{2\pi}\int_{-\infty}^{+\infty}G(\omega)\mathrm{e}^{\mathrm{i}\omega t}\,\mathrm{d}\omega\\&=\alpha f(t)+\beta g(t).\end{aligned}$$

例 7.10 求 $\sin^2 t$ 的傅里叶变换.

解 利用线性性质，1 和 $\cos t$ 的傅里叶变换，得

$$\begin{aligned}\mathscr{F}[\sin^2 t]&=\mathscr{F}\left[\frac{1}{2}-\frac{1}{2}\cos 2t\right]=\frac{1}{2}\mathscr{F}[1]-\frac{1}{2}\mathscr{F}[\cos 2t]\\&=\pi\delta(\omega)-\frac{\pi}{2}[\delta(\omega+2)+\delta(\omega-2)].\end{aligned}$$

例 7.11 设 $F(\omega)=\pi\delta(\omega+1)-\dfrac{\mathrm{i}}{\omega+1}$，求 $F(\omega)$的傅里叶逆变换.

解 利用线性性质得

$$\mathscr{F}^{-1}[F(\omega)]=\mathscr{F}^{-1}[\pi\delta(\omega+1)]-\mathscr{F}^{-1}\left[\frac{\mathrm{i}}{\omega+1}\right]=\frac{1}{2}\mathrm{e}^{-\mathrm{i}t}-\mathscr{F}^{-1}\left[\frac{\mathrm{i}}{\omega+1}\right],$$

直接计算

$$\begin{aligned}\mathscr{F}^{-1}\left[\frac{\mathrm{i}}{\omega+1}\right]&=\frac{1}{2\pi}\int_{-\infty}^{+\infty}\frac{\mathrm{i}}{\omega+1}\mathrm{e}^{\mathrm{i}\omega t}\,\mathrm{d}\omega\\&=\frac{1}{2\pi}\int_{-\infty}^{+\infty}\frac{\mathrm{i}}{\omega+1}\mathrm{e}^{\mathrm{i}(\omega+1)t}\mathrm{e}^{-\mathrm{i}t}\,\mathrm{d}\omega=\frac{\mathrm{e}^{-\mathrm{i}t}}{2\pi}\int_{-\infty}^{+\infty}\frac{\mathrm{i}\mathrm{e}^{\mathrm{i}(\omega+1)t}}{\omega+1}\mathrm{d}(\omega+1)\end{aligned}$$

$$=-\frac{e^{-it}}{2\pi}\int_{-\infty}^{+\infty}\frac{\sin(\omega+1)}{\omega+1}d(\omega+1)=-\frac{e^{-it}}{2\pi}\int_{0}^{+\infty}\frac{\sin\omega t}{\omega}d\omega$$

$$=\begin{cases}\frac{1}{2}e^{-it} & (t<0),\\ -\frac{1}{2}e^{-it} & (t>0).\end{cases}$$

从而$\mathscr{F}^{-1}[F(\omega)]=u(t)e^{-it}$，其中$u(t)$为单位阶跃函数.

性质 7.8 对称性：设$\mathscr{F}[f(t)]=F(\omega)$，则

$$\mathscr{F}[F(t)]=2\pi f(-\omega). \tag{7-44}$$

证明 由于

$$f(-t)=\frac{1}{2\pi}\int_{-\infty}^{+\infty}F(\omega)e^{-i\omega t}d\omega,$$

从而

$$\mathscr{F}[F(t)]=\int_{-\infty}^{+\infty}F(t)e^{-i\omega t}dt=2\pi f(-\omega).$$

例 7.12 求双边指数脉冲函数$f(t)=e^{-\frac{|t|}{2}}$的傅氏变换，并由此求分式函数$g(t)=\frac{1}{1+4t^2}$的傅氏变换(图 7-4).

解

$$F(\omega)=\mathscr{F}[f(t)]=\int_{-\infty}^{+\infty}e^{-\frac{|t|}{2}}e^{-i\omega t}dt=2\int_{0}^{+\infty}e^{-\frac{t}{2}}\cos\omega t\,dt.$$

分部积分两次后得

$$F(\omega)=\frac{4}{1+4\omega^2}.$$

利用对称性

$$\mathscr{F}[g(t)]=\mathscr{F}\left[\frac{1}{1+4t^2}\right]=\frac{1}{4}\mathscr{F}\left[\frac{4}{1+4t^2}\right]=\frac{1}{4}2\pi f(-\omega)=\frac{\pi}{2}e^{-\frac{|\omega|}{2}}.$$

性质 7.9 位移性：设$\mathscr{F}[f(t)]=F(\omega)$，$t_0$和$\omega_0$为常数，则

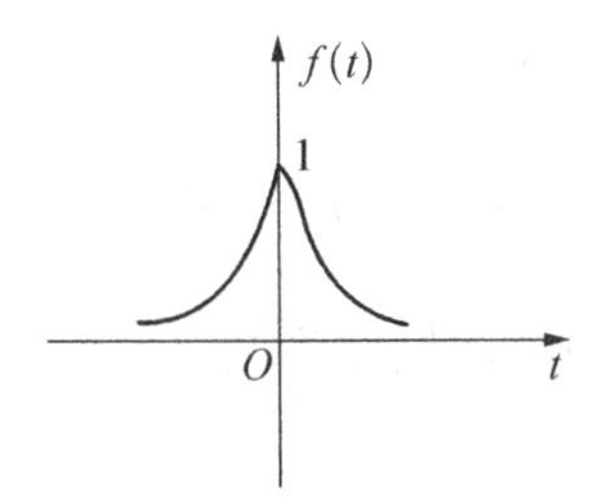

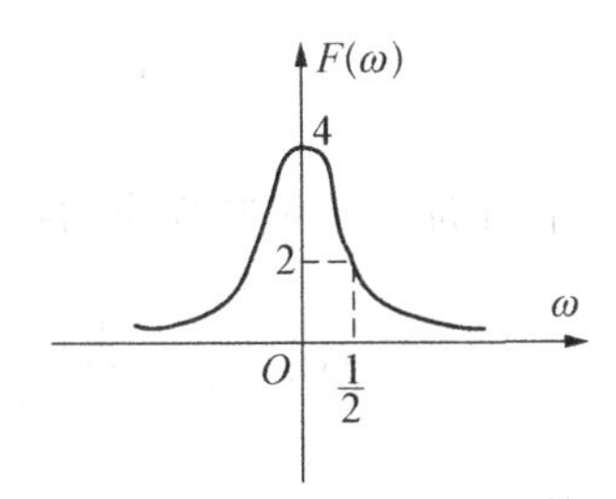

图 7-4　双边指数脉冲函数及傅里叶变换

$$\mathscr{F}[f(t-t_0)]=\mathrm{e}^{-\mathrm{i}\omega t_0}F(\omega), \tag{7-45}$$

$$\mathscr{F}^{-1}[F(\omega-\omega_0)]=\mathrm{e}^{\mathrm{i}\omega_0 t}f(t), \tag{7-46}$$

或

$$\mathscr{F}[\mathrm{e}^{\mathrm{i}\omega_0 t}f(t)]=F(\omega-\omega_0).$$

证明　仅证明式(7-45). 令 $s=t-t_0$，则

$$\begin{aligned}\mathscr{F}[f(t-t_0)]&=\int_{-\infty}^{+\infty}f(t-t_0)\mathrm{e}^{-\mathrm{i}\omega t}\,\mathrm{d}t\\&=\int_{-\infty}^{+\infty}f(s)\mathrm{e}^{-\mathrm{i}\omega(s+t_0)}\,\mathrm{d}s=\mathrm{e}^{-\mathrm{i}\omega t_0}\int_{-\infty}^{+\infty}f(s)\mathrm{e}^{-\mathrm{i}\omega s}\,\mathrm{d}s\\&=\mathrm{e}^{-\mathrm{i}\omega t_0}F(\omega).\end{aligned}$$

利用傅里叶逆变换的位移性式(7-46)，可得

$$\mathscr{F}[f(t)\sin\omega_0 t]=\frac{\mathrm{i}}{2}[F(\omega+\omega_0)-F(\omega-\omega_0)], \tag{7-47}$$

$$\mathscr{F}[f(t)\cos\omega_0 t]=\frac{1}{2}[F(\omega+\omega_0)+F(\omega-\omega_0)]. \tag{7-48}$$

例如：$f(t)=u(t)\cos\omega_0 t$，其中，$u(t)$为单位阶跃函数，则

$$\mathscr{F}[f(t)]=\frac{\mathrm{i}\omega}{\omega_0^2-\omega^2}+\frac{\pi}{2}[\delta(\omega-\omega_0)+\delta(\omega+\omega_0)].$$

性质 7.10　相似性：设 $\mathscr{F}[f(t)]=F(\omega)$，$a\neq 0$，则

$$\mathscr{F}[f(at)]=\frac{1}{|a|}F\left(\frac{\omega}{a}\right), \tag{7-49}$$

$$\mathscr{F}^{-1}[F(a\omega)]=\frac{1}{|a|}f\left(\frac{t}{a}\right).\tag{7-50}$$

证明 首先证明傅里叶变换的相似性. 令 $s=at$. 当 $a>0$ 时,

$$\mathscr{F}[f(at)]=\frac{1}{a}\int_{-\infty}^{+\infty}f(s)\mathrm{e}^{-\mathrm{i}\omega\frac{s}{a}}\mathrm{d}s=\frac{1}{a}F\left(\frac{\omega}{a}\right),$$

同理,当 $a<0$ 时

$$\mathscr{F}[f(at)]=-\frac{1}{a}\int_{-\infty}^{+\infty}f(s)\mathrm{e}^{-\mathrm{i}\omega\frac{s}{a}}\mathrm{d}s=-\frac{1}{a}F\left(\frac{\omega}{a}\right),$$

因此,当 $a\neq 0$ 时,式(7-49)成立.

其次,证明傅里叶逆变换的相似性. 令 $a\omega=u$,当 $a\neq 0$ 时,

$$\mathscr{F}^{-1}[F(a\omega)]=\frac{1}{2\pi a}\int_{-\infty}^{+\infty}F(u)\mathrm{e}^{\mathrm{i}\frac{u}{a}t}\mathrm{d}u=\frac{1}{a}f\left(\frac{t}{a}\right),$$

同理,当 $a<0$ 时

$$\mathscr{F}^{-1}[F(a\omega)]=-\frac{1}{2\pi a}\int_{-\infty}^{+\infty}F(u)\mathrm{e}^{\mathrm{i}\frac{u}{a}t}\mathrm{d}u=-\frac{1}{a}f\left(\frac{t}{a}\right),$$

因此,当 $a\neq 0$ 时,式(7-50)成立.

类似于傅里叶变换的位移和相似性质的证明,可得如下的结论:

推论 7.5 设 $\mathscr{F}[f(t)]=F(\omega)$, $a\neq 0$, 则

$$\mathscr{F}[f(at-t_0)]=\frac{1}{|a|}\mathrm{e}^{-\mathrm{i}\frac{t_0}{a}\omega}F\left(\frac{\omega}{a}\right).\tag{7-51}$$

例 7.13 计算 $\mathscr{F}[u(5t-2)]$.

解 1 先用相似性,再用位移性. 令 $g(t)=u(t-2)$, 则 $g(5t)=u(5t-2)$.

$$\begin{aligned}\mathscr{F}[u(5t-2)]&=\mathscr{F}[g(5t)]=\frac{1}{5}\mathscr{F}[g(t)]\Big|_{\frac{\omega}{5}}=\frac{1}{5}\mathscr{F}[u(t-2)]_{\frac{\omega}{5}}\\&=\left(\frac{1}{5}\mathrm{e}^{-2\mathrm{i}\omega}\mathscr{F}[u(t)]\right)\Big|_{\frac{\omega}{5}}=\left(\frac{1}{5}\mathrm{e}^{-2\mathrm{i}\omega}\left[\frac{1}{\mathrm{i}\omega}+\pi\delta(\omega)\right]\right)\Big|_{\frac{\omega}{5}}\\&=\frac{1}{5}\mathrm{e}^{-\frac{2}{5}\mathrm{i}\omega}\left[\frac{5}{\mathrm{i}\omega}+\pi\delta\left(\frac{\omega}{5}\right)\right].\end{aligned}$$

解 2 先用位移性,再用相似性. 令 $g(t)=u(5t)$,则 $g\left(t-\frac{2}{5}\right)=u(5t-2)$.

$$\begin{aligned}\mathscr{F}[u(5t-2)]&=\mathscr{F}\left[g\left(t-\frac{2}{5}\right)\right]=\mathrm{e}^{-\frac{2}{5}\mathrm{i}\omega}\mathscr{F}[g(t)]=\mathrm{e}^{-\frac{2}{5}\mathrm{i}\omega}\mathscr{F}[u(5t)]\\&=\mathrm{e}^{-\frac{2}{5}\mathrm{i}\omega}\left[\frac{1}{5}\mathscr{F}[u(t)]_{\frac{\omega}{5}}=\left(\frac{1}{5}\mathrm{e}^{-\frac{2}{5}\mathrm{i}\omega}\left[\frac{1}{\mathrm{i}\omega}+\pi\delta(\omega)\right]\right)\right|_{\frac{\omega}{5}}\\&=\frac{1}{5}\mathrm{e}^{-\frac{2}{5}\mathrm{i}\omega}\left[\frac{5}{\mathrm{i}\omega}+\pi\delta\left(\frac{\omega}{5}\right)\right].\end{aligned}$$

解 3 直接由式(7-51)得

$$\mathscr{F}[u(5t-2)]=\frac{1}{5}\mathrm{e}^{-\frac{2}{5}\mathrm{i}\omega}\mathscr{F}[u(t)]_{\frac{\omega}{5}}=\frac{1}{5}\mathrm{e}^{-\frac{2}{5}\mathrm{i}\omega}\left[\frac{5}{\mathrm{i}\omega}+\pi\delta\left(\frac{\omega}{5}\right)\right].$$

性质 7.11 微分性:设 $\mathscr{F}[f(t)]=F(\omega)$.

(1) 原像函数的微分性.

若 $\lim\limits_{|t|\to+\infty}f(t)=0$, 则

$$\mathscr{F}[f'(t)]=\mathrm{i}\omega F(\omega),\tag{7-52}$$

一般地,若 $\lim\limits_{|t|\to+\infty}f^{(k)}(t)=0$, 则

$$\mathscr{F}[f^{(k)}(t)]=(\mathrm{i}\omega)^kF(\omega).\tag{7-53}$$

(2) 像函数的微分性.

$$F'(\omega)=-\mathrm{i}\mathscr{F}[tf(t)],\ \mathscr{F}[tf(t)]=\mathrm{i}F'(\omega),\tag{7-54}$$

一般地

$$F^{(k)}(\omega)=(-\mathrm{i})^k\mathscr{F}[t^kf(t)],\ \mathscr{F}[t^kf(t)]=\mathrm{i}^kF^{(k)}(\omega).\tag{7-55}$$

证明

$$\begin{aligned}\mathscr{F}[f'(t)]&=\int_{-\infty}^{+\infty}f'(t)\mathrm{e}^{-\mathrm{i}\omega t}\mathrm{d}t\\&=f(t)\mathrm{e}^{-\mathrm{i}\omega t}\Big|_{-\infty}^{+\infty}+\mathrm{i}\omega\int_{-\infty}^{+\infty}f(t)\mathrm{e}^{-\mathrm{i}\omega t}\mathrm{d}t=\mathrm{i}\omega F(\omega),\end{aligned}$$

$$\begin{aligned}F'(\omega)&=\frac{\mathrm{d}}{\mathrm{d}\omega}\int_{-\infty}^{+\infty}f(t)\mathrm{e}^{-\mathrm{i}\omega t}\mathrm{d}t=\int_{-\infty}^{+\infty}\frac{\mathrm{d}}{\mathrm{d}\omega}f(t)\mathrm{e}^{-\mathrm{i}\omega t}\mathrm{d}t\\&=\int_{-\infty}^{+\infty}f(t)(-\mathrm{i}t)\mathrm{e}^{-\mathrm{i}\omega t}\mathrm{d}t=-\mathrm{i}\mathscr{F}[tf(t)].\end{aligned}$$

例 7.14 求 $f(t)=t^n$ 的傅里叶变换.

解 利用微分性

$$\mathscr{F}[f(t)]=\mathrm{i}^n\frac{\mathrm{d}^n}{\mathrm{d}\omega^n}\mathscr{F}[1]=2\pi\mathrm{i}^n\delta^{(n)}(\omega).$$

例 7.15 已知 $\mathscr{F}[f(t)]=F(\omega)$，且 $\lim\limits_{t\to+\infty}f(t)=0$. 求 $tf'(2t)$的傅里叶变换.

解 利用相似性、微分性：

$$\mathscr{F}[f'(2t)]=\frac{1}{2}\mathscr{F}[f'(t)]\Big|_{\frac{\omega}{2}}=\frac{1}{2}[\mathrm{i}\omega F(\omega)]\Big|_{\frac{\omega}{2}}=\frac{\mathrm{i}\omega}{4}F\left(\frac{\omega}{2}\right),$$

从而

$$\mathscr{F}[tf'(2t)]=\mathrm{i}\frac{\mathrm{d}}{\mathrm{d}\omega}\mathscr{F}[f'(2t)]=\mathrm{i}\frac{\mathrm{d}}{\mathrm{d}\omega}\left[\frac{\mathrm{i}\omega}{4}F\left(\frac{\omega}{2}\right)\right]$$
$$=-\frac{1}{4}F\left(\frac{\omega}{2}\right)-\frac{\omega}{8}F'\left(\frac{\omega}{2}\right).$$

性质 7.12 积分性：设 $\mathscr{F}[f(t)]=F(\omega)$，如果 $\lim\limits_{t\to+\infty}\int_{-\infty}^{t}f(\tau)\mathrm{d}\tau=0$，则

$$\mathscr{F}\left[\int_{-\infty}^{t}f(\tau)\mathrm{d}\tau\right]=\frac{1}{\mathrm{i}\omega}F(\omega). \tag{7-56}$$

证明 令 $g(t)=\int_{-\infty}^{t}f(\tau)\mathrm{d}\tau$,则 $g'(t)=f(t)$. 且 $\lim\limits_{|t|\to+\infty}g(t)=0$. 对 $g(t)$应用微分性得：

$$\mathscr{F}[g'(t)]=\mathrm{i}\omega\mathscr{F}[g(t)],$$

从而

$$\mathscr{F}\left[\int_{-\infty}^{t}f(\tau)\mathrm{d}\tau\right]=\frac{1}{\mathrm{i}\omega}\mathscr{F}[f(t)]=\frac{1}{\mathrm{i}\omega}F(\omega).$$

注 如果 $\lim\limits_{t\to+\infty}\int_{-\infty}^{t}f(\tau)\mathrm{d}\tau=F(0)\neq0$，利用卷积性质可得

$$\mathscr{F}\left[\int_{-\infty}^{t}f(\tau)\mathrm{d}\tau\right]=\frac{1}{\mathrm{i}\omega}F(\omega)+\pi F(0)\delta(\omega).$$

例 7.16 求解下列微分积分方程

$$ax^{(4)}(t)+bx(t)+c\int_{-\infty}^{t}x(s)\mathrm{d}s=g(t),$$

其中 a, b, c 为常数.

解 设 $\mathscr{F}[x(t)]=X(\omega)$, $\mathscr{F}[g(t)]=G(\omega)$

方程两边取傅里叶变换得：

$$a(\mathrm{i}\omega)^4X(\omega)+bX(\omega)+\frac{cX(\omega)}{\mathrm{i}\omega}=G(\omega),$$

$$X(\omega)=\frac{\mathrm{i}\omega G(\omega)}{c+\mathrm{i}\omega(b+a\omega^4)}.$$

从而

$$x(t)=\mathscr{F}^{-1}\left[\frac{\mathrm{i}\omega G(\omega)}{c+\mathrm{i}\omega(b+a\omega^4)}\right].$$

7.4.2 傅里叶变换的卷积与卷积定理

首先给出$(-\infty, +\infty)$上的卷积定义.

定义 7.7 设 $f_1(t)$, $f_2(t)$是定义在$(-\infty, +\infty)$上的两个函数,如果积分

$$\int_{-\infty}^{+\infty}f_1(s)f_2(t-s)\mathrm{d}s,$$

存在,称其为函数 $f_1(t)$, $f_2(t)$的卷积,记为

$$f_1(t)*f_2(t)=\int_{-\infty}^{+\infty}f_1(s)f_2(t-s)\mathrm{d}s. \tag{7-57}$$

例 7.17 求下列函数的卷积：

$$f_1(t)=\begin{cases}0\ (t<0),\\ \mathrm{e}^{-\alpha t}\ (t\geqslant 0),\end{cases}\quad f_2(t)=\begin{cases}0\ (t<0),\\ \mathrm{e}^{-\beta t}\ (t\geqslant 0),\end{cases}\quad (\alpha, \beta>0, \alpha\neq\beta).$$

解 由卷积定义有

$$\begin{aligned}f_1(t)*f_2(t)&=\int_{-\infty}^{+\infty}f_1(s)f_2(t-s)\mathrm{d}s=\left(\int_{-\infty}^{0}+\int_{0}^{t}+\int_{t}^{+\infty}\right)f_1(s)f_2(t-s)\mathrm{d}s\\&=0+\int_0^t\mathrm{e}^{-\alpha s}\mathrm{e}^{-\beta(t-s)}\mathrm{d}s+0=\mathrm{e}^{-\beta t}\int_0^t\mathrm{e}^{(\beta-\alpha)s}\mathrm{d}s\\&=\frac{1}{\beta-\alpha}(\mathrm{e}^{-\alpha t}-\mathrm{e}^{-\beta t}).\end{aligned}$$

卷积有如下简单性质：

性质 7.13 卷积的简单性质：

(1) 交换律：$f*g=g*f$.

(2) 分配律：$f*(g+h)=f*g+f*h$.

(3) 结合律：$f*(g*h)=(f*g)*h$.

(4) 数乘：$A(f*g)=(Af)*g=f*(Ag)$ (A 为常数).

(5) 求导：$\dfrac{\mathrm{d}}{\mathrm{d}t}(f*g(t))=f'(t)*g(t)+f(t)*g(t)$.

(6) $f*\delta(t)=\delta*f(t)=f(t)$.

对于傅里叶变换有如下的卷积定理.

定理 7.2（卷积定理） 设 $F(\omega)=\mathscr{F}[f(t)]$, $G(\omega)=\mathscr{F}[g(t)]$, 则

(1) $\mathscr{F}[f*g]=\mathscr{F}[f(t)]\cdot\mathscr{F}[g(t)]=F(\omega)\cdot G(\omega)$,

或
$$\mathscr{F}^{-1}[F(\omega)\cdot G(\omega)]=f*g.$$

(2) $\mathscr{F}[f\cdot g]=\dfrac{1}{2\pi}\mathscr{F}[f(t)]*\mathscr{F}[g(t)]=F(\omega)*G(\omega)$,

或
$$\mathscr{F}^{-1}[F(\omega)*G(\omega)]=2\pi f\cdot g.$$

证明
$$\begin{aligned}\mathscr{F}[f*g]&=\int_{-\infty}^{+\infty}\left[\int_{-\infty}^{+\infty}f(s)g(t-s)\mathrm{d}s\right]\mathrm{e}^{-\mathrm{i}\omega t}\mathrm{d}t\\&=\int_{-\infty}^{+\infty}f(s)\left[\int_{-\infty}^{+\infty}g(t-s)\mathrm{e}^{-\mathrm{i}\omega t}\mathrm{d}t\right]\mathrm{d}s=\int_{-\infty}^{+\infty}f(s)\mathscr{F}[g(t-s)]\mathrm{d}s\\&=\int_{-\infty}^{+\infty}f(s)\mathrm{e}^{-\mathrm{i}\omega t}G(\omega)\mathrm{d}s=\left(\int_{-\infty}^{+\infty}f(s)\mathrm{e}^{-\mathrm{i}\omega s}\mathrm{d}s\right)G(\omega)\\&=F(\omega)\cdot G(\omega).\end{aligned}$$

卷积定理建立了时域与频域之间最重要的联系，即时域的卷积对应频域的乘积. 利用傅里叶变换的性质，可以将复杂的卷积、微积分关系式表示为简单的代数关系式，这将为我们对复杂系统的研究带来无与伦比的方便.

例 7.18 求 $f(t)=tu(t)\mathrm{e}^{\mathrm{i}\omega_0 t}$ 的傅里叶变换.

解
$$\begin{aligned}\mathscr{F}[f(t)]&=\mathscr{F}[tu(t)\mathrm{e}^{\mathrm{i}\omega_0 t}]=\frac{1}{2\pi}\mathscr{F}[\mathrm{e}^{\mathrm{i}\omega_0 t}]*\mathscr{F}[tu(t)]\\&=\frac{1}{2\pi}\left[2\pi\delta(\omega-\omega_0)*\left(-\frac{1}{\omega^2}+\mathrm{i}\pi\delta'(\omega)\right)\right]\\&=\frac{1}{2\pi}\int_{-\infty}^{+\infty}2\pi\delta(\omega-\omega_0)\cdot\left(-\frac{1}{(t-\omega)^2}+\mathrm{i}\pi\delta'(t-\omega)\right)\mathrm{d}\omega\end{aligned}$$

$$=\left[-\frac{1}{(t-\omega)^2}+\mathrm{i}\pi\delta'(t-\omega)\right]\Bigg|_{\omega=\omega_0}$$

$$=-\frac{1}{(\omega-\omega_0)^2}+\mathrm{i}\pi\delta'(\omega-\omega_0).$$

例 7.19 利用卷积公式证明积分公式：设 $\mathscr{F}[f(t)]=F(\omega)$，若

$$\lim_{t\to+\infty}\int_{-\infty}^{t}f(s)\mathrm{d}s=F(0)\neq 0,$$

则

$$\mathscr{F}\left[\int_{-\infty}^{t}f(s)\mathrm{d}s\right]=\frac{F(\omega)}{\mathrm{i}\omega}+\pi F(0)\delta(0). \qquad (7-58)$$

证明 令 $g(t)=\int_{-\infty}^{t}f(s)\mathrm{d}s$，则 $g(t)=f(t)*u(t)$.

$$\mathscr{F}\left[\int_{-\infty}^{t}f(s)\mathrm{d}s\right]=\mathscr{F}[f(t)*u(t)]=\mathscr{F}[f(t)]\cdot\mathscr{F}[u(t)]$$

$$=F(\omega)\left[\frac{1}{\mathrm{i}\omega}+\pi\delta(\omega)\right]$$

$$=\frac{F(\omega)}{\mathrm{i}\omega}+\pi F(0)\delta(\omega),$$

最后一个等式利用了 δ 函数乘时间函数性质.

习 题 7

1. 求下列函数的傅里叶积分：

(1) $f(t)=\begin{cases}1-t^2\ (|t|<1),\\ 0\ (|t|>1).\end{cases}$ (2) $f(t)=\begin{cases}\sin t\ (|t|\leqslant\pi),\\ 0\ (|t|>\pi).\end{cases}$

2. 求函数

$$f(t)=\begin{cases}1\ (|t|\leqslant 1),\\ 0\ (|t|>1)\end{cases}$$

的傅里叶变换，并证明积分：

$$\int_0^{+\infty} \frac{\sin \omega \cos \omega t}{\omega} dt = \begin{cases} \frac{\pi}{2} \ (|t| \leqslant 1), \\ \frac{\pi}{4} \ (|t| = 1), \\ 0 \ (|t| > 1). \end{cases}$$

3. 求下列函数的傅里叶变换：

(1) $f(t) = \begin{cases} \cos 2\pi\gamma \ (|t| < T), \\ 0 \ (|t| \geqslant T). \end{cases}$　　(2) $f(t) = \begin{cases} e^{-at} \sin 2\pi\gamma t \ (t > 0), \\ 0 \ (t < 0). \end{cases}$

4. 利用留数定理，求函数 $f(t) = \dfrac{1}{a^2 + x^2}$ $(a > 0)$ 的傅里叶变换.

5. 求函数 $f(x) = \sin t \cdot \cos t$ 的傅里叶变换.

6. 求函数 $f(x) = e^{-ax}$ 的傅里叶正弦和余弦变换，其中：$a>0$.

7. 试证明：$\displaystyle\int_0^{+\infty} \frac{1}{1+x^2} \cos tx \, dx = \frac{\pi}{2} e^{-t}$，其中：$t>0$.

8. 解下列积分方程：

(1) $\displaystyle\int_{-\infty}^{+\infty} \frac{y(\xi)}{(x-\xi)^2 + a^2} d\xi = \frac{1}{x^2 + b^2}$ $(0 < a < 1)$.

(2) $\displaystyle\int_0^{+\infty} y(x) \sin \omega x \, dx = \begin{cases} \sin \omega \ (0 \leqslant \omega \leqslant \pi), \\ 0 \ (\omega > \pi). \end{cases}$

9. 求下列函数的傅里叶变换：

(1) $f(t) = 2 + 3\delta(t+1) - \delta''(t-1)$.　　(2) $f(t) = \sin t \cos t$.

(3) $f(t) = \dfrac{1}{3+t^2}$.　　(4) $f(t) = te^{-it} \sin t$.

10. 求下列函数的傅里叶逆变换：

(1) $F(\omega) = \delta(\omega+2) - \delta(\omega-2)$.　　(2) $F(\omega) = \pi\delta(\omega+1) - \dfrac{i}{\omega + i}$.

(3) $F(\omega) = \dfrac{1}{2+\omega^2}$.　　(4) $F(\omega) = \dfrac{\omega^2 + 5}{(3+i\omega)(4+\omega^2)}$.

11. 已知 $F(\omega) = \mathscr{F}[f(t)]$，求下列函数的傅里叶变换：

(1) $tf(2t)$.　　(2) $(t-2)f(-2t)$.

(3) $e^{2i(t-1)}$.　　(4) $tf'(t)$，$\lim\limits_{|t| \to +\infty} f(t) = 0$.

12. 已知

$$f(t)=\begin{cases}e^{-t}\ (t\geqslant 0),\\ 0\ (t<0),\end{cases}\qquad g(t)=\begin{cases}\sin t\ \left(0\leqslant t\leqslant \dfrac{\pi}{2}\right),\\ 0\ (否则).\end{cases}$$

计算卷积 $f(t)*g(t)$.

13. 设 $F(\omega)=\mathscr{F}[f(t)]$, $G(\omega)=\mathscr{F}[g(t)]$.

(1) 证明: $[f(t)\cdot g(t)]=\dfrac{1}{2\pi}F(\omega)*G(\omega)$.

(2) 利用(1)的结论求函数 $e^{-\beta t}u(t)\sin bt\ (\beta>0)$ 的傅里叶变换.

第 8 章　拉普拉斯变换

拉普拉斯(Laplace)变换理论是在 19 世纪末发展起来的. 首先是英国工程师 O. Heaviside 发明了用运算法解决当时电工计算中出现的一些问题,但是缺乏严密的数学认证,后来由法国数学家拉普拉斯(P. S. Laplace)给出了严密的数学定义,称为拉普拉斯变换方法.

拉普拉斯变换在电学、光学、力学等工程技术与科学领域中有着广泛的应用,是现代电路与系统分析的重要方法. 由于它的像原函数 $f(t)$要求的条件比傅里叶变换的条件要弱,因此,在某些问题上,它比傅里叶变换的适用面更广.

本章首先从傅里叶变换的定义出发,导出拉普拉斯变换的定义,并研究它的一些基本性质,然后给出其逆变换的积分表达式,并得像原函数的求法.

8.1　拉普拉斯变换的概念

8.1.1　拉普拉斯变换的存在性

傅里叶变换要求进行变换的函数在无穷区间$(-\infty, +\infty)$有定义,在任一有限区间上满足狄利克莱条件,且绝对可积. 这是一个比较苛刻要求. 一些常用的函数,如阶跃函数 $u(t)$,以及 t, $\sin t$, $\cos t$ 等均不满足这些要求. 另外,在物理、线性控制等实际应用中,许多以时间为自变量的函数,往往当 $t<0$ 时没有意义,或者不需要知道 $t<0$ 时的情况. 因此,傅里叶变换要求的函数条件比较强,这就限制了傅里叶变换的应用范围.

为了解决上述问题而拓宽应用范围,人们发现对于任意一个实函数 $\phi(t)$,可以经过适当地改造以满足傅里叶变换的基本条件.

设 $f(t)=\phi(t)u(t)$,其中,$u(t)$为单位阶跃函数,对 $f(t)$作傅里叶变换,得

$$\mathscr{F}[f(t)]=\int_{-\infty}^{+\infty}\phi(t)u(t)\mathrm{e}^{-\mathrm{j}\omega t}\,\mathrm{d}t=\int_{0}^{+\infty}f(t)\mathrm{e}^{-\mathrm{j}\omega t}\,\mathrm{d}t,$$

经上述处理,解决了 $\phi(t)$ 当 $t<0$ 时没有定义的问题,但仍不能回避 $f(t)$在$[0, +\infty]$上绝对可积的限制. 为此,可用当 $t\to+\infty$时,快速衰减的函数 $\mathrm{e}^{-\sigma t}$

$(\sigma > 0)$ 乘以 $f(t)$，并作傅里叶变换

$$\mathscr{F}[f(t)] = \int_{-\infty}^{+\infty} \phi(t)u(t)\mathrm{e}^{-\sigma t}\mathrm{e}^{-\omega t}\,\mathrm{d}t = \int_{0}^{+\infty} f(t)\mathrm{e}^{-(\sigma+\mathrm{i}\omega)t}\,\mathrm{d}t.$$

图 8-1 表示 $\phi(t)$ 与 $\phi(t)u(t)\mathrm{e}^{-\sigma t}$ 的图像.

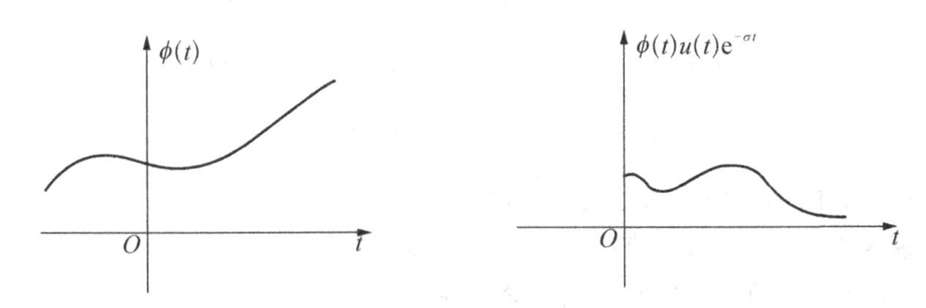

图 8-1 $\phi(t)$ 与 $\phi(t)u(t)\mathrm{e}^{-\sigma t}$ 的图像

定义 8.1 设 $f(t)$ 是 $[0, +\infty]$ 上的实(或复)值函数，若对参数 $p=\sigma+\mathrm{i}\omega$，$F(p)=\int_{0}^{+\infty} f(t)\mathrm{e}^{-pt}\,\mathrm{d}t$ 在 p 平面的某一区域内收敛，则称其为 $f(t)$ 的拉普拉斯变换，记为

$$\mathscr{L}[f(t)] = F(p) = \int_{0}^{+\infty} f(t)\mathrm{e}^{-pt}\,\mathrm{d}t, \tag{8-1}$$

称 $f(t)$ 为 $F(p)$ 的拉普拉斯逆变换(简称拉氏变换)，记为 $f(t)=\mathscr{L}^{-1}[F(p)]$. 称 $F(p)$ 为像函数，$f(t)$ 为像原函数.

从定义可知，$f(t)(t\geqslant 0)$ 的拉普拉斯变换实际上就是 $f(t)u(t)\mathrm{e}^{-\sigma t}$ 的傅里叶变换，称为一种单边的广义傅里叶变换.

令 $\mathscr{D}=\{f(t)\mid f(t)=\mathscr{L}^{-1}[F(p)]\}$，$\mathscr{R}=\{F(p)\mid F(p)=\mathscr{L}[f(t)]\}$，称 $\mathscr{D}$ 为原像空间，$\mathscr{R}$ 为像空间. 因此，拉普拉斯变换与逆变换建立了原像空间与像空间之间的一一对应.

剩下的问题是，当 $f(t)$ 满足什么条件时，$f(t)\mathrm{e}^{-pt}$ 绝对可积?

定义 8.2 对于实变量的复值函数 $f(t)$，若存在 $M>0$ 及实数 σ_c，使得

$$|f(t)| \leqslant M\mathrm{e}^{\sigma_c t} \quad (\text{对于任意给定的 } t\geqslant 0),$$

则称 $f(t)$ 为指数级函数，σ_c 称为增长指数.

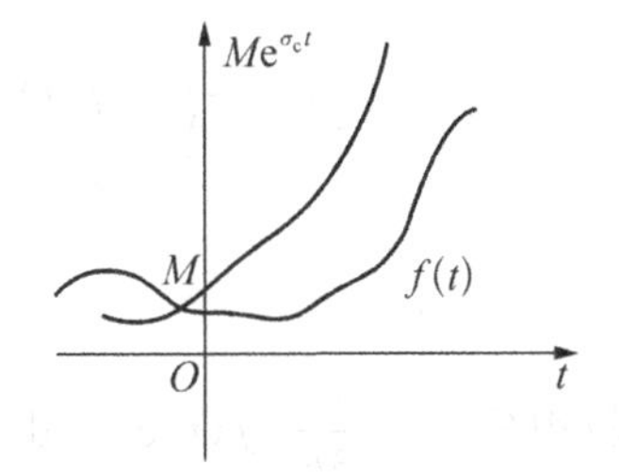

图 8-2 指数增长函数

图 8-2 为指数增长函数.

例 8.1 单位阶跃函数 $u(t)$，指数函数 e^{kt}，正弦

函数 $\sin(kt)$，幂函数 t^n 等均为指数级函数.

解 事实上

$$|u(t)| \leqslant e^{kt},\ M=1,\ \sigma_c=0,$$

$$|e^{kt}| \leqslant e^{\mathrm{Re}(k)t},\ M=1,\ \sigma_c=\mathrm{Re}(k),$$

$$|\sin(kt)| \leqslant e^{\mathrm{Re}(k)t},\ M=1,\ \sigma_c=\mathrm{Re}(k),$$

$$|t^n| \leqslant n!e^t,\ M=n!,\ \sigma_c=1.$$

并非所有的函数均为指数级函数，例如：$f(t)=e^{t^2}$.

定理 8.1（拉普拉斯变换存在定理） 若函数 $f(t)$ 满足：

(1) 在 $t \geqslant 0$ 的任一有限区间上分段连续.

(2) 当 $t \to +\infty$ 时，$f(t)$ 为指数级函数.

则 $F(p)=\mathscr{L}[f(t)]=\int_0^{+\infty} f(t)e^{-pt}\,dt$ 在半平面 $\mathrm{Re}(p)>\sigma_c$ 上存在且解析. 其中，σ_c 为 $f(t)$ 的增长指数.

证明 首先证明 $F(p)=\int_0^{+\infty} f(t)e^{-pt}\,dt$ 的存在性.

由于 $f(t)$ 为指数级函数，存在常数 $M>0$ 和实数 σ_c，使得

$$|f(t)| \leqslant Me^{\sigma_c t} \quad (\text{对于任意给定的 } t \geqslant 0),$$

从而

$$\int_0^{+\infty} |f(t)e^{-pt}|\,dt \leqslant \int_0^{+\infty} Me^{-(\sigma-\sigma_c)}\,dt=\frac{M}{\sigma-\sigma_c} \quad (\sigma>\sigma_c).$$

所以上述积分绝对收敛，且 $F(p)$ 在右半平面 $\mathrm{Re}(p)=\sigma>\sigma_c$ 存在.

其次，证明 $F(p)$ 解析. 为此，在积分号内对 p 求偏导数，并取 $\sigma>\sigma_1>\sigma_c$（σ_1 为任意实常数），则有

$$\left|\int_0^{+\infty} \frac{\partial}{\partial p}[f(t)e^{-pt}]dt\right| \leqslant \int_0^{+\infty} \left|\frac{\partial}{\partial p}[f(t)e^{-pt}]\right| dt$$

$$\leqslant \int_0^{+\infty} Mt\,e^{-(\sigma_1-\sigma_c)}\,dt=\frac{M}{(\sigma_1-\sigma_c)^2},$$

故积分 $\int_0^{+\infty} \frac{\partial}{\partial p}[f(t)e^{-pt}]dt$ 在半平面 $\mathrm{Re}(p)=\sigma>\sigma_c$ 上一致收敛，从而可交换积分与求导的次序，即

$$\frac{\mathrm{d}}{\mathrm{d}p}F(p)=\frac{\mathrm{d}}{\mathrm{d}p}\int_0^{+\infty}f(t)\mathrm{e}^{-pt}\mathrm{d}t=\int_0^{+\infty}\frac{\partial}{\partial p}[f(t)\mathrm{e}^{-pt}]\mathrm{d}t\leqslant\frac{M}{(\sigma_1-\sigma_c)^2},$$

故 $F(p)$ 的导数在 $\mathrm{Re}(p)=\sigma>\sigma_c$ 上处处存在且有限. 由此可见, $F(p)$ 在半平面 $\mathrm{Re}(p)=\sigma>\sigma_c$ 内解析.

注 (1) 由定理 8.1 证明知,当 $f(t)$ 满足定理的条件时,

$$\lim_{\mathrm{Re}\,p\to+\infty}F(p)=0.$$

(2) 由于增长指数不惟一,记 σ_0 为使 $|f(t)|\leqslant M\mathrm{e}^{\sigma_c t}$ 成立的最小的增长指数,则称其为收敛坐标,称 $\mathrm{Re}\,p=\sigma_0$ 为收敛轴. σ_0 的值是由 $f(t)$ 的性质所确定. 根据 σ_0 的值,可将 p 平面(复频率平面)分为两个区域,收敛轴以右的区域(不包括收敛轴在内)即为收敛域,收敛轴以左(包括收敛轴在内)则为非收敛域. 可见 $f(t)$ 或 $F(p)$ 的收敛域就是在 p 平面上能使

$$\lim_{t\to+\infty}f(t)\mathrm{e}^{-\sigma t}=0\quad(\sigma>\sigma_0),$$

满足的 σ 的取值范围,意即 σ 只有在收敛域内取值, $f(t)$ 的拉普拉斯变换 $F(p)$ 才能存在,且一定存在.

(3) 存在定理 8.1 中的条件是充分但非必要条件,例如: $\mathscr{L}[t^{-1/2}]=\dfrac{\sqrt{\pi}}{\sqrt{p}}$ 存在,但 $t=0$ 为 $t^{-1/2}$ 的无穷间断点.

8.1.2 常用函数的拉普拉斯变换

在电路分析中,常用的时域函数为单位阶跃函数 $u(t)$,脉冲函数 $\delta(t)$,指数函数 $\mathrm{e}^{-\alpha t}$,正弦函数 $\sin\omega t$ 和余弦函数 $\cos\omega t$ 等,下面给出这些函数的拉普拉斯变换,读者要熟悉这些常用函数的拉氏变换,以便能熟练应用.

例 8.2 求单位阶跃函数 $u(t)=\begin{cases}0 & (t<0),\\ 1 & (t>0)\end{cases}$ 的拉氏变换.

解

$$\mathscr{L}[u(t)]=\int_0^{+\infty}\mathrm{e}^{-pt}\mathrm{d}t=-\frac{1}{p}\mathrm{e}^{-pt}\Big|_0^{+\infty}.$$

由于

$$|\mathrm{e}^{-pt}|=|\mathrm{e}^{-(\sigma+\mathrm{i}\omega t)}|=\mathrm{e}^{-\sigma t},$$

当 $\mathrm{Re}\,p=\sigma>0$ 时, $\lim\limits_{t\to+\infty}\mathrm{e}^{-pt}=0$, 从而有

$$\mathscr{L}[u(t)]=\frac{1}{p}\quad(\mathrm{Re}\,p>0),$$

同理可得

$$\mathscr{L}[u(t-b)] = \int_0^{+\infty} u(t-b)\mathrm{e}^{-pt}\,\mathrm{d}t = \int_b^{+\infty} \mathrm{e}^{-pt}\,\mathrm{d}t$$
$$= -\frac{1}{p}\mathrm{e}^{-pt}\Big|_b^{+\infty} = \frac{1}{p}\mathrm{e}^{-pb} \quad (\mathrm{Re}\,p > 0).$$

例 8.3 求指数函数 $f(t) = \mathrm{e}^{kt}$ 的拉氏变换.

解

$$\mathscr{L}[f(t)] = \int_0^{+\infty} \mathrm{e}^{kt}\mathrm{e}^{-pt}\,\mathrm{d}t = \int_0^{+\infty} \mathrm{e}^{-(p-k)t}\,\mathrm{d}t$$
$$= -\frac{1}{p-k}\mathrm{e}^{-(p-k)t}\Big|_0^{+\infty} = \frac{1}{p-k} \quad (\mathrm{Re}\,p > \mathrm{Re}\,k).$$

例 8.4 求正弦函数 $f(t) = \sin kt$ 和余弦函数 $f(t) = \cos kt$ 的拉氏变换.

解

$$\mathscr{L}[f(t)] = \int_0^{+\infty} \sin kt\,\mathrm{e}^{-pt}\,\mathrm{d}t = \int_0^{+\infty} \frac{\mathrm{e}^{\mathrm{i}kt} - \mathrm{e}^{-\mathrm{i}kt}}{2\mathrm{i}}\mathrm{e}^{-pt}\,\mathrm{d}t$$
$$= \frac{1}{2\mathrm{i}}\int_0^{+\infty} [\mathrm{e}^{-(p-\mathrm{i}k)} - \mathrm{e}^{-(p+\mathrm{i}k)}]\mathrm{d}t = \frac{1}{2\mathrm{i}}\left(\frac{1}{p-\mathrm{i}k} - \frac{1}{p+\mathrm{i}k}\right)$$
$$= \frac{k}{p^2+k^2} \quad (\mathrm{Re}\,p > |\,\mathrm{Im}\,k\,|),$$

同理可得

$$\mathscr{L}[\cos kt] = \frac{p}{p^2+k^2} \quad (\mathrm{Re}\,p > |\,\mathrm{Im}\,k\,|).$$

例 8.5 求幂函数 $f(t) = t$ 和 $f(t) = t^2$ 的拉氏变换.

解

$$\mathscr{L}[t] = \int_0^{+\infty} t\mathrm{e}^{-pt}\,\mathrm{d}t = -\frac{t}{p}\mathrm{e}^{-pt}\Big|_0^{+\infty} + \frac{1}{p}\int_0^{+\infty} \mathrm{e}^{-pt}\,\mathrm{d}t,$$

当 $\mathrm{Re}\,p = \sigma > 0$ 时

$$\lim_{t\to+\infty} \mathrm{e}^{-pt} = 0,\ \lim_{t\to+\infty} t\mathrm{e}^{-pt} = 0,$$

从而

$$\mathscr{L}[t] = \frac{1}{p}\int_0^{+\infty} \mathrm{e}^{-pt}\,\mathrm{d}t = -\frac{1}{p^2}\mathrm{e}^{-pt}\Big|_0^{+\infty} = \frac{1}{p^2}.$$

同理，利用

$$\lim_{t\to+\infty} e^{-pt}=0,\ \lim_{t\to+\infty} te^{-pt}=0,\ \lim_{t\to+\infty} t^2 e^{-pt}=0,$$

可得

$$\mathscr{L}[t^2]=\frac{2}{p^3}.$$

一般地，当 m 为正整数时，

$$\mathscr{L}[t^m]=\frac{m!}{p^{m+1}}\quad(\mathrm{Re}\,p>0).$$

为了讨论更一般的幂函数 $f(t)=t^m(m>-1)$ 的拉氏变换，先引入特殊函数 $\Gamma(x)$（称为 Gamma 函数）

$$\Gamma(x)=\int_0^{+\infty} e^{-t}t^{x-1}dt\quad(x>0).$$

利用分部积分可得 Γ 函数具有如下性质：

$$\Gamma(1)=\int_0^{+\infty} e^{-t}dt=1,\tag{8-2}$$

$$\Gamma(x+1)=x\Gamma(x).\tag{8-3}$$

因此，当 m 为正整数时

$$\Gamma(m+1)=m\Gamma(m)=m!,$$

且

$$\Gamma\left(\frac{1}{2}\right)=\int_0^{+\infty} e^{-t}t^{-\frac{1}{2}}dt=2\int_0^{+\infty} e^{-u^2}du=\sqrt{\pi}.$$

例 8.6　求幂函数 $f(t)=t^m(m>-1)$ 的拉氏变换.

解　用变量代换 $u=pt$，则

$$\mathscr{L}[t^m]=\int_0^{+\infty} t^m e^{-pt}dt=\int_C\left(\frac{u}{p}\right)^m e^{-u}\frac{1}{p}du=\frac{1}{p^{m+1}}\int_C u^m e^{-u}du,$$

其中 γ 是沿射线 $\arg u=\theta,\ -\frac{\pi}{2}<\theta<\frac{\pi}{2}$.

当 $-1<m<0$ 时，$u=0$ 是 u^m 的奇点. 如图 8-3 所示建立积分围道. 设 A，B 点分别对应复数 $re^{i\alpha}$ 和 $Re^{i\alpha}$（$r<R$），$\alpha\in\left(-\frac{\pi}{2},\frac{\pi}{2}\right)$，则令 $u=$

$\rho e^{i\theta}\left(0\leqslant\rho<+\infty,-\dfrac{\pi}{2}<\theta<\dfrac{\pi}{2}\right)$，则

$$\widehat{BD}: u=Re^{i\phi}\quad(0\leqslant\phi\leqslant\alpha),$$

$$\widehat{AE}: u=re^{i\phi}\quad(0\leqslant\phi\alpha).$$

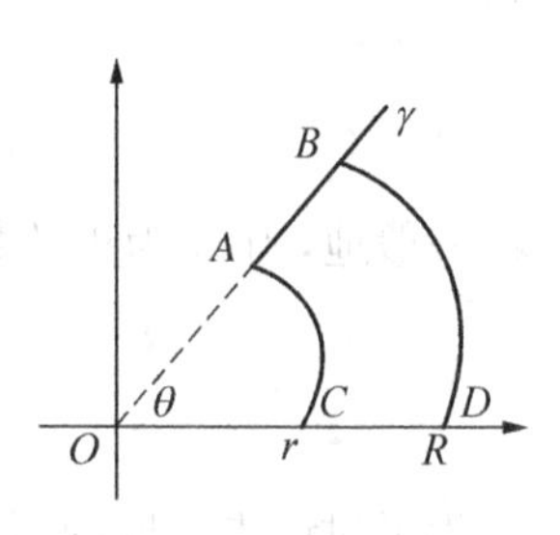

图 8-3　积分围道

由

$$\int_{\overline{AB}+\widehat{BD}+\overline{DE}+\widehat{EA}} u^m e^{-u} du=0,$$

得

$$\int_{\overline{AB}} u^m e^{-u} du=\int_{\widehat{EA}+\overline{ED}+\widehat{DB}} u^m e^{-u} du.$$

由于

$$\begin{aligned}\left|\int_{\widehat{EA}} u^m e^{-u} du\right| &= \left|\int_0^{\alpha} r^m e^{im\phi} e^{-re^{i\phi}} ire^{i\phi} d\phi\right| \\ &\leqslant r^{m+1}\int_0^{\alpha} \mid e^{im\phi} e^{-re^{i\phi}} e^{i\phi} \mid d\phi \\ &= r^{m+1}\int_0^{\alpha} e^{-r\cos\phi} d\phi \leqslant r^{m+1} e^{-r\cos\xi}\alpha.\end{aligned}$$

最后一个不等式利用了积分中值定理.

当 $r\to 0$ 时，$r^{m+1}e^{-r\cos\xi}\alpha\to 0$，从而

$$\lim_{r\to 0}\int_{\widehat{EA}} u^m e^{-u} du=0.$$

同理可得

$$\lim_{R\to+\infty}\int_{\widehat{DB}} u^m e^{-u} du=0,$$

从而 $r\to 0$，$R\to+\infty$时

$$\int_{\gamma} u^m e^{-u} du=\int_{\overline{AB}} u^m e^{-u} du=\int_0^{+\infty} t^m e^{-t} dt.$$

因此

$$\mathscr{L}[t^m]=\frac{1}{p^{m+1}}\int_0^{+\infty} t^m e^{-t} dt=\frac{\Gamma(m+1)}{p^{m+1}}\ (\mathrm{Re}\,p>0).$$

特别地，当 m 为正整数时，

$$\mathscr{L}[t^m] = \frac{\Gamma(m+1)}{p^{m+1}} = \frac{m!}{p^{m+1}}.$$

8.1.3 拉普拉斯变换的积分下限

在拉普拉斯变换定义式中，其积分下限为零，在工程应用中，应该为 0^+（零的右极限）和 0^-（零的左极限）之分. 对于在 $t=0$ 处连续或只有第一类间断点的函数，0^+ 型和 0^- 型的拉氏变换结果是相同的. 但对于在 $t=0$ 处有无界跳跃的函数，两种拉氏变换的结果不一致. 可用单位脉冲函数 $\delta(t)$ 来解释.

$$\int_{0^+}^{+\infty} \delta(t) \mathrm{e}^{-pt} \mathrm{d}t = 0, \int_{0^-}^{+\infty} \delta(t) \mathrm{e}^{-pt} \mathrm{d}t = 1.$$

令

$$\mathscr{L}_+[f(t)] = \int_{0^+}^{+\infty} f(t) \mathrm{e}^{-pt} \mathrm{d}t, \tag{8-4}$$

$$\mathscr{L}_-[f(t)] = \int_{0^-}^{+\infty} f(t) \mathrm{e}^{-pt} \mathrm{d}t = \mathscr{L}_+[f(t)] + \int_{0^-}^{0^+} f(t) \mathrm{e}^{-pt} \mathrm{d}t. \tag{8-5}$$

定义 8.3 称 $\mathscr{L}_+[f(t)]$ 为 0^+ 型拉普拉斯变换；而 $\mathscr{L}_-[f(t)]$ 为 0^- 型拉普拉斯变换.

为了反映在 $t=0$ 处有单位脉冲函数 $\delta(t)$ 的作用，应取积分下限为 0^- 更为合理. 因为取 0^+ 型拉氏变换未能包含 $t=0$ 时刻，而 0^- 型拉氏变换包含了 $t=0$ 时刻. 以后不加声明均认为拉氏变换是取 0^- 型.

采用 0^- 型拉氏变换另一方便之处，是考虑到在工程实际问题中，常常把开始研究系统的时刻规定为零时刻，而外作用也是在零时刻加于系统. 0^- 时刻表示外作用尚未加于系统，此时系统所处的状态是易于知道的，因此 0^- 时刻的初始条件也比较容易确定. 若采用 0^+ 型的拉氏变换，则相当于外作用已加于系统，要确定 0^+ 时系统的状态是很繁琐的，因而 0^+ 时的初始条件也不易确定.

例 8.7 计算下列函数 $f(t)$ 的拉氏变换.

(1) $f(t) = \delta(t-a)$.

(2) $f(t) = \delta'(t)$.

(3) $f(t) = \mathrm{e}^{-\beta t}(\delta(t) - \beta)$.

解

(1) $\mathscr{L}[f(t)] = \int_{0^-}^{+\infty} \delta(t-a) \mathrm{e}^{-pt} \mathrm{d}t = \mathrm{e}^{-ap}$，如果 $a=0$，则 $\mathscr{L}[\delta(t)] = 1$.

(2) $\mathscr{L}[f(t)] = \int_{0^-}^{+\infty} \delta'(t)e^{-pt}\,dt = \delta(t)e^{-pt}\Big|_{0^-}^{+\infty} + p\int_{0^-}^{+\infty} \delta(t)e^{-pt}\,dt.$

由于

$$\delta(0^-) = 0,\ \delta(+\infty) = 0,$$

从而

$$\mathscr{L}[\delta'(t)] = p\mathscr{L}[\delta(t)] = p.$$

一般地

$$\mathscr{L}[\delta^{(n)}(t)] = p^n\mathscr{L}[\delta(t)] = p^n.$$

(3)

$$\begin{aligned}\mathscr{L}[f(t)] &= \int_{0^-}^{+\infty} (e^{-\beta t}\delta(t) - \beta e^{-\beta t})e^{-pt}\,dt \\ &= \int_{0^-}^{+\infty} \delta(t)e^{-(\beta+p)t} - \int_{0^-}^{+\infty} \beta e^{-(\beta+p)t}\,dt \\ &= \mathscr{L}[\delta(t)]\,|_{(\beta+p)} + \frac{\beta e^{-(\beta+p)t}}{\beta+p}\Big|_{0^-}^{+\infty} \\ &= 1 - \frac{\beta}{\beta+p} = \frac{p}{\beta+p}\ (\operatorname{Re} p > -\beta).\end{aligned}$$

8.2 拉普拉斯变换的性质

虽然,由拉氏变换的定义式可以求出一些常用函数的拉氏变换,在实际应用中我们总结出拉普拉斯变换的一些基本性质,通过这些性质使得许多复杂计算简单化.

以下约定需要取拉氏变换的函数,均满足拉氏变换存在定理的条件.

性质 8.1 线性性质:若 α, β 为任意常数,且 $F(p) = \mathscr{L}[f(t)]$, $G(p) = \mathscr{L}[g(t)]$, 则

$$\mathscr{L}[\alpha f(t) + \beta g(t)] = \alpha F(p) + \beta G(p), \tag{8-6}$$

$$\mathscr{L}^{-1}[\alpha F(p) + \beta G(p)] = \alpha f(t) + \beta g(t). \tag{8-7}$$

证明

$$\begin{aligned}\mathscr{L}[\alpha f(t) + \beta g(t)] &= \int_0^{+\infty} [\alpha f(t) + \beta g(t)]e^{-pt}\,dt \\ &= \alpha\int_0^{+\infty} f(t)e^{-pt}\,dt + \beta\int_0^{+\infty} g(t)e^{-pt}\,dt\end{aligned}$$

$$= \alpha F(p) + \beta G(p).$$

根据拉氏逆变换的定义,不难证明第二式.具体证明留给读者.

例 8.8 求双曲正弦和双曲余函数的拉氏变换: $\mathscr{L}[\sinh kt]$, $\mathscr{L}[\cosh kt]$,其中,$k \neq 0$ 为常数.

解

$$\mathscr{L}[\sinh kt] = \mathscr{L}\left[\frac{e^{kt} - e^{-kt}}{2}\right] = \frac{1}{2}\left(\frac{1}{p-k} - \frac{1}{p+k}\right) = \frac{k}{p^2 - k^2},$$

同理可得

$$\mathscr{L}[\cosh kt] = \mathscr{L}\left[\frac{e^{kt} + e^{-kt}}{2}\right] = \frac{1}{2}\left(\frac{1}{p-k} + \frac{1}{p+k}\right) = \frac{k}{p^2 - k^2}.$$

例 8.9 求像函数 $F(p) = \dfrac{p}{(p-1)(p^2+4)}$ 的拉氏逆变换.

解 由于

$$F(p) = \frac{1}{5}\frac{1}{p-1} - \frac{1}{5}\frac{p}{p^2+4} + \frac{2}{5}\frac{2}{p^2+4},$$

从而

$$\begin{aligned} f(t) = \mathscr{L}^{-1}[F(p)] &= \frac{1}{5}\mathscr{L}^{-1}\left[\frac{1}{p-1}\right] - \frac{1}{5}\mathscr{L}^{-1}\left[\frac{p}{p^2+2^2}\right] + \frac{2}{5}\mathscr{L}^{-1}\left[\frac{2}{p^2+2^2}\right] \\ &= \frac{1}{5}e^t - \frac{1}{5}\cos 2t + \frac{2}{5}\sin 2t. \end{aligned}$$

例 8.10 证明: $\mathscr{L}[f(t)] = \mathscr{L}[\sin(\omega t + \phi)] = \dfrac{p\sin\phi + \omega\cos\phi}{p^2 + \omega^2}$.

证明 由于

$$F(p) = \frac{p\sin\phi + \omega\cos\phi}{p^2+\omega^2} = \frac{p}{p^2+\omega^2}\sin\phi + \frac{\omega}{p^2+\omega^2}\cos\phi,$$

利用拉氏逆变换的线性性质,得

$$\begin{aligned} f(t) &= \sin\phi\mathscr{L}^{-1}\left[\frac{p^2}{p^2+\omega^2}\right] + \cos\phi\mathscr{L}^{-1}\left[\frac{p^2}{p^2+\omega^2}\right] \\ &= \sin\phi\cos\omega t + \cos\phi\sin\omega t, \end{aligned}$$

利用三角等式

$$a\sin \omega t+b\cos \omega t=\sqrt{a^2+b^2}\sin(\omega t+\arctan(b/a)),$$

得

$$f(t)=\sqrt{\sin^2\phi+\cos^2\phi}\sin\left(\omega t+\arctan\left(\frac{\sin\phi}{\cos\phi}\right)\right)$$
$$=\sin(\omega t+\phi).$$

同理可证

$$\mathscr{L}^{-1}\left[\frac{p\cos\phi-\omega\sin\phi}{p^2+\omega^2}\right]=\cos(\omega t+\phi).$$

性质 8.2 相似性质：设 $F(p)=\mathscr{L}[f(t)]$，$a>0$，则

$$\mathscr{L}[f(at)]=\frac{1}{2}F\left(\frac{p}{a}\right), \tag{8-8}$$

$$\mathscr{L}^{-1}[F(ap)]=\frac{1}{a}f\left(\frac{t}{a}\right). \tag{8-9}$$

证明 令 $u=at$，则

$$\mathscr{L}[f(at)]=\int_0^{+\infty}f(at)\mathrm{e}^{-pt}\mathrm{d}t=\frac{1}{a}\int_0^{+\infty}f(u)\mathrm{e}^{-\frac{p}{a}u}\mathrm{d}u=\frac{1}{a}F\left(\frac{p}{a}\right).$$

令 $u=\dfrac{t}{a}$，则

$$\mathscr{L}\left[f\left(\frac{t}{a}\right)\right]=\int_0^{+\infty}f\left(\frac{t}{a}\right)\mathrm{e}^{-pt}\mathrm{d}t=\int_0^{+\infty}af(u)\mathrm{e}^{-apu}\mathrm{d}u=aF(ap),$$

从而

$$\mathscr{L}^{-1}[F(ap)]=\frac{1}{a}f\left(\frac{t}{a}\right).$$

例 8.11 利用 $\mathscr{L}[\mathrm{e}^t]=\dfrac{1}{p-1}$，求 $\mathrm{e}^{\omega t}$.

解

$$\mathscr{L}[\mathrm{e}^{\omega t}]=\frac{1}{\omega}\frac{1}{\frac{p}{\omega}-1}=\frac{1}{p-\omega}.$$

性质 8.3 延迟性质：设 $F(p)=\mathscr{L}[f(t)]$，对于任意非负实数 t_0，有

$$\mathscr{L}[f(t-t_0)u(t-t_0)]=\mathrm{e}^{-pt_0}F(p), \tag{8-10}$$

或

$$\mathscr{L}^{-1}[\mathrm{e}^{-pt_0}F(p)]=f(t-t_0)u(t-t_0). \tag{8-11}$$

证明 令 $u=t-t_0$，则

$$\begin{aligned}\mathscr{L}[f(t-t_0)u(t-t_0)]&=\int_0^{+\infty}f(t-t_0)u(t-t_0)\mathrm{e}^{-pt}\mathrm{d}t\\&=\int_{t_0}^{+\infty}f(t-t_0)\mathrm{e}^{-pt}\mathrm{d}t=\int_0^{+\infty}f(u)\mathrm{e}^{-p(u+t)}\mathrm{d}u\\&=\mathrm{e}^{-pt_0}\int_0^{+\infty}f(u)\mathrm{e}^{-pu}\mathrm{d}u=\mathrm{e}^{-pt_0}F(p).\end{aligned}$$

在应用延迟性质时，特别注意像原函数的写法，此时，$f(t-t_0)$后不能省略因子 $u(t-t_0)$. 事实上，$f(t-t_0)u(t-t_0)$与 $f(t)u(t)$相比，$f(t)u(t)$从 $t=0$ 开始有非零数值，而 $f(t-t_0)u(t-t_0)$是从 $t=t_0$ 开始才有非零数值，即延迟了一个时间段 $t-t_0$. 从它的图像上讲，$f(t-t_0)u(t-t_0)$是由 $f(t)u(t)$沿 t 轴向右平移 t_0 而得(图 8-4)，其拉氏变换也多了一个因子 e^{-pt_0}.

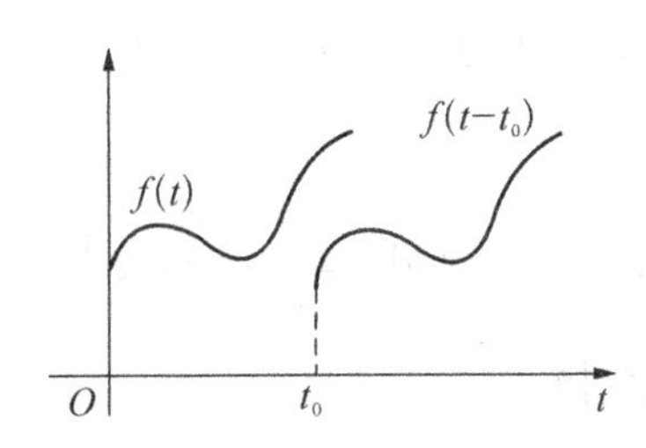

图 8-4 $f(t)$及其延迟 $f(t-t_0)$

例 8.12 求分段函数(见图 8-5)

$$f(t)=\begin{cases}0 & (t<0),\\ t & (0\leqslant t<1),\\ 1 & (1\leqslant t<2),\\ 3-t & (2\leqslant t<3),\\ 0 & (t\geqslant 3)\end{cases}$$

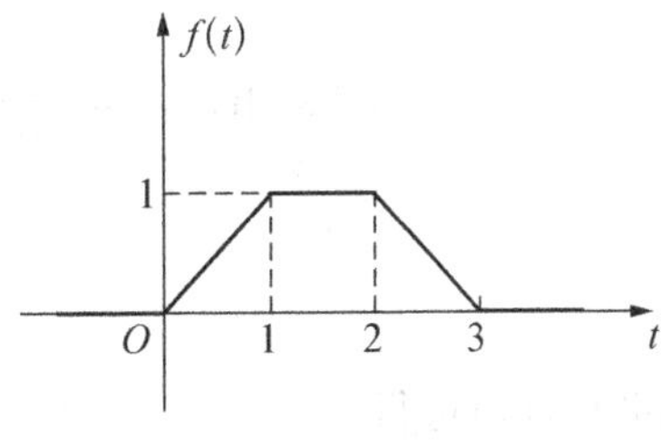

图 8-5 $f(t)$分段函数

的拉氏变换.

解 由于

$$f(t)=tu(t)-(t-1)u(t-1)-(t-2)u(t-2)+(t-3)u(t-3),$$

从而

$$\mathscr{L}[f(t)]=\frac{1}{p^2}(1-\mathrm{e}^{-p}-\mathrm{e}^{-2p}+\mathrm{e}^{-3p}).$$

注 对于一般分段函数

$$f(t)=\begin{cases} g_1(t) & (t_0\leqslant t<t_1), \\ g_2(t) & (t_1\leqslant t<t_2), \\ \cdots\cdots \\ g_n(t) & (t_{n-1}\leqslant t<t_n), \end{cases}$$

则

$$f(t)=\sum_{k=1}^{n}g_k(t)[u(t-t_{k-1})-u(t-t_k)].$$

性质 8.4 平移性质：设 $F(p)=\mathscr{L}[f(t)]$，对于任意复常数 p_0，有

$$F(p-p_0)=\mathscr{L}[\mathrm{e}^{p_0t}f(t)], \tag{8-12}$$

或

$$\mathscr{L}^{-1}[F(p-p_0)]=\mathrm{e}^{p_0t}f(t). \tag{8-13}$$

证明

$$\mathscr{L}[\mathrm{e}^{p_0t}f(t)]=\int_0^{+\infty}\mathrm{e}^{p_0t}\mathrm{e}^{-pt}f(t)\mathrm{d}t=\int_0^{+\infty}f(t)\mathrm{e}^{-(p-p_0)t}\mathrm{d}t=F(p-p_0).$$

利用基本函数的拉氏变换

$$\mathscr{L}[\sin kt]=\frac{k}{p^2+k^2},\ \mathscr{L}[\cos kt]=\frac{p}{p^2+k^2},$$

$$\mathscr{L}[\sinh kt]=\frac{k}{p^2-k^2},\ \mathscr{L}[\cosh kt]=\frac{p}{p^2-k^2},$$

$$\mathscr{L}[t^m]=\frac{m!}{p^{m+1}}.$$

由平移性质可得

$$\mathscr{L}[\mathrm{e}^{-p_0t}\sin kt]=\frac{k}{(p+p_0)^2+k^2},\ \mathscr{L}[\mathrm{e}^{-p_0t}\cos kt]=\frac{p+p_0}{(p+p_0)^2+k^2},$$

$$\mathscr{L}[\mathrm{e}^{-p_0 t}\sinh kt] = \frac{k}{(p+p_0)^2-k^2},\ \mathscr{L}[\mathrm{e}^{-p_0 t}\cosh kt] = \frac{p+p_0}{(p+p_0)^2-k^2},$$

$$\mathscr{L}[\mathrm{e}^{-p_0 t}t^m] = \frac{m!}{(p+p_0)^{m+1}}.$$

例 8.13 求 $\mathscr{L}^{-1}\left[\frac{p+6}{(p+2)(p+4)}\right]$.

解 由于

$$F(p) = \frac{p+6}{(p+2)(p+4)} = \frac{p+6}{p^2+6p+8} = \frac{p+6}{(p+3)^2-1}$$
$$= \frac{p+3}{(p+3)^2-1} + \frac{3}{(p+3)^2-1},$$

从而

$$\mathscr{L}^{-1}[F(p)] = \mathscr{L}^{-1}\left[\frac{p+3}{(p+3)^2-1}\right] - 3\mathscr{L}^{-1}\left[\frac{1}{(p+3)^2-1}\right]$$
$$= \mathrm{e}^{-3t}\cosh t + 3\mathrm{e}^{-3t}\sinh t.$$

性质 8.5 微分性质：设 $f(t)$在$[0, +\infty]$上可微，$F(p) = \mathscr{L}[f(t)]$，则

$$\mathscr{L}[f'(t)] = pF(p) - f(0), \tag{8-14}$$

$$F'(p) = -\mathscr{L}[tf(t)]. \tag{8-15}$$

证明

$$\mathscr{L}[f'(t)] = \int_0^{+\infty} f'(t)\mathrm{e}^{-pt}\mathrm{d}t$$
$$= f(t)\mathrm{e}^{-pt}\Big|_0^{+\infty} + p\int_0^{+\infty} f(t)\mathrm{e}^{-pt}\mathrm{d}t$$
$$= pF(p) - f(0),$$

$$F'(p) = \frac{\mathrm{d}}{\mathrm{d}p}\int_0^{+\infty} f(t)\mathrm{e}^{-pt}\mathrm{d}t = \int_0^{+\infty} \frac{\partial}{\partial p}[f(t)\mathrm{e}^{-pt}]\mathrm{d}t$$
$$= -\int_0^{+\infty} tf(t)\mathrm{e}^{-pt}\mathrm{d}t = -\mathscr{L}[tf(t)].$$

称式(8-14)为原像函数的微分性质，式(8-15)为像函数的微分性质.

推论 8.1 若 $f(t)$在$[0, +\infty]$上具有 n 次可微，且 $f^{(n)}$ 满足拉普拉斯变换存在定理中的条件，则

$$\mathscr{L}[f^{(n)}] = p^nF(p) - p^{n-1}f(0) - p^{n-2}f'(0) - \cdots - f^{(n-1)}(0), \tag{8-16}$$

其中 $f^{(k)}(0)=\lim\limits_{t\to 0^-}f^{(k)}(t)$.

$$F^{(n)}(p)=(-1)^n\mathscr{L}[t^nf(t)]. \tag{8-17}$$

例 8.14 设 n 为正整数,利用微分性质,求 $\mathscr{L}[t^n]$.

解

$$\begin{aligned}\mathscr{L}[t^n]&=\mathscr{L}[t^{n-1}t]=(-1)^{n-1}\frac{\mathrm{d}^{n-1}}{\mathrm{d}p^{n-1}}\mathscr{L}[t]\\&=(-1)^{n-1}\frac{\mathrm{d}^{n-1}}{\mathrm{d}p^{n-1}}\left(\frac{1}{p^2}\right)=\frac{n!}{p^{n+1}}.\end{aligned}$$

例 8.15 设 $f(t)=te^{-at}\sin\beta t$, 求 $\mathscr{L}[f(t)]$.

解 由位移性 $F(p)=\mathscr{L}[e^{-at}\sin\beta t]=\dfrac{\beta}{(p+a)^2+\beta^2}$. 由微分性得

$$\mathscr{L}[f(t)]=-\frac{\mathrm{d}}{\mathrm{d}p}\left[\frac{\beta}{(p+a)^2+\beta^2}\right]=\frac{2\beta(p+a)}{[(p+a)^2+\beta^2]^2}.$$

例 8.16 设 $F(p)=\ln\dfrac{p+1}{p-1}$, 求 $\mathscr{L}^{-1}[F(p)]$.

解 由于 $F'(p)=\dfrac{1}{p+1}-\dfrac{1}{p-1}$,

$$\begin{aligned}\mathscr{L}^{-1}[F(p)]&=\frac{\mathscr{L}^{-1}[F'(p)]}{-t}=-\frac{1}{t}\left(\mathscr{L}^{-1}\left[\frac{1}{p+1}\right]-\mathscr{L}^{-1}\left[\frac{1}{p-1}\right]\right)\\&=\frac{e^{-t}-e^{t}}{2}=\frac{2\sinh t}{t}.\end{aligned}$$

性质 8.6 积分性质: 设 $F(p)=\mathscr{L}[f(t)]$, 则

$$\mathscr{L}\left[\int_0^t f(s)\mathrm{d}s\right]=\frac{F(p)}{p}. \tag{8-18}$$

若 $\int_p^{+\infty}F(s)\mathrm{d}s$ 收敛,则

$$\int_p^{+\infty}F(s)\mathrm{d}s=\mathscr{L}\left[\frac{f(t)}{t}\right]. \tag{8-19}$$

证明 令 $g(t)=\int_0^t f(s)\mathrm{d}s$, 则 $g'(t)=f(t)$, $g(0)=0$. 由微分性质得

$$\mathscr{L}\left[\int_0^t f(s)\mathrm{d}s\right]=\mathscr{L}[g(t)]=\frac{1}{p}\mathscr{L}[g'(t)]=\frac{1}{p}\mathscr{L}[f(t)]=\frac{1}{p}F(p).$$

令 $G(p)=\int_p^{+\infty}F(s)\mathrm{d}s$，则 $G'(p)=-F(p)$. 由微分性质得

$$f(t)=\mathscr{L}^{-1}[F(p)]=-\mathscr{L}^{-1}[G'(p)]=t\mathscr{L}^{-1}[G(p)],$$

从而

$$\int_p^{+\infty}F(s)\mathrm{d}s=\mathscr{L}(\mathscr{L}^{-1}[G(p)])=\mathscr{L}\left[\frac{f(t)}{t}\right].$$

称(8-18)为像原函数的积分性质，式(8-19)为像函数的积分性质.

推论 8.2

$$\mathscr{L}\left[\underbrace{\int_0^t \mathrm{d}t\int_0^t \mathrm{d}t\cdots\int_0^t}_{n} f(s)\mathrm{d}s\right]=\frac{1}{p^n}F(p), \tag{8-20}$$

$$\mathscr{L}\left[\underbrace{\int_p^{+\infty}\mathrm{d}p\int_p^{+\infty}\mathrm{d}p\cdots\int_p^{+\infty}}_{n} F(s)\mathrm{d}s\right]=\mathscr{L}\left[\frac{f(t)}{t^n}\right]. \tag{8-21}$$

例 8.17 求 $f(t)=\int_0^t se^{-3s}\sin 2s\mathrm{d}s$ 的拉普拉斯变换.

解

$$\begin{aligned}\mathscr{L}[f(t)]&=\mathscr{L}\left[\int_0^t se^{-3s}\sin 2s\mathrm{d}s\right]=\frac{1}{p}\mathscr{L}[te^{-3t}\sin 2t]\\&=-\frac{1}{p}\frac{\mathrm{d}}{\mathrm{d}p}\mathscr{L}[\mathrm{e}^{-3t}\sin 2t]=-\frac{1}{p}\frac{\mathrm{d}}{\mathrm{d}p}(\mathscr{L}[\sin 2t]\mid_{p+3})\\&=-\frac{1}{p}\frac{\mathrm{d}}{\mathrm{d}p}\left[\frac{2}{(p+3)^2+4}\right]=\frac{4(p+3)}{p[(p+3)^2+4]^2}.\end{aligned}$$

利用像函数的积分性质，可以求某些广义积分.

例 8.18 求下列广义积分.

(1) $\int_0^{+\infty}\frac{\sin t}{t}\mathrm{d}t$.

(2) $\int_0^{+\infty}\frac{\mathrm{e}^{-t}-\mathrm{e}^{-2t}}{t}\mathrm{d}t$.

解 (1) $\int_0^{+\infty}\frac{\sin t}{t}\mathrm{d}t=\int_0^{+\infty}\mathscr{L}[\sin t]\mathrm{d}p=\int_0^{+\infty}\frac{1}{p^2+1}\mathrm{d}p=\arctan p\mid_0^{+\infty}=\frac{\pi}{2}$.

(2)

$$\mathscr{L}\left[\int_0^{+\infty}\frac{\mathrm{e}^{-t}-\mathrm{e}^{-2t}}{t}\mathrm{d}t\right]=\int_0^{+\infty}\mathscr{L}[\mathrm{e}^{-t}-\mathrm{e}^{-2t}]\mathrm{d}p=\int_0^{+\infty}\left(\frac{1}{p+1}-\frac{1}{p+2}\right)\mathrm{d}p$$

$$=\ln\frac{p+1}{p+2}\bigg|_0^{+\infty}=\ln 2.$$

性质 8.7 周期性质：设 $f(t)$ 为周期为 T 的函数，即 $f(t+T)=f(t)$ $(t>0)$，则

$$\mathscr{L}[f(t)]=\frac{\int_0^T f(t)\mathrm{e}^{-pt}\mathrm{d}t}{1-\mathrm{e}^{-pT}}. \tag{8-22}$$

证明

$$\begin{aligned}\mathscr{L}[f(t)]&=\int_0^{+\infty}f(t)\mathrm{e}^{-pt}\mathrm{d}t=\int_0^T f(t)\mathrm{e}^{-pt}\mathrm{d}t+\int_T^{+\infty}f(t)\mathrm{e}^{-pt}\mathrm{d}t\\&=\int_0^T f(t)\mathrm{e}^{-pt}\mathrm{d}t+\int_0^{+\infty}f(t+T)\mathrm{e}^{-p(t+T)}\mathrm{d}t\\&=\int_0^T f(t)\mathrm{e}^{-pt}\mathrm{d}t+\mathrm{e}^{-pT}\int_0^{+\infty}f(t)\mathrm{e}^{-pt}\mathrm{d}t,\end{aligned}$$

从而

$$\mathscr{L}[f(t)]=\frac{\int_0^T f(t)\mathrm{e}^{-pt}\mathrm{d}t}{1-\mathrm{e}^{-pT}}.$$

性质 8.8 初值与终值定理：

(1) 如果 $f(t)$ 在 $t\geqslant 0$ 可微，$f'(t)$ 满足拉普拉斯变换存在定理条件，$\mathscr{L}[f(t)]=F(p)$，则

$$f(0^+)=\lim_{\mathrm{Re}\,p\to+\infty}pF(p).$$

(2) 如果 $f(t)$ 在 $t\geqslant 0$ 可微，$f'(t)$ 满足拉普拉斯变换存在定理条件，$\mathscr{L}[f(t)]=F(p)$，$pF(p)$ 在半平面 $\mathrm{Re}\,p>-\varepsilon(\varepsilon>0)$ 内解析，则

$$f(+\infty)=\lim_{\mathrm{Re}\,p\to 0}pF(p).$$

初值、终值定理其实就是求时域初值和终值. 初值与终值定理就是将时域初值转换到频域去求. 其物理意义为：时域初值相当于信号刚接入，其变化比较剧烈，即信号的频率比较高，所以转到频率域，变成频率趋于无穷大. 而时域终值可看成

信号接入时间无穷大，此时系统趋于稳定，信号只剩下直流分量，可以看成频率趋于零.

8.3 拉普拉斯逆变换

前面主要讨论了由已知函数 $f(t)$求它的像函数 $F(p)$，但在实际应用中常会碰到与此相反的问题，即已知像函数 $F(p)$求它的像原函数 $f(t)$. 本节主要解决这个问题.

8.3.1 复反演积分公式

由拉氏变换的概念可知，函数 $f(t)$的拉氏变换，实际上就是 $f(t)u(t)\mathrm{e}^{-\sigma t}$的傅氏变换.

$$\begin{aligned}\mathscr{F}[f(t)u(t)\mathrm{e}^{-\sigma t}] &= \int_{-\infty}^{+\infty} f(t)u(t)\mathrm{e}^{-\sigma t}\mathrm{e}^{-\mathrm{i}\omega t}\,\mathrm{d}t \\ &= \int_{0}^{+\infty} f(t)\mathrm{e}^{-(\sigma+\mathrm{i}\omega)t}\,\mathrm{d}t = \int_{0}^{+\infty} f(t)\mathrm{e}^{-pt}\,\mathrm{d}t \\ &= F(p) \quad (p=\sigma+\mathrm{i}\omega),\end{aligned}$$

因此，按傅里叶积分公式，在 $f(t)$的连续点就有

$$\begin{aligned}f(t)u(t)\mathrm{e}^{-\sigma t} &= \frac{1}{2\pi}\int_{-\infty}^{+\infty}\left[\int_{-\infty}^{+\infty} f(s)u(s)\mathrm{e}^{-\sigma s}\mathrm{e}^{-\mathrm{i}\omega s}\right]\mathrm{e}^{\mathrm{i}\omega t}\,\mathrm{d}\omega \\ &= \frac{1}{2\pi}\int_{-\infty}^{+\infty}\mathrm{e}^{\mathrm{i}\omega t}\left[\int_{0}^{+\infty} f(s)\mathrm{e}^{-(\sigma+\mathrm{i}\omega)s}\,\mathrm{d}s\right]\mathrm{d}\omega \\ &= \frac{1}{2\pi}\int_{-\infty}^{+\infty} F(\sigma+\mathrm{i}\omega)\mathrm{e}^{\mathrm{i}\omega t}\,\mathrm{d}\omega \quad (t>0),\end{aligned}$$

等式两边同乘以 $\mathrm{e}^{\sigma t}$，则

$$f(t) = \frac{1}{2\pi}\int_{-\infty}^{+\infty} F(\sigma+\mathrm{i}\omega)\mathrm{e}^{(\sigma+\mathrm{i}\omega)t}\,\mathrm{d}\omega = \frac{1}{2\pi\mathrm{i}}\int_{\sigma-\mathrm{i}\infty}^{\sigma+\mathrm{i}\infty} F(p)\mathrm{e}^{pt}\,\mathrm{d}p \quad (t>0),$$

其中，积分路径$(\sigma-\mathrm{i}\infty,\ \sigma+\mathrm{i}\infty)$为 $\mathrm{Re}\,p>\sigma_0$ 内任一条平行于虚轴的直线.

由此可得如下定理：

定理 8.2 设 $f(t)$满足拉普拉斯变换存在性定理中的条件，$\mathscr{L}[f(t)]=F(p)$，σ_0 为收敛坐标，则当 t 为连续点时，$\mathscr{L}^{-1}[F(p)]$由下式给出：

$$f(t)=\frac{1}{2\pi}\int_{-\infty}^{+\infty}F(\sigma+\mathrm{i}\omega)\mathrm{e}^{(\sigma+\mathrm{i}\omega)t}\mathrm{d}\omega=\frac{1}{2\pi\mathrm{i}}\int_{\sigma-\mathrm{i}\infty}^{\sigma+\mathrm{i}\infty}F(p)\mathrm{e}^{pt}\mathrm{d}p \quad (t>0). \tag{8-23}$$

当 t 为间断点时，

$$\begin{aligned}\frac{f(t+0)+f(t-0)}{2}&=\frac{1}{2\pi}\int_{-\infty}^{+\infty}F(\sigma+\mathrm{i}\omega)\mathrm{e}^{(\sigma+\mathrm{i}\omega)t}\mathrm{d}\omega\\&=\frac{1}{2\pi\mathrm{i}}\int_{\sigma-\mathrm{i}\infty}^{\sigma+\mathrm{i}\infty}F(p)\mathrm{e}^{pt}\mathrm{d}p \quad (t>0).\end{aligned} \tag{8-24}$$

其中，积分路径$(\sigma-\mathrm{i}\infty,\ \sigma+\mathrm{i}\infty)$为 $\mathrm{Re}\,p>\sigma_0$ 内任一条平行于虚轴的直线.

计算复变函数积分通常比较困难，但可以利用留数方法计算.

8.3.2 利用留数定理求像原函数

定理 8.3 设 $F(p)=\mathscr{L}[f(t)]$，若 $F(p)$ 在全平面上只有有限个奇点 p_1，p_2，…，p_n，它们均位于直径 $\mathrm{Re}\,p=\sigma>\sigma_0$ 的左侧，且 $\lim\limits_{p\to\infty}F(p)=0$，则当 $t>0$ 时，

$$f(t)=\mathscr{L}^{-1}[F(p)]=\sum_{k=1}^{n}\mathrm{Res}[F(p)\mathrm{e}^{pt},\ p_k]. \tag{8-25}$$

证明 如图 8-6 所示建立积分路径，由留数定理得

$$\frac{1}{2\pi\mathrm{i}}\left[\int_{\overline{AB}}F(p)\mathrm{e}^{pt}\mathrm{d}p+\int_{C_R}F(p)\mathrm{e}^{pt}\mathrm{d}p\right]=\sum_{k=1}^{n}\mathrm{Res}[F(p)\mathrm{e}^{pt},\ p_k],$$

由于

$$\int_{\overline{AB}}F(p)\mathrm{e}^{pt}\mathrm{d}p=\int_{\sigma-\mathrm{i}R}^{\sigma+\mathrm{i}R}F(p)\mathrm{e}^{pt}\mathrm{d}p,$$

由约当引理知

$$\lim_{R\to+\infty}\int_{C_R}F(p)\mathrm{e}^{pt}\mathrm{d}p=0,$$

令 $R\to+\infty$，得

$$\int_{\sigma-\mathrm{i}R}^{\sigma+\mathrm{i}R}F(p)\mathrm{e}^{pt}\mathrm{d}p=\sum_{k=1}^{n}\mathrm{Res}[F(p)\mathrm{e}^{pt},\ p_k].$$

由此即得结论.

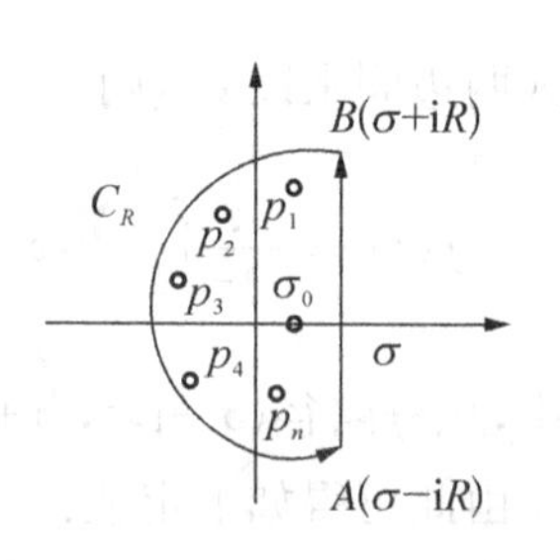

图 8-6 定理 8.3 的积分路径

在实际应用中，$F(p)=\dfrac{A(p)}{B(p)}$往往为有理分式函数，其中，$A(p)$和$B(p)$为多项式. $B(p)$的次数为n，且$B(p)$的次数高于$A(p)$的次数，如线性电路中，常见的响应量电压和电流的像函数往往为有理函数. 此时$F(p)$的奇点类型为极点.

(1) 如果$p_1, p_2, \cdots, p_n$为$\dfrac{A(p)}{B(p)}$的一阶极点，从而

$$f(t)=\sum_{k=1}^{n}\operatorname{Res}[F(p)e^{pt}, p_k]=\sum_{k=1}^{n}\frac{A(p_k)}{B'(p_k)}e^{p_k t}. \tag{8-26}$$

(2) 如果$p_1, p_2, \cdots, p_n$为$\dfrac{A(p)}{B(p)}$的$m_1, m_2, \cdots, m_n$阶极点，则

$$f(t)=\sum_{k=1}^{n}\frac{1}{(m_k-1)!}\lim_{p\to p_k}\frac{d^{m_k-1}}{dp^{m_k-1}}\left[(p-p_k)^{m_k}\frac{A(p)}{B(p)}e^{pt}\right]. \tag{8-27}$$

例 8.19 设$F(p)=\dfrac{p}{(p+1)(p+2)(p+3)}$，求$\mathscr{L}^{-1}[F(p)]$.

解 $F(p)$的奇点为$-1, -2, -3$，且均为一阶极点，从而

$$\begin{aligned}\mathscr{L}^{-1}[F(p)]&=\operatorname{Res}[F(p)e^{pt}, -1]+\operatorname{Res}[F(p)e^{pt}, -2]+\operatorname{Res}[F(p)e^{pt}, -3]\\&=\left.\frac{pe^{pt}}{(p+2)(p+3)}\right|_{p=-1}+\left.\frac{pe^{pt}}{(p+1)(p+3)}\right|_{p=-2}+\\&\quad\left.\frac{pe^{pt}}{(p+1)(p+2)}\right|_{p=-3}\\&=-\frac{1}{2}e^{-t}+2e^{-2t}-\frac{3}{2}e^{-3t}.\end{aligned}$$

例 8.20 设$F(p)=\dfrac{p^2+2}{(p^2+1)^2}e^{-pa}\,(a>0)$，求$\mathscr{L}^{-1}[F(p)]$.

解

$$\begin{aligned}\mathscr{L}^{-1}[F(p)]&=u(t-a)\mathscr{L}^{-1}\left[\frac{p^2+2}{(p^2+1)^2}\right]\Bigg|_{t-a}\\&=u(t-a)\left(\operatorname{Res}\left[\frac{p^2+2}{(p^2+1)^2}e^{pt}, ia\right]+\operatorname{Res}\left[\frac{p^2+2}{(p^2+1)^2}e^{pt}, -ia\right]\right)\Bigg|_{t-a}\\&=u(t-a)\left[-\frac{1}{2}t\cos t+\frac{3}{2}\sin t\right]_{t-a}\\&=-\frac{1}{2}u(t-a)[(t-a)\cos(t-a)-3\sin(t-a)].\end{aligned}$$

8.4 拉普拉斯变换的卷积与卷积定理

在傅里叶变换这一章中,我们已定义了区间$(-\infty, +\infty)$上两个函数$f_1(t)$和$f_2(t)$的卷积,如果当$t<0$时,$f_1(t)=f_2(t)=0$,此时

$$\begin{aligned}f_1(t)*f_2(t)&=\int_{-\infty}^{+\infty}f_1(s)f_2(t-s)\mathrm{d}s=\int_0^{+\infty}f_1(s)f_2(t-s)\mathrm{d}s\\&=\int_0^t f_1(s)f_2(t-s)\mathrm{d}s+\int_t^{+\infty}f_1(s)f_2(t-s)\\&=\int_0^t f_1(s)f_2(t-s)\mathrm{d}s.\end{aligned}$$

定义 8.4 设当$t<0$时,$f_1(t)=f_2(t)=0$,则称

$$f_1(t)*f_2(t)=\int_0^t f_1(s)f_2(t-s)\mathrm{d}s, \tag{8-28}$$

为$f_1(t)$和$f_2(t)$在区间$[0, +\infty)$上卷积.

例 8.21 求$f_1(t)=t$, $f_2(t)=\mathrm{e}^t$在区间$[0, +\infty)$上的卷积.

解

$$\begin{aligned}f_1*f_2=t*\mathrm{e}^t&=\int_0^t s\mathrm{e}^{t-s}\mathrm{d}s=\mathrm{e}^t\int_0^t s\mathrm{e}^{-s}\mathrm{d}s\\&=-\mathrm{e}^t[s\mathrm{e}^{-s}]\big|_0^t+\mathrm{e}^t\int_0^t\mathrm{e}^{-s}\mathrm{d}s\\&=-t+\mathrm{e}^t-1.\end{aligned}$$

类似于傅里叶变换的卷积定理,对于拉普拉斯变换,有如下的卷积定理:

定理 8.4 记$f(t)$和$f_2(t)$满足拉普拉斯变换存在定理条件,记$\mathscr{L}[f_1(t)]=F_1(p)$, $\mathscr{L}[f_2(t)]=F_2(p)$,则$f_1*f_2$的拉普拉斯变换存在,且

$$\mathscr{L}[f_1*f_2]=\mathscr{L}[f_1]\mathscr{L}[f_2]=F_1(p)F_2(p), \tag{8-29}$$

或

$$\mathscr{L}^{-1}[F_1(p)F_2(p)]=f_1(t)*f_2(t). \tag{8-30}$$

证明 首先验证f_1*f_2满足拉普拉斯变换存在定理条件.

设$|f_1(t)|\leqslant M\mathrm{e}^{ct}$, $|f_2(t)|\leqslant M\mathrm{e}^{ct}$,则

$$
\begin{aligned}
|f_1 * f_2| &\leqslant \int_0^t |f_1(s)| f_2(t-s)| \mathrm{d}s \\
&\leqslant M^2 \int_0^t \mathrm{e}^{cs} \mathrm{e}^{c(t-s)} \mathrm{d}s \leqslant M^2 t \mathrm{e}^{ct} \leqslant M^2 \mathrm{e}^{(c+1)t}.
\end{aligned}
$$

其次，证明卷积公式. 由卷积及拉氏变换定义

$$
\mathscr{L}[f_1 * f_2] = \int_0^{+\infty} [f_1 * f_2] \mathrm{e}^{-pt} \mathrm{d}t = \int_0^{+\infty} \left[\int_0^t f_1(s) f_2(t-s) \mathrm{d}s\right] \mathrm{e}^{-pt} \mathrm{d}t,
$$

其积分区域如图 8 - 7 所示. 交换积分次序，并作变换代换：$u = t - s$，上式为

$$
\begin{aligned}
\mathscr{L}[f_1 * f_2] &= \int_0^{+\infty} f_1(s) \left[\int_0^{+\infty} f_2(t-s) \mathrm{e}^{-pt} \mathrm{d}t\right] \mathrm{d}s \\
&= \int_0^{+\infty} f_1(s) \left[\int_{-s}^{+\infty} f_2(u) \mathrm{e}^{-p(u+s)} \mathrm{d}u\right] \mathrm{d}s \\
&= \int_0^{+\infty} f_1(s) \mathrm{e}^{-ps} \mathrm{d}s \int_0^{+\infty} f_2(u) \mathrm{e}^{-pu} \mathrm{d}u \\
&= F_1(p) F_2(p).
\end{aligned}
$$

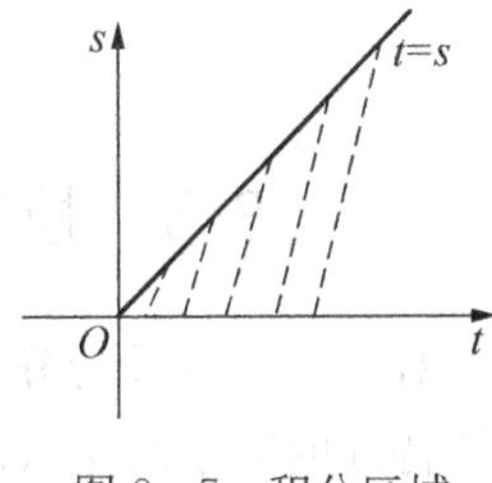

图 8 - 7　积分区域

例 8.22　已知 $f_1(t) = t^m$，$f_2(t) = t^n$，(m，n 为正整数)，求$[0, +\infty]$上的卷积 $f_1 * f_2$.

解　因为

$$
\begin{aligned}
\mathscr{L}[f_1 * f_2] &= F_1(p) F_2(p) = \mathscr{L}[t^m] \mathscr{L}[t^n] \\
&= \frac{m!}{t^{m+1}} \frac{n!}{p^{n+1}} = \frac{m!n!}{p^{m+n+2}},
\end{aligned}
$$

从而

$$
f_1 * f_2 = \mathscr{L}^{-1}\left[\frac{m!n!}{p^{m+n+2}}\right] = \frac{m!n!}{(m+n+1)!} t^{m+n+1}.
$$

例 8.23　设 $F(p) = \dfrac{1}{(p^2 + 2p + 5)^2}$，求 $\mathscr{L}^{-1}[F(p)]$.

解　由于

$$
\mathscr{L}^{-1}\left[\frac{1}{(p+1)^2 + 2^2}\right] = \frac{1}{2} \mathrm{e}^{-t} \mathscr{L}^{-1}\left[\frac{2}{p^2 + 2^2}\right] = \frac{1}{2} \mathrm{e}^{-t} \sin 2t.
$$

从而

$$\begin{aligned}\mathscr{L}^{-1}[F(p)] &= \mathscr{L}^{-1}\left[\frac{1}{(p+1)^2+2^2}\right] * \mathscr{L}^{-1}\left[\frac{1}{(p+1)^2+2^2}\right] \\ &= \left(\frac{1}{2}\mathrm{e}^{-t}\sin 2t\right) * \left(\frac{1}{2}\mathrm{e}^{-t}\sin 2t\right) \\ &= \frac{1}{4}\int_0^t \mathrm{e}^{-s}\sin 2s\mathrm{e}^{-(t-s)}\sin 2(t-s)\mathrm{d}s \\ &= \frac{1}{8}\mathrm{e}^{-t}\int_0^t [\cos(4s-2t)-\cos 2t]\mathrm{d}s \\ &= \frac{1}{16}\mathrm{e}^{-t}(\sin 2t - 2t\cos 2t).\end{aligned}$$

8.5 拉普拉斯变换解常微分方程定解问题

对一个系统进行分析和研究，首先要知道该系统的数学模型，也就是要建立该系统特性的数学表达式. 所谓线性系统，在许多场合，它的数学模型可以用一个线性微分方程来描述，或者说是满足叠加原理的一类系统. 这类系统无论是在电路理论还是在自动控制理论的研究中，都占有很重要的地位. 本节主要介绍应用拉普拉斯变换来解线性微分方程(组).

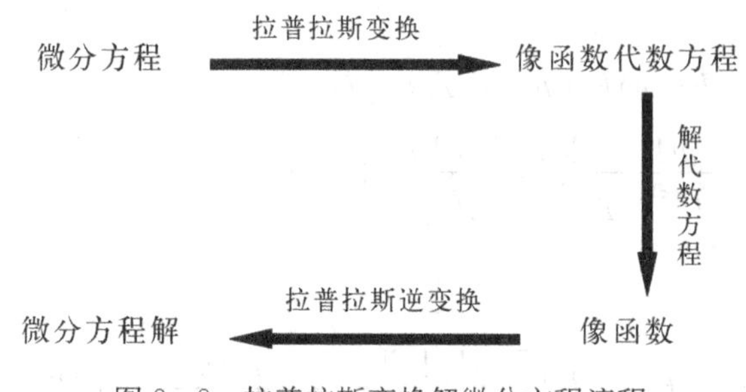

图 8-8　拉普拉斯变换解微分方程流程

经典的微分方程初值问题求解常包含以下步骤：

(1) 求齐次方程的通解.

(2) 利用拉格朗日常数变易法求非齐次方程的特解.

(3) 将微分方程初值问题的解表示成通解加特解形式.

(4) 利用给定的初值确定形式解中的任意常数，从而得到微分方程初值问题的解. 由于使用了拉普拉斯变换，原在时间域中求解微分方程的解，转换为在复数域中求解像函数的代数方程(组)的解，然后通过拉普拉斯逆变换，得到微分方程的解(图 8-8). 与经典的解微分方程初值问题的方法比较，拉氏变换既方便了计算，又可以直接得到初值问题的解.

8.5.1 常微分方程初始值问题

例 8.24 求二阶常微分方程初始值问题

$$\begin{cases} x''(t) - 2x'(t) + 2x(t) = 2e^t \cos t, \\ x(0) = 0,\ x'(0) = 0 \end{cases}$$

的解.

解 令 $X(p) = \mathscr{L}[x(t)]$，方程两边取拉普拉斯变换，并利用像原函数微分性，得

$$p^2 X(p) - px(0) - x'(0) - 2(pX(p) - x(0)) + 2X(p) = \frac{2(p-1)}{(p-1)^2+1},$$

利用初值条件，得

$$X(p) = \frac{2(p-1)}{[(p-1)^2+1]^2},$$

取其拉氏逆变换，利用平移性和像函数微分性得

$$\begin{aligned} x(t) &= \mathscr{L}^{-1}[X(p)] \\ &= e^t \mathscr{L}^{-1}\left[\frac{2p}{(p^2+1)^2}\right] \\ &= -e^t \mathscr{L}^{-1}\left[\left(\frac{1}{p^2+1}\right)'\right] \\ &= te^t \mathscr{L}^{-1}\left[\frac{1}{p^2+1}\right] = te^t \sin t. \end{aligned}$$

8.5.2 常微分方程组的初始值问题

例 8.25 求方程组

$$\begin{cases} 2x(t) - y(t) - y'(t) = 4(1-e^{-t}), \\ 2x'(t) + y(t) = 2(1+3e^{-2t}), \\ x(0) = 0,\ y(0) = 0 \end{cases}$$

的解.

解 设 $X(p)=\mathscr{L}[x(t)]$, $Y(p)=\mathscr{L}[y(t)]$, 方程两边取拉氏变换,得

$$\begin{cases}2X(p)-Y(p)-pY(p)=4\left(\dfrac{1}{p}-\dfrac{1}{p+1}\right),\\ 2pX(p)+Y(p)=2\left(\dfrac{1}{p}+\dfrac{3}{p+2}\right),\end{cases}$$

解上述代数方程得

$$\begin{cases}X(p)=\dfrac{3}{p}-\dfrac{2}{p+1}-\dfrac{1}{p+2},\\ Y(p)=\dfrac{2}{p}-\dfrac{4}{p+1}+\dfrac{2}{p+2},\end{cases}$$

取拉氏逆变换后得

$$\begin{cases}x(t)=3-2\mathrm{e}^{-t}-\mathrm{e}^{-2t},\\ y(t)=2-4\mathrm{e}^{-t}+2\mathrm{e}^{-2t}.\end{cases}$$

拉普拉斯变换除了求微分方程初值问题外,还可以求特殊微分方程边值问题和微分积分方程.

8.5.3 常微分方程的边值问题

例 8.26 求下列二阶常微分方程的边值问题的解:

$$\begin{cases}x''(t)-x(t)=0,\ 0<t<2\pi,\\ x(0)=0,\ x(2\pi)=1.\end{cases}$$

解 令 $X(p)=\mathscr{L}[x(t)]$, 方程两边取拉氏变换得

$$p^2X(p)-px(0)-x'(0)-X(p)=0.$$

利用 $x(0)=0$ 得

$$p^2X(p)-x'(0)-X(p)=0.$$

解上述代数方程

$$X(p)=\frac{x'(0)}{p^2-1},$$

取其拉氏逆变换

$$x(t)=\mathscr{L}^{-1}\left[\frac{x'(0)}{p^2-1}\right]=x'(0)\mathscr{L}^{-1}\left[\frac{1}{p^1-1}\right]=x'(0)\sinh t,$$

令 $t=2\pi$ 得 $x'(0)=\dfrac{1}{\sinh 2\pi}$，从而得原方程解为

$$x(t)=\frac{\sinh t}{\sinh 2\pi}.$$

8.5.4 积分微分方程定解问题

例 8.27 求下列微分积分方程的解：

$$\begin{cases}y'(t)-2\int_0^t u(s)y(t-s)\mathrm{d}s+3\int_0^t y(s)\mathrm{d}s=u(t-1),\\ y(0)=0,\end{cases}$$

其中 $u(t)$ 为单位阶跃函数.

解 令 $Y(p)=\mathscr{L}[y(t)]$. 方程两边取拉氏变换，注意到方程中第二项为 $u(t)$ 与 $y(t)$ 的卷积，利用卷积定理得

$$pY(p)-2\frac{1}{p}Y(p)+3\frac{Y(p)}{p}=\frac{\mathrm{e}^{-p}}{p},$$

上述代数方程解为

$$Y(p)=\frac{\mathrm{e}^{-p}}{p^2+1},$$

取其拉氏逆变换，得原方程解为

$$y(t)=\mathscr{L}^{-1}\left[\frac{\mathrm{e}^{-p}}{p^2+1}\right]=u(t-1)\sin(t-1).$$

习 题 8

1. 用定义计算下列函数的拉氏变换：

(1) $f(t)=\begin{cases}t & (0\leqslant t<1),\\ -4 & (1\leqslant t<3),\\ 0 & (t\geqslant 3).\end{cases}$

(2) $f(t)=\begin{cases}\sin t & (0<t<\pi),\\ 0 & (否则).\end{cases}$

2. 求下列函数的拉普拉斯变换：

(1) $\sin^2\beta t$.　　(2) $3\sqrt[3]{t}+4e^{2t}$.

(3) $e^{-t}-3\delta(t)$.　　(4) $\sin(t-2)$.

(5) $\sin t u(t-2)$.　　(6) $e^{2t}u(t-2)$.

3. 利用延迟性，求下列函数的拉氏逆变换：

(1) $\dfrac{e^{-5p+1}}{p}$.　　(2) $\dfrac{p^2+p+2}{p^3}e^{-p}$.

(3) $\dfrac{e^{-2p}}{p^2-4}$.　　(4) $\dfrac{2e^{-p}-e^{-2p}}{p}$.

4. 利用拉氏变换的性质，求下列函数的拉氏变换：

(1) $(t-1)^2e^t$.　　(2) $e^{-(t+\alpha)}\cos\beta t$.

(3) $te^{-\alpha t}\sin\beta t$.　　(4) $\dfrac{1-e^{-\alpha t}}{t}$.

(5) $\dfrac{\sin\alpha t}{t}$.　　(6) $\dfrac{e^{-3t}\sin 2t}{t}$.

(7) $\dfrac{1-\cos t}{t^2}$.　　(8) $t\int_0^t e^{-3t}\sin 2t\mathrm{d}t$.

(9) $\int_0^t te^{-3t}\sin 2t\mathrm{d}t$.　　(10) $\int_0^t \dfrac{e^{-3t}\sin 2t}{t}\mathrm{d}t$.

5. 利用拉氏变换的性质，求下列广义积分：

(1) $\int_0^{+\infty}\dfrac{e^{-t}-e^{-2t}}{t}\mathrm{d}t$.　　(2) $\int_0^{+\infty}\dfrac{1-\cos t}{t}e^{-t}\mathrm{d}t$.

(3) $\int_0^{+\infty}e^{-3t}\cos 2t\mathrm{d}t$.　　(4) $\int_0^{+\infty}te^{-2t}\mathrm{d}t$.

(5) $\int_0^{+\infty}te^{-3t}\sin 2t\mathrm{d}t$.　　(6) $\int_0^{+\infty}\dfrac{e^{-t}\sin^2 t}{t}\mathrm{d}t$.

(7) $\int_0^{+\infty}t^3e^{-t}\mathrm{d}t$.　　(8) $\int_0^{+\infty}t^3e^{-t}\sin t\mathrm{d}t$.

6. 利用拉氏变换的性质，求下列函数的拉氏逆变换：

(1) $\dfrac{1}{p^2+1}+1$.　　(2) $\dfrac{2p+3}{p^2+9}$.

(3) $\dfrac{1}{(p+2)^2}$.　　(4) $\dfrac{4p}{(p^2+4)^2}$.

(5) $\dfrac{p+2}{(p^2+4p+5)^2}$.

(6) $\dfrac{p+3}{(p+1)(p-3)}$.

(7) $\dfrac{p+1}{p^2+p-6}$.

(8) $\dfrac{2p+5}{p^2+4p+13}$.

(9) $\ln\dfrac{p+1}{p-1}$.

(10) $\ln\dfrac{p^2+1}{p^2}$.

7. 利用留数,求下列函数的拉氏逆变换：

(1) $\dfrac{1}{p(p-a)}$.

(2) $\dfrac{1}{(p^2-a^2)(p^2-b^2)}$.

(3) $\dfrac{1}{p^3(p-a)}$.

(4) $\dfrac{1}{p(p^2+a^2)^2}$.

(5) $\dfrac{p+c}{(p+a)(p+b)^2}$.

(6) $\dfrac{1}{p^4-a^4}$.

8. 求下列函数的拉氏逆变换：

(1) $\dfrac{4}{p(2p+3)}$.

(2) $\dfrac{1}{p(p^2+5)}$.

(3) $\dfrac{p^2+2}{p(p+1)(p+2)}$.

(4) $\dfrac{p+2}{p^3(p-1)^2}$.

(5) $\dfrac{p}{p^4+5p^2+4}$.

(6) $\dfrac{p^2+4p+4}{(p^2+4p+13)^2}$.

9. 求下列函数的卷积：

(1) $1*1$.

(2) $t*\mathrm{e}^t$.

(3) $\sin t*\cos t$.

(4) $t*\sinh t$.

10. 利用卷积,求下列函数的拉氏逆变换：

(1) $\dfrac{a}{p(p^2+a^2)}$.

(2) $\dfrac{p}{(p-a)^2(p-b)}$.

(3) $\dfrac{1}{p(p-1)(p-2)}$.

(4) $\dfrac{p^2}{(p^2+a^2)^2}$.

(5) $\dfrac{1}{(p^2+a^2)^3}$.

(6) $\dfrac{1}{p^2(p+1)^2}$.

11. 求下列微分方程及方程组的解：

(1) $y''+4y=\sin t$, $y(0)=y'(0)=0$.

(2) $y''+3y'+2y=u(t-1)$, $y(0)=0$, $y'(0)=1$.

(3) $y'''+3y''+3y'+y=6\mathrm{e}^{-t}$, $y^{(k)}(0)=0$, $k=0, 1, 2$.

(4) $y^{(4)}+2y^{(3)}-2y'-y=\delta(t)$，$y^{(k)}(0)=0$，$k=0, 1, 2, 3$.

(5) $y''+9y=\cos 2t$，$y(0)=1$，$y\left(\frac{\pi}{2}\right)=-1$.

(6) $y''+ty'-y=0$，$y(0)=0$，$y'(0)=1$.

(7) $\begin{cases} x'+y'=1, \\ x'-y'=t, \end{cases}$ $x(0)=a$，$y(0)=b$.

(8) $\begin{cases} x'+y=1, & x(0)=0, \\ x-y'=t, & y(0)=1. \end{cases}$

12. 求下列积分微分方程的解：

(1) $y+\int_0^t y(s)\mathrm{d}s=\mathrm{e}^{-t}$.

(2) $y=at-a^2\int_0^t (t-s)y(s)\mathrm{d}s$.

(3) $y'+\int_0^t y(s)\mathrm{d}s=1$，$y(0)=-1$.

(4) $y'+3y+2\int_0^t y(s)\mathrm{d}s=u(t-1)-u(t-2)$.

(5) $y+\int_0^t \mathrm{e}^{2(t-s)}y(s)\mathrm{d}s=1-2\cos t$.

习 题 答 案

习 题 1

1. (1) $\operatorname{Re} z = 0$, $\operatorname{Im} z = -1$, $|z| = 1$, $\arg z = -\dfrac{\pi}{2}$, $\bar{z} = \mathrm{i}$.

(2) $\operatorname{Re} z = -\dfrac{3}{10}$, $\operatorname{Im} z = \dfrac{1}{10}$, $|z| = \dfrac{1}{\sqrt{10}}$, $\arg z = \pi - \arctan\dfrac{1}{3}$, $\bar{z} = -\dfrac{3}{10} - \dfrac{1}{10}\mathrm{i}$.

(3) $\operatorname{Re} z = \dfrac{16}{25}$, $\operatorname{Im} z = \dfrac{8}{25}$, $|z| = \dfrac{8\sqrt{5}}{25}$, $\arg z = \arctan\dfrac{1}{2}$, $\bar{z} = \dfrac{16}{25} - \dfrac{8}{25}\mathrm{i}$.

(4) $\operatorname{Re} z = -2^{51}$, $\operatorname{Im} z = 0$, $|z| = 2^{51}$, $\arg z = \pi$, $\bar{z} = -2^{51}$.

(5) $\operatorname{Re} z = 1$, $\operatorname{Im} z = -3$, $|z| = \sqrt{10}$, $\arg z = -\arctan 3$, $\bar{z} = 1 + 3\mathrm{i}$.

(6) $\operatorname{Re} z = \dfrac{1}{2}$, $\operatorname{Im} z = -\dfrac{\sqrt{3}}{2}$, $|z| = 1$, $\arg z = -\dfrac{\pi}{3}$, $\bar{z} = \dfrac{1}{2} + \dfrac{\sqrt{3}}{2}\mathrm{i}$.

2. (1) $z = -1 + 8\mathrm{i} = \sqrt{65}[\cos(\pi - \arctan 8) + \mathrm{i}\sin(\pi - \arctan 8)] = \sqrt{65}\mathrm{e}^{\mathrm{i}(\pi - \arctan 8)}$.

(2) $z = \cos 19\theta + \mathrm{i}\sin 19\theta = \mathrm{e}^{\mathrm{i}19\theta}$.

(3) $z = \cos 2\theta - \mathrm{i}\sin 2\theta = \mathrm{e}^{-\mathrm{i}2\theta}$.

3. (1) -4. (2) 2^{12}. (3) $\sqrt[4]{2}\mathrm{e}^{\mathrm{i}\left(\frac{\pi}{8} + k\pi\right)}$ $(k=0, 1)$. (4) $\mathrm{e}^{\mathrm{i}\frac{2k\pi}{5}}$ $(k=0, 1, 2, 3, 4)$. (5) ± 2, $1 \pm \sqrt{3}\mathrm{i}$, $-1 \pm \sqrt{3}\mathrm{i}$.

6. 0.

7. (1) $2+\mathrm{i}$, $1+2\mathrm{i}$. (2) $\dfrac{a}{\sqrt{2}}(1 \pm \mathrm{i})$, $\dfrac{a}{\sqrt{2}}(-1 \pm \mathrm{i})$.

8. $z_1 = 1 - \mathrm{i}$, $z_2 = \mathrm{i}$.

9. $\sin 6\varphi = 6\cos^5\varphi\sin\varphi - 20\cos^3\varphi\sin^3\varphi + 6\cos\varphi\sin^5\varphi$, $\cos 6\varphi = \cos^6\varphi - 15\cos^4\varphi\sin^2\varphi + 15\cos^2\varphi\sin^4\varphi - \sin^6\varphi$.

10. 略.

11. 略.

12. (1) 直线：$y = x$. (2) 椭圆：$\dfrac{x^2}{a^2} + \dfrac{y^2}{b^2} = 1$. (3) 等轴双曲线：$xy = 1$. (4) 以点 a 为中心、r 为半径的圆周：$|z - a| = r$.

13. (1) 圆周：$(x+3)^2 + y^2 = 4$.

(2) 当 $a \neq 0$ 时为等轴双曲线：$x^2 - y^2 = a^2$；当 $a = 0$ 时为一对直线：$y = \pm x$.

(3) 单位圆周：$x^2 + y^2 = 1$.

(4) 圆周：$|z-a|=|b|$.

14. (1) $x^2+(y+1)^2<9$.　(2) $(x-3)^2+(y-4)^2\geqslant 4$.

(3) $\frac{1}{16}<x^2+(y-1)^2\leqslant 4$.

(4) 以点 $-2i$ 为顶点，两边分别与正实轴成角度 $\frac{\pi}{6}$ 与 $\frac{\pi}{2}$ 的角形域内部，且以原点为中心、半径为 2 的圆外部分.

(5) 以点 i 为顶点，两边分别与正实轴成角度 $\frac{\pi}{4}$ 与 $\frac{3\pi}{4}$ 的角形域内部.

(6) $y\geqslant\frac{1}{2}$，以直线 $y=\frac{1}{2}$ 为边界的上半平面$\left(包括边界 y=\frac{1}{2}\right)$.

(7) $x\leqslant\frac{5}{2}$，以直线 $x=\frac{5}{2}$ 为边界的左半平面$\left(包括边界 x=\frac{5}{2}\right)$.

(8) $\frac{x^2}{25/4}+\frac{y^2}{9/4}<1$，以原点为中心，以 5 为长轴长，3 为短轴长，点 $(-2,0)$ 与 $(2,0)$ 为焦点的椭圆内部.

(9) 双曲线 $4x^2-\frac{4}{15}y^2=1$ 的左边分支的内部包括焦点 $z=-2$ 在内的部分.

(10) $x\leqslant\frac{1}{2}-\frac{1}{2}y^2$，以 x 轴为对称轴，以点 $\left(\frac{1}{2},0\right)$ 为顶点，开口向左的抛物线内部$\left(包括边界 x=\frac{1}{2}-\frac{1}{2}y^2\right)$.

(11) 单位圆 $|z|<1$ 的内部.

15. 抛物线：$v^2=-4(u-1)$，$-1\leqslant u\leqslant 1$.

16. (1) 圆周：$u^2+v^2=\frac{1}{4}$.

(2) 圆周：$\left(u-\frac{1}{2}\right)^2+v^2=\frac{1}{4}$.

(3) 直线：$v=-u$；(4) 直线：$u=\frac{1}{2}$.

17. (1) $w_1=-i$，$w_2=-2+2i$，$w_3=8i$.

(2) $0<\arg w<\pi$.

习　题　2

1. (1) 在全平面上处处可导，导数为 $n(z-1)^{n-1}$.

(2) 在 $z\neq\pm 1$ 处可导，导数为 $-\frac{2z}{(z^2-1)^2}$.

(3) 在全平面上处处不可导.

(4) 在 $z=0$ 处可导，导数为 0.

(5) 在 $z\neq -\dfrac{d}{c}$ 处可导，导数为$\dfrac{ad-bc}{(cz+d)^2}$.

2. (1) 在全平面上解析，导数为$-1-4z$.

(2) 除 $z=0$ 以外处处解析，导数为$-\dfrac{1}{z^2}$.

(3) 在 $z=-\mathrm{i}$ 处可导，导数为-2，处处不解析.

(4) 在直线 $y=x$ 上可导，导数为 $2x(1-\mathrm{i})$，在全平面上处处不解析.

(5) 在全平面上处处不可导，处处不解析.

3. 略.

4. $l=n=-3$, $m=1$.

5. 略.

6. $f(\bar{z})$在 D 内不解析，$\overline{f(\bar{z})}$在 D 内解析.

7. (1) $f(z)=\left(1-\dfrac{\mathrm{i}}{2}\right)z^2+\dfrac{1}{2}\mathrm{i}$.

(2) $f(z)=\dfrac{y}{x^2+y^2}+\mathrm{i}\left(\dfrac{x}{x^2+y^2}-1\right)=\left(\dfrac{1}{z}-1\right)\mathrm{i}$.

(3) $f(z)=z\mathrm{e}^z$.

(4) $f(z)=2(x-1)y+\mathrm{i}(y^2-x^2+2x+c)=-\mathrm{i}(z-1)^2$.

(5) $f(z)=\dfrac{x^2-y^2}{(x^2+y^2)^2}+\mathrm{i}\left[-\dfrac{2xy}{(x^2+y^2)^2}+c\right]=\dfrac{1}{z^2}+\mathrm{i}c$（$c$ 为实常数）.

(6) $f(z)=-2\arctan\dfrac{y}{x}+2xy+c_1+\mathrm{i}[\ln(x^2+y^2)-x^2+y^2]=\mathrm{i}(2\ln z-z^2)+c$，$c=c_1\pm\pi$ 为任意实常数.

8. 当 $a+c=0$，b 为任意实数时，u 为调和函数，其共轭调和函数 $v=2axy+by^2-bx^2+k$（k 为任意实数）.

9. 略.

10. (1) $-\mathrm{i}$.　(2) $\mathrm{e}^3(\cos 1+\mathrm{i}\sin 1)$.

(3) $\dfrac{\mathrm{i}}{2}(\mathrm{e}-\mathrm{e}^{-1})$.　(4) $\dfrac{1}{2}(\mathrm{e}+\mathrm{e}^{-1})$.

(5) $\dfrac{1}{2}[(\mathrm{e}+\mathrm{e}^{-1})\sin 1+\mathrm{i}(\mathrm{e}-\mathrm{e}^{-1})\cos 1]=\cosh 1\sin 1+\mathrm{i}\sinh 1\cos 1$.

(6) $\dfrac{1}{2}[(\mathrm{e}^{-1}+\mathrm{e})\cos 1+\mathrm{i}(\mathrm{e}^{-1}-\mathrm{e})\sin 1]=\cosh 1\cos 1-\mathrm{i}\sinh 1\sin 1$.

(7) $\mathrm{e}^{\mathrm{i}\ln 3}\cdot\mathrm{e}^{-2k\pi}\quad(k=0,\pm 1,\cdots)$.

(8) $\mathrm{e}^{-\left(\frac{\pi}{4}+2k\pi\right)}\mathrm{e}^{\mathrm{i}\ln\sqrt{2}}\quad(k=0,\pm 1,\cdots)$.

(9) $\ln 5+\mathrm{i}\arctan\dfrac{4}{3}$.

(10) $\ln 5-\mathrm{i}\arctan\dfrac{4}{3}+(2k+\mathrm{i})\pi\mathrm{i}\quad(k=0,\pm 1,\cdots)$.

11. 略.

12. (1) $z=(2k+1)\pi i \quad (k=0, \pm 1, \cdots)$.

(2) $z=\ln 2+\left(\frac{1}{3}+2k\right)\pi i \quad (k=0, \pm 1, \cdots)$.

(3) $z=i$. (4) $z=2k\pi-i\ln(2\pm\sqrt{3}) \quad (k=0, \pm 1, \cdots)$.

13. 略.

14. 略.

15. 略.

习 题 3

1. $-\frac{1}{3}(1-i)$.

2. (1) 1. (2) 2. (3) 2.

3. (1) $1+\frac{i}{2}$. (2) $\frac{i}{2}$.

4. 略.

5. (1) $-\frac{i}{3}$. (2) $2\cosh 1$.

6. 略.

7. (1) $4\pi i$. (2) $8\pi i$.

8. (1) $4\pi i$. (2) $6\pi i$. (3) $-8\pi i$. (4) $4\pi i$. (5) $\frac{\pi i}{3e^2}$. (6) 0. (7) 0.

(8) $(-1)^{n+1}\frac{2\pi i(2n)!}{(n+1)!(n-1)!}$.

9. (1) $\frac{\sqrt{2}}{2}\pi i$. (2) $\frac{\sqrt{2}}{2}\pi i$. (3) $\sqrt{2}\pi i$.

10. (1) 0. (2) $\frac{\pi}{8}ie^3$. (3) $-\frac{5\pi i}{8e}$. (4) $\frac{\pi i}{8}\left(e^3-\frac{5}{e}\right)$. (5) $\frac{\pi i}{8}e^3$. (6) 同(4).

(7) 同(4).

11. $\frac{\pi}{2}i$.

12. (1) 1. (2) $-\frac{e}{2}$. (3) $1-\frac{e}{2}$.

13. 略.

14. 略.

15. $2\pi i$.

16. 略.

习 题 4

1. (1) e. (2) e. (3) $+\infty$. (4) 1. (5) $\frac{1}{4}$. (6) 1. (7) 2. (8) 0.

2. (1) R. (2) $\frac{R}{2}$.

3. $1+z$.

4. (1) $\mathrm{i}-\mathrm{i}\sum_{n=1}^{\infty}\frac{1\times 3\times 5\cdots(2n-3)}{2^n\cdot n!}z^n \quad (-1\leqslant z<1)$.

(2) $\sum_{n=0}^{\infty}(-1)^n\frac{(z-2)^n}{2^{n+1}} \quad (|z-2|<2)$.

(3) $\frac{1}{2}\sum_{n=0}^{\infty}\frac{(-1)^n-1}{n!}(z-\pi\mathrm{i})^n \quad (|z-\pi\mathrm{i}|<+\infty)$.

(4) $\sum_{n=1}^{\infty}(-1)^{n-1}\frac{(z-1)^n}{2^n} \quad (|z-1|<2)$.

(5) $\sum_{n=0}^{\infty}(-1)^n\left(\frac{1}{2^{2n+1}}-\frac{1}{3^{n+1}}\right)(z-2)^n \quad (|z-2|<3)$.

(6) $\sum_{n=0}^{\infty}(n+1)(z+1)^n \quad (|z+1|<1)$.

5. (1) $\sum_{n=1}^{\infty}nz^{n-1} \quad (|z|<1)$.

(2) $\sum_{n=1}^{\infty}(-1)^{n-1}\frac{2^{2n-1}}{(2n)!}z^{2n} \quad (|z|<+\infty)$.

(3) $\frac{1}{2}\sum_{n=2}^{\infty}n(n-1)z^{n-2} \quad (|z|<1)$.

(4) $\sum_{n=0}^{\infty}(-1)^n z^{2n} \quad (|z|<1)$.

(5) $z^2+z^4+\frac{1}{3}z^6-\frac{1}{30}z^{10}+\cdots \quad |z|<+\infty$.

(6) $\frac{1}{7}\sum_{n=0}^{\infty}\left[\frac{(-1)^n\cdot 5}{2^{n+1}}+3^n\right]z^n \quad \left(|z|<\frac{1}{3}\right)$.

6. (1) $\sum_{n=0}^{\infty}\frac{3^n-2^n}{z^{n+1}} \quad (|z|>3)$.

(2) $\frac{1}{5}\sum_{n=0}^{\infty}\frac{(-1)^{n-1}}{z^{2n+1}}+\frac{2}{5}\sum_{n=1}^{\infty}\frac{(-1)^n}{z^{2n}}-\frac{1}{10}\sum_{n=0}^{\infty}\frac{z^n}{2^n} \quad (1<|z|<2)$.

$\frac{1}{5}\sum_{n=0}^{\infty}\frac{2^n}{z^{n+1}}+\frac{1}{5}\sum_{n=0}^{\infty}\frac{(-1)^{n+1}}{z^{2n+1}}+\frac{2}{5}\sum_{n=1}^{\infty}\frac{(-1)^n}{z^{2n}} \quad (|z|>2)$.

(3) $\sum_{n=1}^{\infty}(-1)^{n-1}\frac{n}{\mathrm{i}^{n+1}}(z-\mathrm{i})^{n-2} \quad (0<|z-\mathrm{i}|<1)$.

$\sum_{n=0}^{\infty}(-1)^n\frac{(n+1)\mathrm{i}^n}{(z-\mathrm{i})^{n+3}} \quad (1<|z-\mathrm{i}|<+\infty)$.

(4) $1-\frac{1}{z}-\frac{1}{2z^2}-\frac{1}{6z^3}-\cdots \quad (|z|>1)$.

7. (1) $\frac{1}{a-b}\left(\sum_{n=0}^{\infty}\frac{a^n}{z^{n+1}}+\sum_{n=0}^{\infty}\frac{z^n}{b^{n+1}}\right)$.

(2) $\dfrac{1}{a-b}\sum_{n=0}^{\infty}\dfrac{a^n-b^n}{z^{n+1}}$ $(|b|<|z|<+\infty)$.

(3) $\dfrac{1}{(a-b)(z-a)}-\sum_{n=0}^{\infty}\dfrac{(z-a)^n}{(b-a)^{n+2}}$ $(0<|z-a|<|b-a|)$.

$\sum_{n=0}^{\infty}\dfrac{(b-a)^n}{(z-a)^{n+2}}$ $(|z-a|>|b-a|)$.

8. (1) $\dfrac{1}{2}\sum_{n=1}^{\infty}\left(1-\dfrac{1}{3^n}\right)z^n$ $(0<|z|<1)$.

$-\dfrac{1}{2}\sum_{n=0}^{\infty}\dfrac{z^{n+1}}{3^{n+1}}-\dfrac{1}{2}\sum_{n=0}^{\infty}\dfrac{1}{z^n}$ $(1<|z|<3)$.

$\dfrac{1}{2}\sum_{n=0}^{\infty}(3^n-1)\dfrac{1}{z^n}$ $(|z|>3)$.

(2) $-3\sum_{n=0}^{\infty}\dfrac{(z-1)^n}{2^{n+2}}-\dfrac{1}{2}\cdot\dfrac{1}{z-1}$ $(0<|z-1|<2)$.

$3\sum_{n=0}^{\infty}\dfrac{2^{n-1}}{(z-1)^{n+1}}-\dfrac{1}{2}\cdot\dfrac{1}{z-1}$ $(|z-1|>2)$.

(3) $\dfrac{3}{2(z-3)}-\sum_{n=0}^{\infty}(-1)^n\dfrac{(z-3)^n}{2^{n+2}}$ $(0<|z-3|<2)$.

$\dfrac{3}{2(z-3)}-\sum_{n=0}^{\infty}(-1)^n\dfrac{2^{n-1}}{(z-3)^{n+1}}$ $(|z-3|>2)$.

9. (1) $1+3\sum_{n=0}^{\infty}(-1)^n\dfrac{2^n}{z^{n+1}}-8\sum_{n=0}^{\infty}(-1)^n\dfrac{z^n}{3^{n+1}}$ $(2<|z|<3)$.

$1+\sum_{n=0}^{\infty}(-1)^n(3\times 2^n-8\times 3^n)\dfrac{1}{z^{n+1}}$ $(3<|z|<+\infty)$.

(2) $\sum_{n=0}^{\infty}\dfrac{1}{n!z^{n-2}}$ $(0<|z|<+\infty)$.

(3) $\sum_{n=0}^{\infty}(-1)^n\dfrac{(z-\mathrm{i})^{n-1}}{(2\mathrm{i})^{n+1}}$ $(0<|z-\mathrm{i}|<2)$.

$\sum_{n=0}^{\infty}(-1)^n\dfrac{(2\mathrm{i})^n}{(z-\mathrm{i})^{n+2}}$ $(2<|z-\mathrm{i}|<+\infty)$.

$\sum_{n=0}^{\infty}\dfrac{(-1)^n}{z^{2n+2}}$ $(1<|z|<+\infty)$.

10. 略.

11. (1) $z=0$ 为本性奇点.

(2) $z=k\pi+\dfrac{\pi}{4}$ $(k=0,\pm1,\cdots)$ 为一阶极点.

(3) $z=k\pi+\dfrac{\pi}{2}$ $(k=0,\pm1,\cdots)$ 为二阶极点.

(4) $z=k\pi$ $(k=0,\pm1,\cdots)$ 为一阶极点.

(5) $z=1+k\pi+\dfrac{\pi}{2}$ $(k=0,\pm1,\cdots)$ 为一阶极点, $z=1$ 为可去奇点.

(6) $z=2k\pi i\quad(k=0,\pm1,\cdots)$为一阶极点，$z=1$为本性奇点.

(7) $z=0$为可去奇点.

(8) $z=\pm\frac{\sqrt{2}}{2}(1-i)$为二阶极点.

(9) $z=\pm i$为二阶极点.

(10) $z=k\pi+\frac{\pi}{2}\quad(k=0,\pm1,\cdots)$为一阶极点.

(11) $z=1$为本性奇点.

(12) $z_k=e^{\frac{(2k+1)\pi i}{n}}\quad(k=0,1,\cdots,n-1)$为一阶极点.

(13) $z=0$与$z=-1$为一阶极点，$z=1$为三阶极点.

(14) $z=-i$为本性奇点，$z=i$为一阶极点.

12. (1) $z=a$为$m+n$阶极点.

(2) 当$m>n$时，$z=a$为$m-n$阶极点；当$m<n$时，$z=a$为$n-m$阶零点；当$m=n$时，$z=a$为可去奇点.

(3) 当$m\neq n$时，$z=a$为$\max(m,n)$阶极点；当$m=n$时，$z=a$为阶数不超过m的极点，或可去奇点.

(4) 当$m>n$时，$z=a$为$m-n$阶极点；当$m<n$时，$z=a$为$n-m$阶极点；当$m=n$时，$z=a$为可去奇点.

13. 略.

14*. (1) 可去奇点. (2) 二阶极点. (3) 可去奇点. (4) 本性奇点. (5) 本性奇点. (6) 可去奇点. (7) 三阶极点. (8) 可去奇点. (9) 本性奇点. (10) 可去奇点.

习　题　5

1. (1) $\mathrm{Res}[f,e^{i\frac{\pi+2k\pi}{4}}]=-\frac{1+i}{\sqrt[4]{2}}e^{-i\frac{3}{2}k\pi}\quad(k=0,1,2,3)$，$\mathrm{Res}[f,\infty]=0$.

(2) $\mathrm{Res}[f,2k\pi i]=-1$，$z=\infty$为非孤立奇点.

(3) $\mathrm{Res}[f,-1]=-\frac{1}{4}$，$\mathrm{Res}[f,1]=\frac{1}{4}$，$\mathrm{Res}[f,\infty]=0$.

(4) $\mathrm{Res}[f,0]=-\frac{4}{3}$，$\mathrm{Res}[f,\infty]=\frac{4}{3}$.

(5) $\mathrm{Res}[f,1]=-1$，$\mathrm{Res}[f,\infty]=1$.

(6) $\mathrm{Res}[f,0]=-\frac{1}{2}$，$\mathrm{Res}[f,2k\pi i]=\frac{1}{2k\pi i}\quad(k=\pm1,\pm2,\cdots)$，$z=\infty$为非孤立奇点.

(7) $\mathrm{Res}[f,2k\pi i]=-1\quad(k=0,\pm1,\cdots)$，$z=\infty$为非孤立奇点.

(8) $\mathrm{Res}[f,1]=1$，$\mathrm{Res}[f,2]=-1$，$\mathrm{Res}[f,\infty]=0$.

(9) 当n为奇数时，$\mathrm{Res}[f,0]=\mathrm{Res}[f,\infty]=0$；当$n$为偶数时，$\mathrm{Res}[f,0]=\frac{(-1)^k}{(2k+1)!}$，$\mathrm{Res}[f,\infty]=\frac{(-1)^{k+1}}{(2k+1)!}\quad(k=0,1,2,\cdots)$.

(10) $\mathrm{Res}[f, e^{\frac{(2k+1)\pi i}{n}}] = -\frac{1}{n}e^{\frac{(2k+1)\pi i}{n}}$ ($k = 0, 1, \cdots, n-1$), $\mathrm{Res}[f, \infty] = \begin{cases} 0 & (n>1), \\ -1 & (n=1). \end{cases}$

(11) $\mathrm{Res}[f, a] = -\frac{1}{(b-a)^n}$, $\mathrm{Res}[f, b] = \frac{1}{(b-a)^n}$, $\mathrm{Res}[f, \infty] = 0$.

(12) $\mathrm{Res}[f, 0] = 1$, $\mathrm{Res}[f, \infty] = -1$.

2. (1) 0. (2) πi. (3) 0. (4) 当 $|a|<|b|<1$ 时为 0,当 $1<|a|<|b|$ 时为 0,当 $|a|<1<|b|$ 时为 $(-1)^{n-1}\frac{2\pi i(2n-2)!}{[(n-1)!]^2(a-b)^{2n-1}}$. (5) $2\pi i\sin t$. (6) -1. (7) $2\pi i$. (8) $-12i$.

3. (1) $-\frac{2}{3}\pi i$. (2) 当 $n\neq 1$ 时为 0,当 $n=1$ 时为 $2\pi i$.

4. (1) $\frac{\pi}{2}$. (2) $\frac{2\pi}{\sqrt{1-a^2}}$. (3) $\frac{\pi}{2\sqrt{3}}$. (4) 当 $a>0$ 时为 πi,当 $a<0$ 时为 $-\pi i$. (5) $\frac{2\pi}{b^2}(a-\sqrt{a^2-b^2})$.

5. (1) $\frac{\pi}{2}$. (2) $\frac{\pi}{6}$. (3) $\frac{\pi}{2a}$. (4) $\frac{(2n-2)!\ \pi}{2^{2n-2}[(n-1)!]^2}$.

6. (1) $\frac{\pi(3e^2-1)}{24e^3}$. (2) $\frac{\pi}{2e^4}(2\cos 2+\sin 2)$.

(3) $\frac{\pi}{2a^2}e^{-\frac{ab}{\sqrt{2}}}\sin\frac{ab}{2}$.

7. * (1) $\frac{\pi}{2a^2}(1-e^{-a})$. (2) $\frac{\pi}{2}\left(1-\frac{3}{2e}\right)$.

8. * (1) 3. (2) 1.

9. * (1) 1. (2) 4.

10. 略.

11. 0, $|z|<1$. 4, $1<|z|<3$.

习 题 6

1. (1) $\frac{3}{16}$, 0. 12, $-\frac{\pi}{3}$. (2) 均为 2, $\frac{\pi}{3}$. (3) 1, $\frac{\pi}{2}$. e^2, $-\pi$.

2. (1) 在 $|z+1|>\frac{1}{2}$ 被放大, $|z+1|<\frac{1}{2}$ 被压缩. (2) 在 $\mathrm{Re}\,z>0$ 被放大, $\mathrm{Re}\,z<0$ 被压缩.

3. 以 $w_1=3+i$, $w_2=3+5i$, $w_3=-1+3i$, $w_4=-1+i$ 为顶点的梯形内部.

4. $w=(1-i)z+2-i$.

5. (1) $\mathrm{Im}\,w>1$. (2) $\mathrm{Im}\,w>\mathrm{Re}\,w$. (3) $|w+i|>1$, $\mathrm{Im}\,w<0$. (4) $\mathrm{Re}\,w>0$,

$\operatorname{Im} w>0, \left|w-\frac{1}{2}\right|>\frac{1}{2}$.

6. (1) $w=\frac{z-6i}{3iz-2}$. (2) $w=-\frac{1}{z}$. (3) $w=\frac{1}{1-z}$. (4) $w=\frac{i(z+1)}{1-z}$.

7. $w=\frac{z-i}{(2+i)-(1+2i)z}$, W 平面的下半平面.

8. (1) $w=\frac{2z-1}{2-z}$. (2) $w=-iz$.

9. $w=2i\frac{z-i}{z+i}$, $R=2$.

10. $w=Re^{i\theta}\frac{z-z_0-r\alpha}{r-\overline{\alpha}(z-z_0)}+w_0$ $(|\alpha-z_0|<r)$.

11. $w=-\frac{z^2 2i}{z^2+2i}$.

12. (1) $w=\left(\frac{2z+\sqrt{3}+i}{2z-\sqrt{3}+i}\right)^3$. (2) $w=\left(\frac{z^3+1}{z^3-1}\right)^2$.

(3) $w=-\left(\frac{z+\sqrt{3}}{z-\sqrt{3}}\right)^3$. (4) $w=e^{2\pi i\frac{z}{z-2}}$.

13. $w=e^{\frac{\pi}{3}i\frac{z+2}{z-2}}$.

14. $w=\sqrt{-\frac{z-1-i}{z-2-2i}}$.

15. $w=e^{\frac{\pi i}{b-a}(z-a)}$.

16. $w=\ln(e^z+1)$.

习 题 7

1. (1) $f(t)=\frac{4}{pi}\int_0^{+\infty}\frac{\sin\omega-\omega\cos\omega}{\omega^2}\cos\omega t\,d\omega$. (2) $f(t)=\frac{2}{\pi}\int_0^{+\infty}\frac{\sin\omega\pi\sin\omega t}{1-\omega^2}d\omega$.

2. $F(\omega)=\frac{2}{\omega}\sin\omega$.

3. (1) $F(\omega)=\frac{\sin(2\pi\gamma+\omega)T}{2\pi\gamma+\omega}+\frac{\sin(2\pi\gamma-\omega)T}{2\pi\gamma-\omega}$. (2) $F(\omega)=\frac{2\pi\gamma}{(2\pi\gamma)^2+(\alpha+i\omega)^2}$.

4. $F(\omega)=\frac{\pi}{\alpha}e^{-|t|\alpha}$.

5. $F(\omega)=\frac{\pi}{2}i[\delta(\omega+2)-\delta(\omega-2)]$.

6. $F_s(\omega)=\frac{\omega^2}{\omega^2+a^2}$, $F_c(\omega)=\frac{a}{\omega^2+a^2}$.

7. 提示：利用傅里叶余弦变换.

8. (1) $y(x)=\dfrac{1}{b\pi[x^2+(b-a)^2]}$.　(2) $y(x)=\dfrac{\sin\pi x}{1-x^2}$.

9. (1) $F(\omega)=4\pi\delta(\omega)+3e^{i\omega}+\omega^2e^{-i\omega}$.

(2) $F(\omega)=\dfrac{\pi i}{2}[\delta(\omega+2)-\delta(\omega-2)]$.

(3) $F(\omega)=\dfrac{\pi}{\sqrt{3}}e^{-\sqrt{3}|\omega|}$.

(4) $F(\omega)=\pi[\delta'(\omega)-\delta'(\omega+2)]$.

10. (1) $f(t)=\dfrac{\sin 2t}{i\pi}$.

(2) $f(t)=u(t)e^{-it}$.

(3) $f(t)=\dfrac{1}{2\sqrt{2}}e^{-\sqrt{2}|t|}$.

(4) $f(t)=\begin{cases}\dfrac{4}{5}e^{-3t}+\dfrac{1}{4}e^{-2t} & (t\geqslant 0),\\ \dfrac{1}{20}e^{2t} & (t<0).\end{cases}$

11. (1) $\dfrac{i}{2}\dfrac{d}{d\omega}F\left(\dfrac{\omega}{2}\right)$.　(2) $\dfrac{i}{2}\dfrac{d}{d\omega}F\left(-\dfrac{\omega}{2}\right)-F\left(-\dfrac{\omega}{2}\right)$.　(3) $e^{-2i}F(\omega-2)$.

(4) $-F(\omega)-\omega F'(\omega)$.

12. $f(t)*g(t)=\begin{cases}0 & (t\leqslant 0),\\ \dfrac{1}{2}(\sin t-\cos t+e^{-t}) & \left(0\leqslant t\leqslant\dfrac{\pi}{2}\right),\\ \dfrac{1}{2}e^{-t}(1+e^{\frac{\pi}{2}}) & \left(t>\dfrac{\pi}{2}\right).\end{cases}$

13. (1) 略.　(2) $\dfrac{b}{(\beta+i\omega)^2+b^2}$.

习　题　8

1. (1) $\dfrac{1}{p}(4e^{-3p}-5e^{-p})+\dfrac{1}{p^2}(1-e^{-p})$.　(2) $\dfrac{1+e^{-\pi p}}{p^2+1}$.

2. (1) $\dfrac{1}{2}\left(\dfrac{1}{p}-\dfrac{p}{p^2+4\beta^2}\right)$.　(2) $\dfrac{\Gamma\left(\dfrac{1}{3}\right)}{p\sqrt[3]{p}}+\dfrac{4}{p-2}$.　(3) $\dfrac{1}{p+1}-3$.

(4) $\dfrac{\cos 2-p\sin 2}{p^2+1}$.　(5) $\dfrac{\cos 2+p\sin 2}{p^2+1}e^{-2p}$.　(6) $\dfrac{e^{-2(p-2)}}{p-2}$.

3. (1) $eu(t-5)$.　(2) $(t^2+t+1)u(t-1)$.　(3) $\dfrac{1}{2}\sinh 2(t-2)u(t-2)$.

(4) $2u(t-1)-u(t-2)$.

4. (1) $\dfrac{p^2-4p+5}{(p-1)^3}$. (2) $\dfrac{e^{-a}(p+1)}{(p+1)^2+\beta^2}$. (3) $\dfrac{2\beta(p+\alpha)}{[(p+\alpha)^2+\beta^2]^2}$. (4) $\ln\dfrac{p+a}{p}$.

(5) $\dfrac{\pi}{2}-\arctan\dfrac{p}{a}$. (6) $\operatorname{arc\,cot}\dfrac{p+3}{2}$. (7) $p\ln\dfrac{p}{\sqrt{p^2+1}}+\arctan\dfrac{1}{p}$.

(8) $\dfrac{2(3p^2+12p+13)}{p^2[(p+3)^2+4]^2}$. (9) $\dfrac{4(p+3)}{p[(p+3)^2+4]^2}$. (10) $\dfrac{1}{p}\operatorname{arc\,cot}\dfrac{p+3}{2}$.

5. (1) $\ln 2$. (2) $\dfrac{1}{2}\ln 2$. (3) $\dfrac{3}{13}$. (4) $\dfrac{1}{4}$. (5) $\dfrac{12}{169}$. (6) $\dfrac{\pi}{8}$. (7) 0. (8) $\dfrac{\pi}{2}$.

6. (1) $\sin t+\delta(t)$. (2) $2\cos 3t+\sin 3t$. (3) $\dfrac{1}{6}t^3e^{-2t}$. (4) $t\sin 2t$. (5) $\dfrac{1}{2}te^{-2t}\sin t$.

(6) $\dfrac{3}{2}e^{3t}-\dfrac{1}{2}e^{-t}$. (7) $\dfrac{1}{5}(3e^{2t}+2e^{-3t})$. (8) $2e^{-2t}\cos 3t+\dfrac{1}{3}e^{-2t}\sin 3t$. (9) $\dfrac{2}{t}\sinh t$.

(10) $\dfrac{2}{t}(1-\cos t)$.

7. (1) $\dfrac{1}{a}(e^{at}-1)$. (2) $\dfrac{\sinh at}{a(a^2-b^2)}+\dfrac{\sinh bt}{b(b^2-a^2)}$. (3) $\dfrac{1}{a^3}\left(e^{at}-\dfrac{a^2t^2}{2}-at-1\right)$.

(4) $\dfrac{1}{a^2}(1-\cos at)$. (5) $\dfrac{c-a}{(b-a)^2}e^{-at}+\left[\dfrac{c-b}{a-b}t+\dfrac{a-c}{(a-b)^2}\right]e^{-bt}$.

(6) $\dfrac{1}{2a^3}(\sinh at-\sin at)$.

8. (1) $\dfrac{4}{3}(1-e^{-\frac{3}{2}t})$. (2) $\dfrac{1}{5}(1-\cos\sqrt{5}t)$. (3) $1-3e^{-t}+3e^{-2t}$.

(4) $t^2+5t+8+(3t-8)e^t$. (5) $\dfrac{1}{3}(\cos t-\cos 2t)$. (6) $\dfrac{1}{2}e^{-2t}\left(t\cos 3t+\dfrac{1}{3}\sin 3t\right)$.

9. (1) t. (2) e^t-t-1. (3) $\dfrac{1}{2}t\sin t$. (4) $\sinh t-t$.

10. (1) $\dfrac{1}{a}(1-\cos at)$. (2) $\dfrac{at(a-b)-b}{(a-b)^2}e^{at}+\dfrac{b}{(a-b)^2}e^{bt}$. (3) $\dfrac{1}{2}e^{2t}-e^t+\dfrac{1}{2}$.

(4) $\dfrac{1}{2a}(at\cos at+\sin at)$. (5) $\dfrac{3}{8a^5}(\sin at-at\cos at)-\dfrac{1}{8a^3}t^2\sin at$.

(6) $e^{-t}(t+2)+t-2$.

11. (1) $y(t)=\dfrac{1}{3}\sin t-\dfrac{1}{6}\sin 2t$. (2) $y(t)=e^{-t}-e^{-2t}+\left[\dfrac{1}{2}-e^{-(t-1)}+\dfrac{1}{2}e^{-2(t-1)}\right]u(t-1)$. (3) $y(t)=t^3e^{-t}$. (4) $y(t)=\dfrac{1}{8}e^t-\dfrac{1}{8}e^{-t}(2t^2+2t+1)$. (5) $y(t)=\dfrac{4}{5}\cos 3t+\dfrac{4}{5}\sin 3t+\dfrac{1}{5}\cos 2t$. (6) $y(t)=t$. (7) $x(t)=a+\dfrac{t}{2}+\dfrac{t^2}{4}$, $y(t)=b+\dfrac{t}{2}-\dfrac{t^2}{4}$.
(8) $x(t)=t-\sin t$, $y(t)=\cos t$.

12. (1) $y(t)=(1-t)e^{-t}$. (2) $y(t)=\sin t$. (3) $y(t)=\sin t-\cos t$. (4) $y(t)=2e^{-2t}-e^{-t}+[e^{-(t-1)}-e^{-2(t-1)}]u(t-1)-[e^{-(t-2)}-e^{-2(t-2)}]u(t-2)$. (5) $y(t)=2-\cos t-3\sin t$.

附　　录

附录 1　傅氏变换简表

	$f(t)$		$F(\omega)$	
	函　数	图　像	频　谱	图　像
1	矩形单脉冲 $\begin{cases} E, & \lvert t\rvert \leqslant \frac{\tau}{2}, \\ 0, & 其他 \end{cases}$	$f(t)$, E, $-\frac{\tau}{2}$, O, $\frac{\tau}{2}$, t	$\begin{cases} 2E\dfrac{\sin\frac{\omega\tau}{2}}{\omega} & (\omega \neq 0), \\ E\tau & (\omega = 0) \end{cases}$	$\lvert F(\omega)\rvert$, $E\tau$, O, $\frac{2\pi}{\tau}$, ω
2	指数衰减函数 $\begin{cases} 0, & t<0 \\ e^{-\beta t}, & t \geqslant 0 \end{cases} (\beta \geqslant 0)$	$f(t)$, 1, O, t	$\dfrac{1}{\beta+i\omega}$	$\lvert F(\omega)\rvert$, $\frac{1}{\beta}$, O, ω
3	双边指数脉冲 $Ee^{-a\lvert t\rvert}$　$(a>0)$	$f(t)$, E, O, t	$\dfrac{2aE}{a^2+\omega^2}$	$\lvert F(\omega)\rvert$, $\frac{2E}{a}$, O, ω

（续 表）

	$f(t)$		$F(\omega)$	
	函 数	图 像	频 谱	图 像
4	三角脉冲 $\begin{cases}\dfrac{2A}{\tau}\left(\dfrac{\tau}{2}+t\right) & \left(-\dfrac{\tau}{2}\leqslant t<0\right)\\ \dfrac{2A}{\tau}\left(\dfrac{\tau}{2}-t\right) & \left(0\leqslant t\leqslant\dfrac{\tau}{2}\right)\end{cases}$	$f(t)$ A $-\frac{\tau}{2}$ O $\frac{\tau}{2}$ t	$\begin{cases}\dfrac{4A}{\tau\omega^2}\left(1-\cos\dfrac{\omega\tau}{2}\right) & (\omega\neq 0)\\ \dfrac{\tau A}{2} & (\omega=0)\end{cases}$	$\delta(t)$ 1 O t
5	梯形脉冲 $\begin{cases}\dfrac{2E}{\tau-\tau_1}\left(t+\dfrac{\tau}{2}\right) & \left(\dfrac{-\tau}{2}<t<\dfrac{\tau_1}{2}\right),\\ E & \left(\dfrac{-\tau_1}{2}<t<\dfrac{\tau_1}{2}\right),\\ \dfrac{2E}{\tau_1-\tau_2}\left(\dfrac{\tau}{2}-t\right) & \left(\dfrac{\tau_1}{2}<t<\dfrac{\tau}{2}\right),\\ 0 & (其他)\end{cases}$	$f(t)$ E $-\frac{\tau}{2}$ $-\frac{\tau_1}{2}$ O $\frac{\tau_1}{2}$ $\frac{\tau}{2}$ t	$\dfrac{8E}{(\tau-\tau_1)\omega^2}\sin\dfrac{(\tau+\tau_1)\omega}{4}\cdot\sin\dfrac{(\tau-\tau_1)\omega}{4}$	$\lvert F(\omega)\rvert$ $\frac{E}{2}(\tau+\tau_1)$ $\frac{4\pi}{\tau+\tau_1}$ O ω
6	钟形脉冲 $Ae^{-\beta t^2}\quad(\beta>0)$	$f(t)$ A O t	$\sqrt{\dfrac{\pi}{\beta}}Ae^{-\frac{\omega^2}{4\beta}}$	$F(\omega)$ $A\sqrt{\frac{\pi}{\beta}}$ O ω
7	傅里叶核 $\dfrac{\sin\omega_0 t}{\pi t}$	$f(t)$ $\frac{\omega_0}{\pi}$ O $\frac{\pi}{\omega_0}$ t	$\begin{cases}1, & \lvert\omega\rvert\leqslant\omega_0,\\ 0, & 其他\end{cases}$	$F(\omega)$ 1 $-\omega_0$ O ω_0 ω

（续　表）

	$f(t)$		$F(\omega)$	
	函　数	图　像	频　谱	图　像
8	高斯分布函数 $\frac{1}{\sqrt{2\pi}\sigma}e^{-\frac{t^2}{2\sigma^2}}$	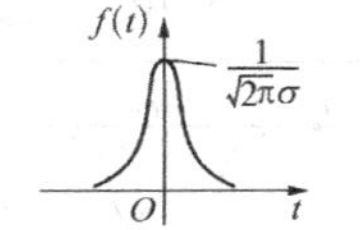	$e^{-\frac{\sigma^2\omega^2}{2}}$	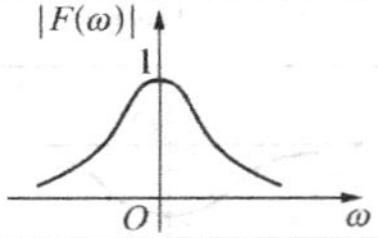
9	矩形射频脉冲 $\begin{cases} E\cos\omega_0 t & \left(\lvert t\rvert\leqslant\frac{\tau}{2}\right), \\ 0 & (\text{其他}) \end{cases}$	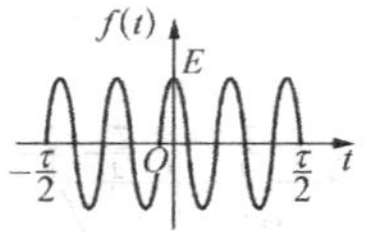	$\frac{E\tau}{2}\left[\frac{\sin(\omega-\omega_0)\frac{\tau}{2}}{(\omega-\omega_0)\frac{\tau}{2}}+\frac{\sin(\omega+\omega_0)\frac{\tau}{2}}{(\omega+\omega_0)\frac{\tau}{2}}\right]$	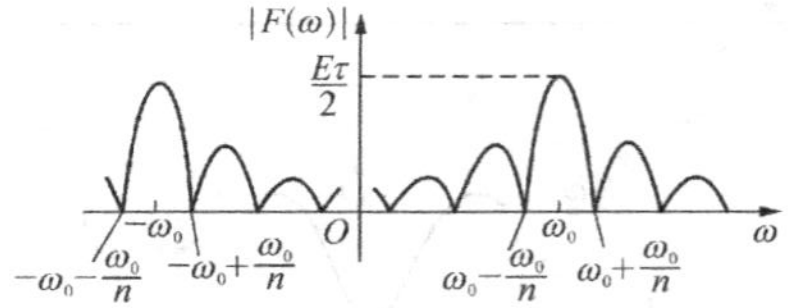
10	单位脉冲函数 $\delta(t)$	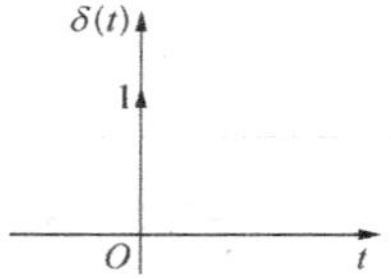	1	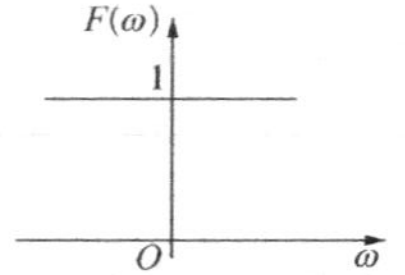
11	周期性脉冲函数 $\sum_{n=-\infty}^{+\infty}\delta(t-nT)$ （T 为脉冲函数的周期）	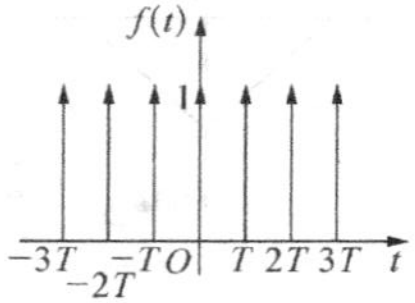	$\frac{2\pi}{T}\sum_{n=-\infty}^{+\infty}\delta\left(\omega-\frac{2n\pi}{T}\right)$	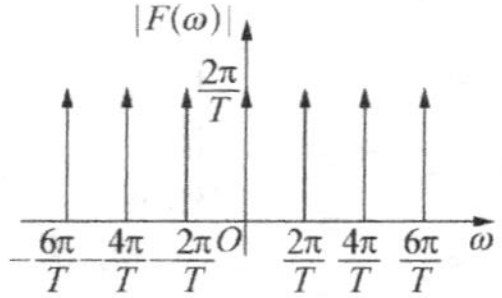
12	余弦函数 $\cos\omega_0 t$	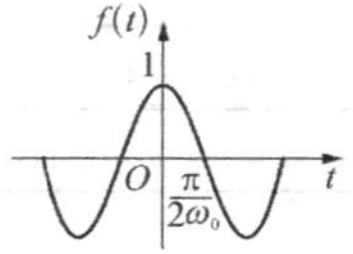	$\pi[\delta(\omega+\omega_0)+\delta(\omega-\omega_0)]$	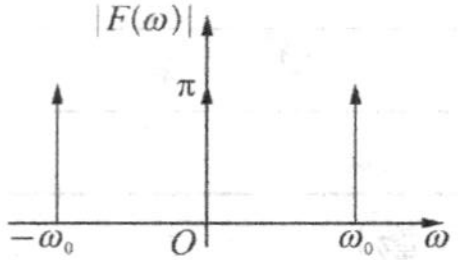

（续　表）

	$f(t)$		$F(\omega)$	
	函　数	图　像	频　谱	图　像
13	正弦函数 $\sin\omega_0 t$	$f(t)$, 1, O, $\frac{\pi}{\omega_0}$, t	$i\pi[\delta(\omega+\omega_0)-\delta(\omega-\omega_0)]$	同余弦函数图
14	单位阶跃 函数 $u(t)$	$u(t)$, 1, O, t	$\frac{1}{i\omega}+\pi\delta(\omega)$	$\lvert F(\omega)\rvert$, O, ω
15	直流信号 E	$f(t)$, E, O, t	$2\pi E\delta(\omega)$	$\lvert F(\omega)\rvert$, $2\pi E$, O, ω
16	$u(t-c)$		$\frac{1}{i\omega}e^{-i\omega c}+\pi\delta(\omega)$	
17	$u(t)\cdot t$		$-\frac{1}{\omega^2}+\pi i\delta'(\omega)$	
18	$u(t)\cdot t^n$		$\frac{n!}{(i\omega)^{n+1}}+\pi i^n\delta^{(n)}(\omega)$	
19	$u(t)\sin at$		$\frac{a}{a^2-\omega^2}+\frac{\pi}{2i}[\delta(\omega-\omega_0)-\delta(\omega+\omega_0)]$	

(续　表)

	$f(t)$	$F(\omega)$
20	$u(t)\cos at$	$\frac{\mathrm{i}\omega}{a^2-\omega^2}+\frac{\pi}{2}[\delta(\omega-\omega_0)+\delta(\omega+\omega_0)]$
21	$u(t)\mathrm{e}^{\mathrm{i}at}$	$\frac{1}{\mathrm{i}(\omega-a)}+\pi\delta(\omega-a)$
22	$u(t)\mathrm{e}^{\mathrm{i}at}t^n$	$\frac{n!}{[\mathrm{i}(\omega-a)]^{n+1}}\pi+\mathrm{i}^n\delta^{(n)}(\omega-a)$
23	$u(t-c)\mathrm{e}^{\mathrm{i}at}$	$\frac{1}{\mathrm{i}(\omega-a)}\mathrm{e}^{-\mathrm{i}(\omega-a)c}+\pi\delta(\omega-a)$
24	$\delta(t-c)$	$\mathrm{e}^{-\mathrm{i}\omega c}$
25	$\delta'(t)$	$\mathrm{i}\omega$
26	$\delta^{(n)}(t)$	$(\mathrm{i}\omega)^n$
27	$\delta^{(n)}(t-c)$	$(\mathrm{i}\omega)^n\mathrm{e}^{-\mathrm{i}\omega c}$
28	1	$2\pi\delta(\omega)$
29	t	$2\mathrm{i}\pi\delta'(\omega)$
30	t^n	$2\pi\mathrm{i}^n\delta^{(n)}(\omega)$
31	$\mathrm{e}^{\mathrm{i}at}$	$2\pi\delta(\omega-a)$
32	$t^n\mathrm{e}^{\mathrm{i}at}$	$2\pi\mathrm{i}^n\delta^{(n)}(\omega-a)$
33	$\frac{1}{a^2+t^2}\quad(a>0)$	$\frac{\pi}{a}\mathrm{e}^{-a\|\omega\|}$

(续　表)

	$f(t)$	$F(\omega)$
34	$\dfrac{t}{(a^2+t^2)^2}$　$(a>0)$	$-\dfrac{\mathrm{i}\omega\pi}{2a}\mathrm{e}^{-a\|\omega\|}$
35	$\dfrac{\mathrm{e}^{ibt}}{a^2+t^2}$　($a>0$, b 为实数)	$\dfrac{\pi}{a}\mathrm{e}^{-a\|\omega-b\|}$
36	$\dfrac{\cos bt}{a^2+t^2}$　$(a>0)$	$\dfrac{\pi}{2a}[\mathrm{e}^{-a\|\omega-b\|}+\mathrm{e}^{-a\|\omega+b\|}]$
37	$\dfrac{\sin bt}{a^2+t^2}$　$(a>0)$	$-\dfrac{\mathrm{i}\pi}{2a}[\mathrm{e}^{-a\|\omega-b\|}-\mathrm{e}^{-a\|\omega+b\|}]$
38	$\dfrac{\sinh at}{\sinh \pi t}$　$(-\pi<a<\pi)$	$\dfrac{\sin a}{\cosh\omega+\cos a}$
39	$\dfrac{\sinh at}{\cosh \pi t}$　$(-\pi<a<\pi)$	$-2\mathrm{i}\dfrac{\sin\dfrac{a}{2}\sinh\dfrac{\omega}{2}}{\cosh\omega+\cos a}$
40	$\dfrac{\cosh at}{\cosh \pi t}$　$(-\pi<a<\pi)$	$2\dfrac{\cos\dfrac{a}{2}\cosh\dfrac{\omega}{2}}{\cosh\omega+\cos a}$
41	$\dfrac{1}{\cosh at}$	$\dfrac{\pi}{a}\dfrac{1}{\cosh\dfrac{\pi\omega}{2a}}$
42	$\sin at^2$　$(a>0)$	$\sqrt{\dfrac{\pi}{a}}\cos\left(\dfrac{\omega^2}{4a}+\dfrac{\pi}{4}\right)$

（续　表）

	$f(t)$	$F(\omega)$
43	$\cos at^2 \quad (a>0)$	$\sqrt{\frac{\pi}{a}}\cos\left(\frac{\omega^2}{4a}-\frac{\pi}{4}\right)$
44	$\frac{1}{t}\sin at$	$\begin{cases}\pi, & \lvert\omega\rvert\leqslant a\\ 0, & \lvert\omega\rvert>a\end{cases}$
45	$\frac{1}{t^2}\sin^2 at$	$\begin{cases}n\left(a-\frac{\lvert\omega\rvert}{2}\right), & \lvert\omega\rvert\leqslant 2a\\ 0, & \lvert\omega\rvert>2a\end{cases}$
46	$\frac{\cos at}{\sqrt{\lvert t\rvert}}$	$\sqrt{\frac{\pi}{2}}\left(\frac{1}{\sqrt{\lvert\omega+a\rvert}}+\frac{1}{\sqrt{\lvert\omega-a\rvert}}\right)$
47	$\frac{\sin at}{\sqrt{\lvert t\rvert}}$	$\mathrm{i}\sqrt{\frac{\pi}{2}}\left(\frac{1}{\sqrt{\lvert\omega+a\rvert}}-\frac{1}{\sqrt{\lvert\omega-a\rvert}}\right)$
48	$\frac{1}{\sqrt{\lvert t\rvert}} \quad (t\neq 0)$	$\sqrt{\frac{2\pi}{\lvert\omega\rvert}}$
49	$\operatorname{sgn} t$	$\frac{2}{\mathrm{i}\omega}$
50	$\mathrm{e}^{-at^2} \quad (\mathrm{Re}\, a>0)$	$\sqrt{\frac{\pi}{a}}\mathrm{e}^{-\frac{\omega^2}{4a}}$
51	$\lvert t\rvert$	$-\frac{2}{\omega^2}$
52	$\frac{1}{\lvert t\rvert} \quad (t\neq 0)$	$\frac{\sqrt{2\pi}}{\lvert\omega\rvert}$

附录 2　拉氏变换简表

	$F(p)$	$f(t)$
1	$\frac{1}{p}$	$u(t)$
2	$\frac{1}{p^{n+1}}$	$\frac{t^n}{n!},\ n=0,1,2,\cdots$
3	$\frac{1}{p^{a+1}}$	$\frac{t^n}{\Gamma(a+1)}\quad(a>-1)$
4	$\frac{1}{p-a}$	e^{at}
5①	$\frac{1}{(p-a)(p-b)}$	$\frac{1}{a-b}(e^{at}-e^{bt})$
6①	$\frac{p}{(p-a)(p-b)}$	$\frac{1}{a-b}(ae^{at}-be^{bt})$
7①	$\frac{1}{(p-a)(p-b)(p-c)}$	$\frac{e^{at}}{(a-b)(a-c)}+\frac{e^{bt}}{(b-a)(b-c)}+\frac{e^{ct}}{(c-a)(c-b)}$
8①	$\frac{p}{(p-a)(p-b)(p-c)}$	$\frac{ae^{at}}{(a-b)(a-c)}+\frac{be^{bt}}{(b-a)(b-c)}+\frac{ce^{ct}}{(c-a)(c-b)}$
9①	$\frac{p^2}{(p-a)(p-b)(p-c)}$	$\frac{ae^{2at}}{(a-b)(a-c)}+\frac{be^{2bt}}{(b-a)(b-c)}+\frac{ce^{2ct}}{(c-a)(c-b)}$
10	$\frac{1}{(p-a)^2}$	te^{at}
11	$\frac{p}{(p-a)^2}$	$(1+at)e^{at}$
12	$\frac{p}{(p-a)^3}$	$t\left(1+\frac{a}{2}t\right)e^{at}$
13	$\frac{1}{p(p-a)}$	$\frac{1}{a}(e^{at}-1)$
14①	$\frac{1}{p(p-a)(p-b)}$	$\frac{1}{ab}+\frac{1}{b-a}\left(\frac{e^{bt}}{b}-\frac{e^{at}}{a}\right)$
15①	$\frac{1}{(p-a)(p-b)(p-c)}$	$\frac{e^{at}}{(a-b)(a-c)}+\frac{e^{bt}}{(b-a)(b-c)}+\frac{e^{ct}}{(c-a)(c-b)}$
16①	$\frac{1}{(p-a)(p-b)^2}$	$\frac{1}{(a-b)^2}e^{at}-\frac{1+(a-b)t}{(a-b)^2}e^{bt}$
17①	$\frac{p}{(p-a)(p-b)^2}$	$\frac{a}{(a-b)^2}e^{at}-\frac{a+b(a-b)t}{(a-b)^2}e^{bt}$
18①	$\frac{p^2}{(p-a)(p-b)^2}$	$\frac{a^2}{(a-b)^2}e^{at}-\frac{2ab-b^2+b^2(a-b)t}{(a-b)^2}e^{bt}$
19	$\frac{1}{(p-a)^{n+1}}$	$\frac{1}{n!}t^ne^{at}\quad(n=0,1,2,\cdots)$
20	$\frac{\beta}{p^2+\beta^2}$	$\sin\beta t$

（续　表）

	$F(p)$	$f(t)$
21	$\frac{p}{p^2+\beta^2}$	$\cos\beta t$
22	$\frac{\beta}{p^2-\beta^2}$	$\sinh\beta t$
23	$\frac{p}{p^2-\beta^2}$	$\cosh\beta t$
24	$\frac{\beta}{(p+a)^2+\beta^2}$	$e^{-at}\sin\beta t$
25	$\frac{p+a}{(p+a)^2+\beta^2}$	$e^{-at}\cos\beta t$
26	$\frac{1}{p(p^2+\beta^2)}$	$\frac{1}{\beta^2}(1-\cos\beta t)$
27	$\frac{1}{p^2(p^2+\beta^2)}$	$\frac{1}{\beta^3}(\beta t-\sin\beta t)$
28①	$\frac{b^2-a^2}{(p^2+a^2)(p^2+b^2)}$	$\frac{1}{a}\sin at-\frac{1}{b}\sin bt$
29①	$\frac{(b^2-a^2)p}{(p^2+a^2)(p^2+b^2)}$	$\cos at-\cos bt$
30	$\frac{1}{(p^2+\beta^2)^2}$	$\frac{1}{2\beta^3}(\sin\beta t-\beta t\cos\beta t)$
31	$\frac{p}{(p^2+\beta^2)^2}$	$\frac{t}{2\beta}\sin\beta t$
32	$\frac{p^2}{(p^2+\beta^2)^2}$	$\frac{1}{2\beta}(\sin\beta t+\beta t\cos\beta t)$
33	$\frac{p^2-\beta^2}{(p^2+\beta^2)^2}$	$t\cos\beta t$
34	$\frac{1}{p(p^2+\beta^2)^2}$	$\frac{1}{\beta^4}(1-\cos\beta t)-\frac{1}{2\beta^3}t\sin\beta t$
35	$\frac{2ap}{(p^2-a^2)^2}$	$t\sinh at$
36	$\frac{p^2+a^2}{(p^2-a^2)^2}$	$t\cosh at$
37	$\frac{\Gamma(m+1)}{2i(p^2+a^2)^{m+1}}[(p+ia)^{m+1}-(p-ia)^{m+1}]$	$t^m\sin at\quad(m>-1)$
38	$\frac{1}{2}\left(\frac{1}{p}-\frac{p}{p^2+4}\right)$	$\sin^2 t$
39	$\frac{1}{2}\left(\frac{1}{p}+\frac{p}{p^2+4}\right)$	$\cos^2 t$

（续 表）

	$F(p)$	$f(t)$
40	$\frac{1}{p^3(p^2+a^2)}$	$\frac{1}{a^4}(\cos at-1)+\frac{1}{2a^2}t^2$
41	$\frac{1}{p^3(p^2-a^2)}$	$\frac{1}{a^4}(\cosh at-1)-\frac{1}{2a^2}t^2$
42	$\frac{1}{p^4+4\beta^4}$	$\frac{1}{4\beta^3}(\sin\beta t\cosh\beta t-\cos\beta t\sinh\beta t)$
43	$\frac{p}{p^4+4\beta^4}$	$\frac{1}{2\beta^2}\sin\beta t\sinh\beta t$
44	$\frac{p^2}{p^4+4\beta^4}$	$\frac{1}{2\beta}(\sin\beta t\cosh\beta t+\cos\beta t\sinh\beta t)$
45	$\frac{p^3}{p^4+4\beta^4}$	$\cos\beta t\sinh\beta t$
46	$\frac{1}{p^4-\beta^4}$	$\frac{1}{2\beta^3}(\sinh\beta t-\sin\beta t)$
47	$\frac{p}{p^4-\beta^4}$	$\frac{1}{2\beta^2}(\cosh\beta t-\cos\beta t)$
48	$\frac{p^2}{p^4-\beta^4}$	$\frac{1}{2\beta}(\sinh\beta t+\sin\beta t)$
49	$\frac{p^3}{p^4-\beta^4}$	$\frac{1}{2}(\cosh\beta t+\cos\beta t)$
50	1	$\delta(t)$
51	e^{-ap}	$\delta(t-a)$
52	p	$\delta'(t)$
53	pe^{-ap}	$\delta'(t-a)$
54	$\frac{1}{\sqrt{p}}$	$\frac{1}{\sqrt{\pi t}}$
55	$\frac{1}{p\sqrt{p}}$	$2\sqrt{\frac{t}{\pi}}$
56②	$\frac{1}{(p-a)\sqrt{p}}$	$\frac{1}{\sqrt{a}}e^{at}\operatorname{erf}(\sqrt{at})$
57②	$\frac{1}{p\sqrt{p+a}}$	$\frac{1}{\sqrt{a}}\operatorname{erf}(\sqrt{at})$
58	$\frac{p}{(p-a)\sqrt{p-a}}$	$\frac{1}{\sqrt{\pi t}}e^{at}(1+2at)$
59②	$\frac{1}{\sqrt{p}+\sqrt{a}}$	$\frac{1}{\sqrt{\pi t}}-\sqrt{a}e^{at}\operatorname{erfc}(\sqrt{at})$

(续　表)

	$F(p)$	$f(t)$
60②	$\frac{1}{\sqrt{p}(\sqrt{p}+\sqrt{a})}$	$e^{at}\operatorname{erfc}(\sqrt{at})$
61①	$\sqrt{p-a}-\sqrt{p-b}$	$\frac{1}{2\sqrt{\pi t^3}}(e^{bt}-e^{at})$
62	$\frac{p}{(p-a)^{3/2}}$	$\frac{1}{\sqrt{\pi t}}e^{at}(1+2at)$
63	$e^{-a\sqrt{p}}$	$\frac{a}{2\sqrt{\pi t^3}}\exp\left(-\frac{a^2}{4t}\right)$
64	$\frac{e^{-a\sqrt{p}}}{\sqrt{p}}$	$\frac{1}{\sqrt{\pi t}}\exp\left(-\frac{a^2}{4t}\right)$
65②	$\frac{e^{-a\sqrt{p}}}{p}$	$\operatorname{erfc}\left(\frac{a}{2\sqrt{t}}\right)$
66②	$\frac{1}{p\sqrt{p}}e^{\frac{a^2}{p}}\operatorname{erfc}\left(\frac{a}{\sqrt{p}}\right)$	$\frac{1}{\sqrt{\pi t}}e^{-2a\sqrt{t}}$
67②	$\frac{\sqrt{\pi}}{2}\exp\left(\frac{p^2}{4a^2}\right)\operatorname{erfc}\left(\frac{p}{2a}\right)$	$e^{-a^2t^2}$
68	$\frac{1}{p\sqrt{p}}e^{-\frac{a}{p}}$	$\frac{1}{\sqrt{\pi t}}\sin 2\sqrt{at}$
69	$\frac{1}{\sqrt{p}}e^{-\frac{a}{p}}$	$\frac{1}{\sqrt{\pi t}}\cos 2\sqrt{at}$
70	$\frac{1}{p\sqrt{p}}e^{\frac{a}{p}}$	$\frac{1}{\sqrt{\pi t}}\sinh 2\sqrt{at}$
71	$\frac{1}{\sqrt{p}}e^{\frac{a}{p}}$	$\frac{1}{\sqrt{\pi t}}\cosh 2\sqrt{at}$
72	$\frac{1}{\sqrt{p}}e^{-\sqrt{p}}\sin\sqrt{p}$	$\frac{1}{\sqrt{\pi t}}\sin\frac{1}{2t}$
73	$\frac{1}{\sqrt{p}}e^{-\sqrt{p}}\cos\sqrt{p}$	$\frac{1}{\sqrt{\pi t}}\cos\frac{1}{2t}$
74	$\sqrt{\frac{\sqrt{p^2+\beta^2}-p}{p^2+\beta^2}}$	$\frac{1}{\sqrt{\pi t}}\sin\beta t$
75	$\sqrt{\frac{\sqrt{p^2+\beta^2}+p}{p^2+\beta^2}}$	$\frac{1}{\sqrt{\pi t}}\cos\beta t$

① 式中 a, b, c 为不相等的常数.
② 式中 erf(u)为误差函数,erfc(u)为余误差函数.